U0353466

绿色未来

生态空间理论与实践

党双忍 著

陕西师范大学出版总社 西安

图书代号　　SK24N1762

图书在版编目（CIP）数据

绿色未来: 生态空间理论与实践 / 党双忍著. —
西安：陕西师范大学出版总社有限公司，2024.9
ISBN 978-7-5695-4079-6

Ⅰ. ①绿…　Ⅱ. ①党…　Ⅲ. ①生态环境—环境管理—
研究—陕西　Ⅳ. ①X321.241

中国国家版本馆CIP数据核字（2024）第020352号

绿色未来: 生态空间理论与实践

LÜSE WEILAI: SHENGTAI KONGJIAN LILUN YU SHIJIAN

党双忍　著

出 版 人	刘东风
责任编辑	宋　兵　王笑一
责任校对	王　森　李宣仪
封面设计	安　梁　李　奇
出版发行	陕西师范大学出版总社
	（西安市长安南路199号　邮编　710062）
网　　址	http://www.snupg.com
印　　刷	中煤地西安地图制印有限公司
开　　本	720 mm×1020 mm　1/16
印　　张	26
字　　数	380千
版　　次	2024年9月第1版
印　　次	2024年9月第1次印刷
书　　号	ISBN 978-7-5695-4079-6
定　　价	118.00元

读者购书、书店添货或发现印装质量问题，请与本公司营销部联系、调换。
电话：（029）85307864　85303629　　传真：（029）85303879

序言
向绿色，向未来

在《秦岭简史》一书中，我把秦岭定义为中国芯——地理中国芯、生态中国芯、人文中国芯。现在看来，如果以生态空间视野观察，秦岭是中国中央山脉，是黄河、长江两大母亲河和合共享的中央水塔，是超大型生态产品、生态服务供给中心，也是大自然为中华民族永续发展而特制的生态"永动机"。秦岭生态永动机厚德载物、生生不息，源源不断为中华民族发展提供生态产品、生态服务。生态永动机以绿为美、表里如一，高质量生态永动机有着深绿色的面孔。由"浅绿"到"深绿"是绿色升级，也是生态永动机性能升级。

前不久，我们出版了一本新书，名曰《林政之变——21世纪中国林政大趋势》。仔细想想，中国林政之变的大趋势、主旋律，最凝练的概括就是从"沙进人退"到"绿进沙退"，由"黄肥绿瘦"到"绿肥黄瘦"，生态空间由黄变绿、由浅绿向深绿，推动生态永动机绿色升级、高质量发展。绿点，绿点，再绿点，绿色未来是中国林政之变的航向和路标。中国林政之变的延伸线，就是意境宏阔的绿色未来。

生态空间是国土空间中的母体空间或是母亲空间。生态空间理论与治理实践就是推动母体空间升级升值的理论与实践，就是推动母体空间绿色革命的理论与实践，就是以绿治黄、以水定绿、由浅绿走向深绿的理论与实践。理论源自实践又高于实践，反过来指导实践，推动实践。生态空间理论源自丰富的林政之变实践，其理论品质、理论生命力，更在于科学指导、深入推动林政之变实践。

科学证据表明，地球自从诞生以来，发展演化已有46亿年历史，其中绿色生命发展演化的历史至少在30亿年以上。生态永动机处在持续演化之中。距今6500万年以前，在恐龙灭绝后，进入了哺乳动物和被子植物高度繁盛的新生代，逐渐呈现出生物界多样性的现代模样，生态永动机性能大幅度提升，生产了丰富的生态产品，提供了多样的生态服务，这为人类诞生创造了生态条件。大约300万年前，人类的祖先出现在非洲大陆。大约200万年前，中国秦岭也出现了人类活动的迹象。大约1万年前，地球生物圈里一场意外发生了，在"元生产力"——自然生态生产力基础上，爆发了第一次次生生产力革命——农业革命，诞生了一次次生生产力——农业生产力。大约250年前，又一场意外发生了，在农业革命基础上，爆发了第二次次生生产力革命——工业革命，诞生了二次次生生产力——加工制造业生产力。先后爆发的两次次生生产力革命，以及持续进行的次生产业产业链供应链升级，极大地改善了人类生存与发展状况，也深刻地改变了母体空间的面貌。

人类文明起源于自然生态系统，人类文明足迹又遍及自然生态系统，特别是在河谷低地、川道平原，发展农业、工业、田地、村舍、工厂、商铺、住宅，在"元空间"——生态空间中，不断创建出次生空间——农业空间、城镇空间。受人类力量挤压，生态空间一再从河谷低地、川道平原退出，留守丘陵、陡坡、山岭。有幸保留的生态空间，也遭人类无数次的掏挖、掠夺，因过度消费利用，生态永动机性能受到严重损害，失去了本真的生机与活力。在本书中，笔者将自然生态系统提供的生态产品、生态服务形象地称为"生态蛋糕"。人类文明持续扩张，大地绿色持续退却，生态永动机性能持续衰减，生态蛋糕的数量与质量双下降。生态永动机在固碳释氧、调节气候、涵养水源、保护水土、蓄滞洪水、防风固沙方面的性能，与绿色植被一道走上了衰退之路。秃山浊水替代青山绿水之时，风蚀水蚀接踵而至，水土流失年复一年，旱涝灾害交替发生，沙尘浮土伺机而动。人类文明遭遇前所未有的生态危机、环境挑战，促使生态意识大觉醒，推动发展方式大转型。

改革开放以来的历史，也是生态修复的历史。1979年启动实施"三北"防护林体系建设工程，这是迄今为止人类最具雄心的生态修复工程，由此开启中国投资自然、反哺自然、以绿治黄、复育生态系统、经略生态永动机的崭新历程，创造了人类文明新形态的生态奇迹。1998年中国长江、嫩江暴发大洪水，我们痛定思痛，狠下决心，先后启动实施退耕还林还草、天然林资源保护工程，大规模向自然投资，保护、建设和管理绿水青山，持续推动绿色区域扩张，实现了绿色复归。党的十八大以来，生态文明建设迈入"快车道"，开辟绿色发展新境界。2020年以来，全面推行林长制，把一体化保护和系统治理修复理念落实到生态空间，启动实施《全国重要生态系统保护和修复重大工程总体规划（2021—2035年）》（以下简称"双重规划"），推动绿色革命迈入新阶段。

全面实行森林、草原、湿地休养生息政策，调动自然修复能力，促进生态系统"元气回归"。1988年制定实施《中华人民共和国野生动物保护法》，1996年制定实施《中华人民共和国野生植物保护条例》，在全国范围内，对野生动植物实行分级分类保护，为保护名录内的野生动植物戴上了"护身符"，套上了"金钟罩"。从1999年至2017年陆续停止天然林商业性采伐，推行封山育林、封草禁牧、封河禁渔，阻断根植于生态空间的产业链。2020年禁止食用陆生野生动物，阻断根植于生态系统的食物链。产业链与食物链"双断链"，加之森林草原防火、有害生物防控、荒漠化沙化防治，减少了生态系统物质和能量损失，葆真了生态空间元气。生态永动机性能强势恢复，生态生产力加速成长。

为生态永动机规划专门空间，奠定了中国式生态文明的国土空间根基。20世纪50年代中期，我国开始设立自然保护地。80年代以来，各类自然保护区、自然公园如雨后春笋。2018年开始，着力建设以国家公园为主体、自然保护区为基础、自然公园为补充的自然保护地体系。美国国家公园经历了从注重自然景观保护起步，到注重野生动植物保护，再到注重生态系统保护的三个重要发展阶段。中国国家公园一开始就高点起步，把保护生态系统的原真性、完整性作为根本任务，制定了《国家公园空间布局方案》，规划建设全世界最大的国家公园体系，自然保护地面积占国土面积的12%以上。以自然保护地为基础，划定生态保护红线范围，生态保护红线管控面积约占国土空间的25%。以生态保护红线管控范围为基础，制定实施与农业空间规划、城镇空间规划协同共生的生态空间规划，实行人与自然分土而治、生态空间分区而治，为人与自然和谐共生的现代化提供国土空间支持。

建立国土空间规划体系后，生态空间就是生态永动机生产生态产品、提供生态服务的主体功能空间，主要发展方向是保护修复生态系统，恢复生态空间本来的样子，更好地发挥生态永动机作用。增加生态空间含绿量，在由黄变绿的基础上，推动浅绿向深绿发展，在增加含绿量的同时，提高含金量。增加生态空间含绿量，意味着建设形成数量更多、质量更高的绿水青山；提高生态空间含金量，就是推动生态产品价值实现，实现绿水青山价值转化。概括起来，包括就地转化和异地转化两种基本形式。所谓就地转化，就是在不减损生态永动机功能的前提下，在生态空间上加载友好型经济活动，比如自然观光、生态旅游、自然教育、民宿康养、林下经济等；所谓异地转化，就是在生态空间毗邻空间上发展与生态产品、生态服务密切相关的经济文化旅游活动。就地转化是拥有者得益，犹如一棵大树之与主人；异地转化为近邻者受益，犹如一棵大树之荫荫庇邻人、荫及后世。两种转化相互关联、彼此支撑，要统筹规划、协同发展。比如，国家公园建设，在一个地方行政管理范围内形成了公园内与公园外的空间治理差异。可以通过冠名公园县、公园镇、公园村，促使地方明晰发展的空间政策，采取园内与园外既差异化管理又统筹协调的治理策略。按照秦岭国家公园创建方案和大熊猫国家公园建设规划，陕西省可冠名22个公园县、110个公园镇、453个公园村。被冠名国家公园的地方，要一手抓绿水青山建设，形成高质量生态永动机，一手抓生态永动机产品和服务价值转化，两手协同，高质高效。

绿水青山是高质量的生态空间，也是制造优质生态蛋糕的生态永动机。绿色含量是生态永动机质量效能的外在表征。生态空间治理的真功夫一定要用在提高生态空间含绿量上，把生态空间全部建设成为高质量绿水青山，实现生态蛋糕数量与质量双提升。这是一条生态空间绿色革命之路，生态永动机效能革命之路，走向绿色未来之路。不断提升生态空间含绿量，在实现生态空间绿色饱和、颜值达峰之时，也是生态永动机效能置顶、生态生产力达峰之时。现阶段，绿色饱和度依然很低，远不到绿色颜值达峰的时候，多数生态空间"小树当家"，不少生态空间"灌草挡道"。树木是森林生态系统的骨架，大树是繁茂森林的主角。大树回归，百年大计。

我们处在中华盛世，更要治山理水强生态。2011至2018年，我担任陕西省林业厅副厅长；2019至2023年，我担任陕西省林业局局长。然而，我对事业的一往情深并不在"林业"二字上，我一直觉得这两个字远不能反映我们高尚事业的全貌。2018年国家机构改革后，新组建的林业部门在职能上发生了重要变化。2018年以后的林业部门是新林业部门，其主体职责可以概括为投资自然、经略生态，统筹负责自然保护地和森林、草原、湿地、荒漠四大生态系统保护修复、监督管理，综合在一起，即是陆地空间中的生态空间，也是无数生态永动机的集合场所。面对新时代新变局，人们对生态永动机的结构、功能及其提供生态服务的机理机制、价值实现形式缺乏必要的认知。面对全新时代全新领域，知识恐慌、本领恐慌在所难免，常常有盲人摸象的困惑。人们熟悉的林业，已经发生了历史巨变。一开始，伐木，栽树，再伐木，再栽树；后来，采取生态应急措施，为打"补丁"而营造防护林体系——水土保持林、水源涵养林、防风固沙林、生产经营防护林；再后来，修复重建生态，保护天然林，退耕还林还草，封山禁牧；如今，自然保护地自成体系，国家公园站在世界前沿。之前，传统林业"盘算"森林；如今，要"盘算"森林，还要"盘算"草原、湿地、荒漠化沙化土地治理……进入新时代，也是生态保护修复、生态系统管理、生态空间治理的新时代。之前，林业的旗帜上写着"植树造林，绿化祖国"；如今，赫然写着"绿色中国、深绿中国、美丽中国"。

面向未来理论创新，立足当下治理实践。我们与生态空间不期而遇，与深绿之路迎面相逢，这部新作《绿色未来——生态空间理论与实践》以生态文明话语体系为基底，全面阐述生态空间治理、生态系统管理、生态保护修复的理论研究与实践探索的成果。可以形象地说，这是一部关于生态永动机构造、原理、保护、修复、管理的故事集、说明书。纵观全书，前三章是关于生态空间的理论阐述，分为《生态空间综合篇》《生态空间生态篇》《生态空间经济篇》；第四、五章分别是《生态空间治理篇》《生态空间实践篇》，集合了陕西生态空间治理的路径、方法和案例；最后一章是《生态空间未来篇》，是对生态空间理论创新和经验积累上的再探索。

以上文思脉络，是为序。

党双忍

2023年7月12日于磨香斋

目录

CONTENTS

第一章　生态空间综合篇 / 001

　　人与自然简史 / 003

第二章　生态空间生态篇 / 029

　　人与生态永动机 / 031

　　人与自然的空间约定 / 036

　　修补"天衣" / 042

　　元空间与根理论 / 045

　　生态空间本真 / 050

　　生态空间生态分析 / 054

　　六点理论解释 / 061

　　生物坝与生物池 / 068

　　生态物联网与生态区块链 / 080

　　森林发展阶段论 / 085

第三章　生态空间经济篇 / 093

　　人与自然关系再定义 / 095

　　元产业与和谐共生 / 101

投资自然　经略生态 / 107

颜值与峰值 / 113

生态空间经济分析 / 120

林业发展阶段论 / 135

树经济学 / 142

陕西元生产力研究 / 155

陕西生态强县研究 / 161

第四章　生态空间治理篇 / 173

资源·生态·环境 / 175

赤字抑或盈余 / 179

举生态空间之治 / 185

生态空间政策分析 / 188

生态空间绿色革命 / 202

生态空间法学原理 / 208

生态特区管理 / 217

碳源与碳汇 / 221

绿色碳库内在机制 / 228

绿色碳库建设原理 / 233

禁食的效应 / 237

禁牧的理由 / 241

社区的林业 / 244

第五章　生态空间实践篇 / 249

生态空间治理陕西方案 / 251

从进军深绿到深绿战略 / 258

从林长制到林长治 / 276

秦岭保护模式 / 284

秦岭北麓生态文明示范带 / 288

黄河绿，看陕西 / 294

以水定绿　科学绿化 / 298

防护林之省 / 304

一个都不能少 / 313

让野性更野 / 319

朱鹮涅槃 / 326

红豆杉的"银杏梦" / 333

风险管控的关键 / 337

储林储碳储生态 / 341

古树，钻石绿 / 346

古树保护　陕西先行 / 351

奋进深绿之军 / 355

以红带绿　以绿映红 / 361

"装台"深绿 / 365

第六章　生态空间未来篇 / 369

绿色大趋势 / 371

舌尖与马桶 / 387

绿色未来：绿色发展与发展绿色 / 392

参考文献 / 397

后记 / 401

第一章

生态空间综合篇

自然是人类的母亲，森林是人类的摇篮。人类祖先曾是树栖动物，从树上下来，直立行走，走进旧石器时代，从生物圈中营建人类圈。117万年前，末次冰期结束，人类进入新石器时代。此后，人与自然的历史，也是人类圈的历史，包括五个时期：第一个是森林纪。在采集渔猎的生态位上，渐渐地驯化了动物、植物，出现了种植业、养殖业。第二个是农业纪。种植养殖替代采集渔猎，平原、丘陵、森林、草原，以及湿地岸线上的生态空间转化为农业空间。第三个是工业纪。从生态空间，农业空间中开辟出城镇空间，充满了工业味、能源味，人类圈嵌入生物圈的同时，也嵌入岩石圈、水圈、气圈，形成『一圈揽和四圈』新格局。第四个是全新纪。构建文明新形态，走内涵式发展之路，稳定国土空间利用结构，增加知识、信息载量，削减物质、能源载量，新质生产力成为人类圈演化的主要驱动力。第五个是绿色未来纪。人与自然和谐共生、人类圈与生物圈协同演化。人类圈来自绿色世界，嵌入绿色世界，融汇绿色世界。

人与自然简史

　　人在自然之中，构成自然的一部分；人类圈在生物圈之中，构成生物圈的一部分。人类圈是45亿年地球生命演化生成的最大变局。人与自然的关系，就是人类圈与生物圈的关系；人与自然的历史，就是人类圈与生物圈的历史。人类制造不了永动机，而生物圈却是自然造化的无休止演化的永动机。生物圈是原生圈，是天赋的第一自然；人类圈是次生圈，是人造的第二自然。在人类圈作用下，生物圈改变了原本的演进模式，增加了未来的不确定性。反过来，日益增加的生物圈不确定性，正在增强人类圈发展的风险性。地球是人类唯一的家园，人类圈管理、生物圈管理，已经成为21世纪关乎人类生存的核心要务。

　　人们发现，所有生物都是碳基生命。人类也不例外，参与在有机碳链的过程中。生物碳链以绿色植物的光合作用为根基。绿色植物通过光合作用把地球与太阳、地球与宇宙紧密联系在一起。绿色生命与物质环境共同作用，形成了自然生态系统。绿色生命是自然生态系统中的主角，也是人类与人类历史的作者。人是长时间自然进化形成的无比精妙且充满智慧的"生化机器"，其复杂性、精致性明确宣告了这一自然作品的纯正性、杰出性。

　　大约35亿年前，海洋生化反应形成了能够直接吸收转化太阳能的原核生物——蓝绿藻，逐步演化出海洋生命系统；大约5亿年前，海洋生命登上了陆地，开始构建生机盎然的生物圈；大约3.6亿年前，生物圈有了与真菌共生的树；大约6500万年前，恐龙时代宣告结束，哺乳动物晋级为生物圈的"明星大腕"；大约2000万年前，部分灵长类动物开始了地面生活；大约700万年前，类人猿开始双脚站立，向人类进化迈出了一大步；大约300万年前，人类晋级为独立的物种，这是生物圈的小切口、大事件；大约200万年前，出现了会用石质工具的能人，开启了漫长的旧石器时代；大约25万年前，涌现出协同联动、集体捕食的采集狩猎者，人类凭借智慧晋级为生物圈的无冕之王；大约在1.17万年前，末次冰期结束，不少大型哺乳动物已经从地球消失，地球生物圈成为人类的伊甸园，播下了人类圈的火种。那时，我们今天所看到的农田、乡村、道路、城镇还是原始的森林、草地、湿地。当地球进入温暖期后，生物圈迎来了万物复荣的新阶段，生态系统生产力上升，为人类进入新石器时代、开启新的发展历程提供了丰富的生态产品。

此后，人类进入了深刻改变地球生物圈面貌的大发展时期，人类在生物圈内营建自己的圈子——人类圈。本文将人类圈大发展的历史时期，统一称为"人类世"（大体对应地质纪年全新世以来的历史）。人类世就是人类圈发展演化的历史。人类从在生物圈中索取生态产品转向创造农业生态系统，从地表深入地下，挖掘矿藏资源，再后来潜入到大海、上升到太空。人类的本领一波高过一波，发展的势头一浪高过一浪，人流、物流、能流和信息流已使全球人类命运相互联结为一个整体——人类圈。在地球生物圈中，人类圈的力量高歌猛进，自然的力量黯然失色，绿色的大地悄然隐退。然而，人类终归是高等生物，终究意识到人类圈再折腾也出不了生物圈。当发展的锋芒过后，人与自然关系再平衡，人类促进自然的力量再复苏，大地的绿色再回归，终成人与自然和谐共生的新形态，共同迈向光明的绿色未来。

19世纪中叶，马克思站在推动社会革命的高度，从生产力与生产关系、阶级与阶级斗争理论出发，把人类社会发展的过程划分为依次更替的五种社会形态，即原始共产主义社会、奴隶社会、封建社会、资本主义社会、共产主义社会。原始共产主义社会，最重要的财产是生态资产，生态系统提供了地道的生态产品。相较于稀少的人口，生态产品呈无限供给态势。超过人类需要的生态产品，称之为"绿色盈余"。因存在着绿色盈余，生态资产不具有稀缺性，即属于公共领域。在某种意义上，这就是氏族、血亲共享的领地。随后，人类发展出共享领地的部落或部落联盟。在部落成员之间，形成合作互补的关系。随着人口增长，部落领地绿色盈余渐渐消失，出现了"绿色赤字"。由此，产生领地扩张要求，领地竞争、领地战争在所难免。胜出的一方，获得新领地；失败的一方，丧失原领地，奴隶与奴隶主成为这一时期社会的主要矛盾。当依赖领地扩张难以获得绿色盈余时，创造新形态的绿色盈余成为必由之路。从自然生态系统中发展出种植养殖，开辟出农田、牧场，在自然生态产品之外，生产了农产品，农民与地主成为这一时期社会的主要矛盾，国家随之出现，并登上历史舞台。在土地、劳动力之后，资本也加入生产要素行列，并成为推动生产力发展的引擎，在农产品之外，生产了工业品，工人与资本家成为这一时期社会的主要矛盾。国家分工协作，形成国家联盟、国际体系。再后来，知识、信息、物流、能流、规制等也加入生产要素，生产的产品种类越来越多，生产关系越来越复杂，由政府提供的公共产品日益丰富，公共服务体系日益健全。国家之间深度连接，地球村成为命运共同体。

人与自然是生命共同体，人与自然共同创造了人类圈，共同创造了人类历史。自然进化并非事先设计，人类圈发展亦是如此。人类在改变自然的样貌，自然也在改变人类；人类有自己的历史，自然也有着自己的历史。历史是人与自然的合著，不是人类的独著。万物互联共生的生物圈是一个覆盖地球表面的大圈，人类圈只是生物圈中的一个小圈。人类圈镶嵌在生物圈中，寄生在生物圈中，从生物圈获得物质、能量和信息。人类圈越来越大，但终究摆脱不了生物圈的束缚。人类历史是人类圈中的历史，也是人类圈与生物圈共同进化的历史。

人在自然中，人与自然的关系因人体需求而生。人体是经历30多亿年自然生态演化而形成的高度复杂的生命系统，人体生命系统与自然生态系统耦合而生，如果离开了自然生态系统支持，人体只是化学元素而已。人体生命是一场化学反应，自然设定了这场化学反应的条件。这便是人体生命系统对自然生态系统的六大基本需求，这六大生命需求或称为分析研究人与自然关系的"六纲"。（1）氧供给。组成人体的元素中，氧的含量约为61%，氧元素重要而廉价，人类吸入氧气呼出二氧化碳，红细胞承担氧气与二氧化碳的输送之责，人体时刻与外界进行气体交换，吸入的空气质量十分重要。（2）水供给。水由氢、氧原子组成，人体重量的60%—70%是水，大脑80%是水。它用来维持人体水循环、水平衡，在人类生活中不可或缺，故水供给、水质量显得十分重要。（3）食物供给。人体有24种基本元素，其中氧、氢、碳、氮四种元素占90%以上，一日三餐、吃喝拉撒，从采集渔猎到种植养殖，从田园到餐桌，从厨房到厕所，它们维持着进出有度的物质循环和能量流动，故食物供给、食物质量十分重要。（4）维持体温。人体是由37.2万亿个细胞构成的小宇宙，人体细胞含有碳水化合物、脂质、蛋白质和核酸四种主要的有机分子，维持体温就是维持小宇宙内细胞的有机分子生化机制。皮肤系统是人体最大的器官，在调节体温上发挥重要作用，从衣着服饰、坑穴窑洞、茅草土坯房到高楼大厦，从冬暖夏凉到全年智慧控温，生产生活场所舒适十分重要。（5）空间移动。人体生命移动以获得水、食物及其他需求，从徒步而行到人力车、牛马车，再到机动车、飞机、轮船，空间移动的动能十分重要。（6）抗御天敌。看得见的猛兽已不多见，看不见的病原体有增无减，人口聚集导致瘟疫成为主要天敌，建立健全疾控体系和救助体系，提高公共卫生健康水平十分重要。迄今为止，人类圈的发展进步，就是更好地满足上述六大生命需求。为此，人类付出了巨大努力，自然付出了巨大代价。毫无疑问，从生物圈中开辟出人类圈，意味着人类已经成为生物圈具有压倒性优势的霸主，有幸生存下来的物种也已经顺从了人类"霸权"。人类圈持续

"增生"，不断"分化"，从生物圈所得越来越多，特别是在空间移动、维持体温、食物供给方面，表现出卓越的能力。除氧供给和抗御天敌外，其余四项已经可计量计价，这是了不起的成就。然而，发生了令人意想不到的情况——不同需求之间出现了尖锐的矛盾冲突，尤其是维持体温和空间移动需求满足程度提高，大量排放污染之物，严重影响到氧供给和水供给甚至食物供给和抗御天敌的供给质量，导致人体生命系统与自然生态系统、人类圈与生物圈的双重健康问题。大气污染、水体污染、土壤污染、噪（音）声污染、农药污染、辐射污染、热污染，以及新污染物已经成为人类圈与生物圈共同抗御的新天敌。人类圈由内向外不断扩张，直逼生物圈边界，威胁生物圈安全。这是生物圈忧患，也是人类圈忧患，更是地球的忧患。这个世界一切都在发生变化，人类及人类圈也在不断地适应新变化，在适应变化中获得新发展，更好地满足人的生命需求。

长久以来，人与自然相互作用，人类圈与生物圈交织影响，形成极为复杂的寄生关系。人类圈之初，人类与其他的哺乳动物一样，是自然生态系统物质循环和能量流动的参与者，从生物圈获得地道的生态产品——自然生态系统提供的食物药物、木柴薪材。人类圈初成之时，人类驯服了部分动植物，完全控制了部分土地空间，自主开发出农业，在收获生态产品的基础上开始收获人工种养的农产品。再后来，人类突破生物圈，进入岩石圈，挖掘地下矿藏，获取地球封存已久的物质能量，形成了工业制造业产品。也因此，人类圈向生物圈、水圈、大气圈排放人类圈不可利用的废物、废水、废气。于是，地球生物圈既要向人类圈输入物质、能量，又要接纳人类圈排放的废弃物，还要为人类圈发展提供空间支持——农田、牧场、厂矿、村庄、城镇、道路。全球约30%的陆地生物圈已被人类圈完全占有。可以说，人类圈从"拿""放""占"三个维度给生物圈造成了系统性挤压。

"拿""放""占"是人与自然关系的三个关键维度，也是人类圈与生物圈关系之"三维"。人类圈寄生于生物圈，生物圈是人类圈唯一寄主，自然生态系统免不了被人类"拿""放""占"。问题的症结在于其方式方法要科学、合理、有效，既有利于发挥自然生态系统功能，又能统筹兼顾人的六大生命需求，实现人与自然和谐共生、人类圈与生物圈协同演化。

人类圈与生物圈演化共同遵循天选原理。人类圈演化中的创新，如同生物圈演化中的突变，具有更强适应性的创新被保留下来，并得到了有效复制传承。包括科技创新、文化创新、组织创新、制度创新、治理体系创新等。如果撇开人与人的关系、人与社会的关系、社会的阶级关系，从人类圈演化以及人类圈与生物圈的关系出发，我认为可以把人类世以来的历史划分为五个时代，也是人类世五纪，即（1）森林纪，采集渔猎与刀耕火种并行的原始农业时代；（2）农业纪，世代经验支撑，使用牛拉马驮、铁木农具的传统农业时代；（3）工业纪，科学技术支撑，使用电气推动制造业的现代工业时代；（4）全新纪，知识与技能创造主导、人类圈与生物圈双向互馈的新质生产力时代；（5）绿色未来纪，人与自然和谐共生、人类圈与生物圈协同进化的绿色时代。

中华家园是人类家园中的重要组成部分，中华家园演化是地球家园演化的微缩影像。（1）中国是地理景观多样化国家。从西向东，由高到低，呈现西、中、东三个巨大的阶梯。（2）中国是生态系统生产力梯度有较大差异的国家。从东南向西北，季风带来的降水量越来越少、气候越来越干燥、植被越来越稀疏，生态系统生产力呈梯度分布，渐次降低。（3）中国是山岳河流多样化国家。黄河、长江是世界级大河，同源于青藏高原，同向奔赴太平洋，把昆仑—秦岭、黄土高原—关中平原—华北平原、渤海湾以及横断山脉—云贵高原、四川盆地—江汉平原—长江三角洲紧密结合为一体。（4）中国是生态系统多样化国家。从世界最高峰到世界最深海，从雪域高原到蓝海珊瑚，从沙漠戈壁到热带雨林，拥有599个独立的生态系统类型。也可以说，中华家园是599个生态类型拼接成的一幅美丽画卷，这幅画里蕴含着北半球最丰富的生物多样性。（5）自古以来，中华家园就是人类家园中的内园、核心园，中国人口约占全球人口的18%，中国历史具有独一无二的时间连续性、空间完整性。（6）21世纪中国创新生态环境理念、探索人类文明新形态、推进人与自然再平衡，为人类圈与生物圈演化叙事提供了范例。（7）黄河因穿行黄土高原而得其名，黄土高原为中国独有。渭河是黄河第一大支流，亦是黄河之心、黄土高原之心，因而渭河及关中平原成为中华家园人类圈与生物圈发端地之一。本文结合作者多年来的研究成果，讲述从中国出发的人与自然简史，供读者探讨。

一、人类世初始纪——森林纪

采集渔猎者用极其简陋的木制、石制工具甚至徒手徒脚采集猎捕食物以果腹充饥。所有食物最初都是生食。《礼记·礼运》曰："昔者先王未有宫室，……未有火化，食草木之实、鸟兽之肉，饮其血，茹其毛。"因年代久远，人们对采集渔猎的时空兴替存有较大分歧。但比较一致的看法是，采集渔猎者逐水草而居，靠山吃山，傍水吃水，从自然生态系统——森林（草原）、湿地（河流）、海洋中获得生态产品。自然生态系统的生产是元产业——零次产业，提供了元产品——地道的生态产品。采集渔猎者就是收获者，收获自然生态系统提供的生态产品——植物生长带来的根茎叶、花果实，动物生长带来的肉蛋奶、毛皮骨。采集渔猎者与自然生态系统建立了共生关系，同时也是人类圈发展的先驱，为原始农业发展探明道路。当末次冰川消退之后，人类进入新石器时代，原始农业登上了历史舞台，人类圈星星点点地出现在生物圈中。这一时期，采集渔猎活动依然是人类的主要经济活动。因此，一般意义上的采集渔猎，既包括旧石器时代的采集渔猎——所有人类群体采集渔猎，又包括新石器时代后的采集渔猎——部分人类群体采集渔猎。其中，前者是人类世来临之前的人类圈探索纪，后者是人类圈的拓荒纪。

水是生命之基，也是家园之基。水网，也是生命之网。四季有水，始终是人类圈发展的生态策略。河流将山岳、森林、草原、地下水、湖泊、海洋连接为一体，成为淡水的主要来源。这是河流孕育人类圈的生态逻辑。从山岳到海洋，河流（包括后来的人工运河）开凿了一条条"自然公路"。在运输水的同时，它也运送人，运送货物，运送制度，运送文明。采集渔猎者选择水与食物兼备的自然生态位，并立足这一生态位营造和扩张人类圈。早期的人类文明都留存对大洪水的记忆，这也说明不同的文明具有相同的生态位。森林（草原）—湿地（河流）—海洋是生物圈相互贯通的三大生态系统。采集渔猎者生存发展于森林（草原）—湿地（河流）—海洋生态系统的接合部，即自然生态系统转换的边缘空间，兼得林水之利，博采森林、湿地、海洋生态系统转换空间提供的生态产品。当可采集渔猎的食物源远离水源时，获得生态产品的成本上升，以至于采集渔猎行为无效。自然生态系统的深处——崇山峻岭、茂密森林、浩瀚海洋，往往被认为是布满荆棘、令人恐惧、值得警惕的风险之地，而自然生态系统交汇转换的空间却能给人以安全感、舒适感、亲近感。自然生态系统管理的任务就是控制边缘地带、治理边缘空间。

森林纪的生物圈如同是汪洋大海，人类圈就像是汪洋大海中星星点点的岛屿一般。每一个岛屿，就是一个初生的人类圈，也是一个原生的文化圈。文化圈是人类圈区别于其他生物圈的根本特征。中国是东亚森林纪人类圈发展的火车头。中国的大地湾遗址、河姆渡遗址、仰韶遗址、半坡遗址、姜寨遗址等，即是森林纪早期的典型聚落。中华民族的上古传说人物，华胥氏、伏羲氏、女娲氏、神农氏等先祖，即是中华民族的人文始祖，他们也是在中华家园开拓人类圈的领军者。那时，不同区域间的联系非常少，且没有确定的形式，社会组织形态单一。因文字书写系统尚在草创阶段，人们只能口口相传记忆中的"领军者"，并以其本领专长冠其名。华胥氏是中华民族的始祖母，华胥古国的领导者，同时也是采集经济的集大成者；伏羲氏是狩猎经济的集大成者，伏羲"一画开天"，成为刻入中华文化的鲜明记忆；女娲氏造人的传说家喻户晓，女娲补天讲述与自然灾害斗争的故事；炎帝神农氏是刀耕火种农业的鼻祖，也是原始农业的拓荒者。

　　森林纪是原始农业纪，也是人类圈的拓荒纪。原始农业是以元产业——零次产业为基础的次生产业——一次产业。一般认为，原始农业起源可能是因人口增长，以及长期的采集渔猎活动使得自然生态系统的边缘空间生产力、承载力下降，采集渔猎活动的半径越来越大，效率越来越低，需要开辟农作以增加新的食物来源。同时，长期的采集渔猎生活，积累了与植物和动物打交道的经验，为驯化植物和动物提供了知识基础。仔细想想，原始农业产生的另一合理且有趣的解释也许是采集渔猎者发现了特别喜爱的食物，并将野生种群逐步驯化为人工家养种群，发展出种植业、养殖业。因这些食物的种植及饲养，人们过上了农业定居生活。也就是说，农业只是采集渔猎者爱好的副产品。钟情、爱好是人类圈创新的重要驱动力。

　　原始农业者是刀耕农业、火种农业。人类是唯一学会用火的物种，火是早先有效的生产生活技艺。人类掌握了用火技能，增强了人类圈在生物圈中的地位。先秦时期的火用于烧烤食物和取暖御寒。后来，火用于毁林垦荒、刀耕火种。《论衡·祭意》载："烈山氏之子曰柱，为稷，自夏以上祀之。""烈山"就是放火烧山，"柱"实际上是挖洞点种的尖头木棒——后来发展为木耒。石刀、石铲、石锄、木耒是原始农业使用的主要工具。一般两三年之后，"烈山"之土肥力枯竭，不能再种植了，需要转移生产场地。因此，原始农业不仅表现为刀耕火种、火耕水耨，而且表现出迁移、游耕特征。从后稷到公刘，周族曾游耕于黄土高原腹地，后又定居农作于关中平原。稷为百谷之长，后稷是周族先祖的名字，也是驯化粮食作物的人、中国农业纪的重要开拓者。树木的长势常常是土地肥力的标志。河流冲积的平坦地带，森林生长茂盛，在火烧之后能够提供更多的灰烬、持久的肥力，因而成为首选的耕作之地。这也是平原森林率先发展成为传统农业区的生态原因。全球各地自然资源含量不同，原始农业发展各有特色。约1万年前，西亚两河流域驯化了小麦、豌豆、山羊、绵羊，之后又驯服了黄牛；约8000年前，中国两河流域驯化了稻、黍、蚕、猪；约5000年前，美洲驯化了玉米、马铃薯、向日葵。以自然经济为特征的森林纪大约持续了8000年之久。中国森林纪，即原始农业纪，一直延续到周代，经济结构中采集渔猎所获得的生态产品所占份额越来越少，农业生产所得的农产品所占份额越来越大，农业经济逐渐替代采集渔猎经济，成为经济发展的主导力量。

从人类圈与生物圈"拿""放""占"三个维度分析，森林纪表现为：（1）在"拿"上，从自然生态系统获得动植物；（2）在"放"上，将来自生态系统中的物质归还生态系统，但"拿"多"还"少，物质循环有流失有缺口；（3）在"占"上，农田、牧场、阡陌、村舍占据了空间，清理了根系发达、冠幅较大的天然树木，种植根系较短、无冠小冠的人工作物，引发自然生态系统的数量与质量双下降，导致绿色生物生产力衰退。同时，毁林造地使得越来越多的森林绿碳转化为空气灰碳，引发真实存在的大气碳—氧平衡问题。森林纪人与自然保持着密切联系，人类圈与生物圈协同进化是总体态势。

二、人类世第二纪——农业纪

一般而言，人类圈农业化过程表现为三个阶段，也是原始农业、传统农业、现代农业三种形态。原始农业并入了森林纪，现代农业并入了工业纪。农业纪则是指传统农业时代，田园、果园、菜园、茶园、桑园等等。但是，无论是北方的旱作还是南方的水田，都以牛耕、锄禾为典型特征。因此，农业纪也可称为"牛耕纪"。在某种意义上，人类文明轴心时代，也是人类世进入农业纪的重要标志。老子、孔子、苏格拉底、柏拉图、亚里士多德是轴心时代涌现的巨星，为农业纪秩序建构提供了精神指引。因为文字趋于成熟，加之不同地域联系增强，社会组织形态复杂化，星星点点的乡村逐步连接成片，生物圈内人类圈规模越来越大，种植的作物、养殖的动物品种越来越多。人类建构起农业生态系统，自然生态系统中原有物种被驱离，甚至从此淡出了生物圈。

中国传统农业，特别是关中传统农业是农业纪的典范。关中自古帝王都。渭河与秦岭、黄土高原联合塑造了关中平原，这里是"北方的南方"，土层深厚、沃野千里、四季分明、雨热同季、作物高产，是理想的农耕区。当秦岭与黄土高原还在森林纪的时候，关中平原率先进入了农业纪。3000多年前，古公亶父率领族人重新回到周原，意味着结束了周族人的游耕生活，开启了定居农耕的新时代。定居农耕有利于经验知识和技能的积累，也有利于家庭生育和财富积累。周代普遍实行井田制，成为中国进入农业纪的一大标志。

及至战国之时，开通都江堰、郑国渠，铸就了关中平原、川西平原两大天府之国，极大增强了秦国的综合国力。公元前221年，秦国一统天下，建立了大秦帝国。那时，黄河还是华北平原上的游荡性河流。汉随秦制，享国达400余载。之后，中华农业帝国建立在经验知识基础上的传统农艺体系日臻完备。公元前104年，汉武帝时将二十四节气纳入《太初历》以指导农事。秦汉如此重要，英语"China"即源自"秦"（韦氏拼音，Chin）之发音，后世中国人皆自称"汉人"。

秦汉以来，中国农事从春种秋收到秋种夏收，日出而作，日落而息，五谷丰登，耕读传家。金属农具、木制农具替代了石器农具，铁犁、铁锄、铁耙、耧车、风车、水车、石磨等得以广泛使用。在人力基础上，畜力逐渐成为主要动力，农业技术措施趋向系统化，从良种选育到土地整理、梯田建设、土壤改良、堆肥施肥、农田灌溉、病虫害防治，再到轮作倒茬、轮耕休耕，以及用地与养地结合，农林牧渔结合。这些正是《齐民要术》中"顺天时，量地利，则用力少而成功多。任情反道，劳而无获"思想的实践。当关中平原、华北平原的天然森林已悉数为农田乡村景观所替代之后，坡地也派上用场，旱作、水田均可在坡地上耕作。不同地域文化融合发展，文化的同质性持续增强。一些树木能够提供人体生命系必不可少的树产品——树生态、树经济而被保留在乡村景观中，形成了独特的树文化。有的树木与人类伴生长达数千年之久，世代友好、相安无事。

与森林纪相比，农业纪生产力有较大提升，相同面积土地可以供养更多人口，同时，精耕细作的家庭生产经营，也需要更多的劳动投入，推动了人口增长。全球范围彼此独立存续的人类圈，因自然资源储量不同，进入农业纪的时间先后也有所不同。比较而言，温带较早，热带、寒带较晚；平原、河谷较早，丘陵、山区较晚。从资源储量出发，因地制宜选择种植的作物、养殖的动物，因此而成就了各具特色的农业经济。

在人类圈内发生了物种交换，早期的交换主要发生在亚欧非大陆。人类圈内种植作物与养殖动物趋同是大趋势。中国的大秦岭与欧洲的阿尔卑斯山连接为一体，构成了亚欧大陆的脊梁。这是山的连接，也是水的连接，把黄河、长江与印度河、卡伦河、幼发拉底河、底格里斯河、多瑙河、莱茵河以及里海、黑海、地中海连接在一起。丝绸之路上络绎不绝的商队，促进了亚欧大陆作物与畜禽大交换。丝绸之路也是小麦、高粱、小米、葡萄、樱桃之路，以及黄牛、绵羊、骆驼、骏马之路。它促进了东西方文化的交流与整合，也使得千奇百怪的病原体与宿主一起，参与了生物大交换的历史进程，并对人与自然关系带来重大影响。人类圈内物种趋同，已经不可逆转。至唐末，亚欧大陆物种大交换已经基本结束。

地理大发现后，人类进入环球旅行与贸易新时代，引发了新大陆与旧大陆的物种大交换。烟草是一种古老而独特的植物，也是全球生物大交换的一大例证。烟草原产于中美洲，最初主要用作药物。大约7000年前，美洲印第安人发现了烟草，开始了烟草种植和利用的历史。一直到15世纪，烟草种植和贸易只局限在美洲大陆。16世纪烟草进入西欧，17世纪进入中国，18世纪成为全球性作物，19世纪出现现代卷烟技术，20世纪现代卷烟普遍流行，21世纪进入全球控烟新时代。物种大交换深刻地影响了中国，明末清初，玉米、土豆、花生、薯类进入中国，从南到北、从东到西普遍的种植结构调整，推动中国农业面积扩张，导致人口迅速膨胀。新的物种推动了新的垦殖区、新的移民区、新的地理景观格局，大片森林也被外来作物和新增人口吞噬。

人是物种大交换的推手，也是物种大灭绝的推手。毋庸讳言，农业拓殖的过程，就是破坏森林（草原）、湿地的过程。毁林开荒是农业化过程中的常态，人们早已习以为常。农业化过程对森林（草原）、湿地的影响，远远超过了人们的想象。美洲开发的艰辛过程，也就是毁坏美洲森林的过程，其惨烈程度超乎寻常。燃料、建材、农用地还在持续消耗着剩下的森林。

从人类圈与生物圈"拿""放""占"三个维度分析，农业纪表现为：（1）在"拿"上，延续了森林纪掠夺生态产品的行为。在青铜时代之后，进入铁器时代，增加了农业生产力和军事战斗力，也增加了生态破坏力，冶铁使木材薪材需求更加旺盛，需要跨区域持续采伐林木。秦岭成为长安、洛阳的木材薪材主要供给地。采集渔猎者持续挺进深山老林，自然生态系统单向输出，原始森林再度向山岳深处退却，森林生态系统衰微。人们的生活方式也从沿河而居到围井而居。（2）在"放"上，人畜粪尿来自农田回补农田，"拿"多"放"少，肥田变瘦，土地趋向贫瘠化。（3）在"占"上，从平原到丘陵，大量森林、草原、湿地被开垦为农田、牧场。远离平原、丘陵的山岳成为生物多样性的庇护所。黄土高原的黄土呈粉尘状，失去植被后极易遭遇水蚀、风蚀。农业空间过度扩张，导致土地生产能力退化，加剧了水蚀、风蚀。周代《诗经》里已经有"泾渭分明"的描述，汉代也将大河改称"黄河"。灌溉农业还带来了土地盐渍化，导致土地失去了生产能力，呈现了林地—农地—盐渍地的土地退化过程。同时，也加剧了森林、草原、湿地、农田的碳排放，大量绿碳转化为灰碳，进一步破坏了碳—氧平衡关系，增加了全球变暖的风险，地球陆地表面早已不再是本来的样子。

三、人类世第三纪——工业纪

工业纪，也是城镇纪。1687年牛顿《自然定律》一文揭示了万有引力和三大运动定律，可谓"一文凿破乾坤秘"。《自然定律》奠定了近代物理科学基础，犹如工业纪来临的一声春雷。18世纪60年代开始，英国棉纺织业出现了一系列重要发明，机器生产取代手工劳动，并迅速扩张到其他行业。蒸汽机的发明和应用，将人类带入了蒸汽时代。这是人类世进入了第三纪——工业纪的重要标志。19世纪后半期，在科学理论的指导下，技术发明层出不穷，发电机的问世，使电力逐步取代蒸汽机，标志着工业革命进入了电力时代。由科学革命、能源革命、材料革命等合成的工业革命高歌猛进，创造了巨大生产力，使社会面貌发生了翻天覆地的变化，实现了农业社会转向工业社会的重大变革。

工业革命是全人类的重大创新成果，世界各国争先恐后学习复制工业化先行国的经验。中国是工业纪的迟到者。1840年鸦片战争后的百年屈辱，就是西方列强耀武扬威霸道欺凌，中国因落后而挨打的屈辱历史。1949年，新中国成立后，党和国家制定实施了一系列符合我国国情的法律法规，实行了国家和集体的土地公有制以及普惠的卫生、教育、科技制度，建设公路、铁路、水利、医院、学校、银行，全面奠定了中国式现代化的战略基础。改革开放以来，中国实行沿海、沿江、沿边发展战略，海岸生态位价值上升；实行学习、教育、科技兴国战略，知识、信息和技能迅速增值；与市场机制接轨、与国际体系接轨、与先进生产力接轨，投资贸易迅速增值，古老的中国焕发出勃勃生机。中国占得工业纪学习者、追赶者的后发优势——集中接受知识与技能、投资与贸易，并集中释放人口红利，迅速转化并形成发展优势，中国式现代化创造了持续40余年的经济高增长奇迹，农业社会一举成功转变为城镇社会、工业社会，成为全球制造业中心。

工业纪深刻改变了人类圈物质循环和能量流动机制，修改了生物圈空间规则。在物质循环上，工业纪之前生产农产品，人类圈主要使用人畜力——肌肉的力量，主要利用地球表面与生物圈同质的物质及其所含能源生产工业制造品，这需要挖掘利用埋藏在地下的矿产，这些埋藏在地下的物质并不在生物圈，也没有参与生态系统物质循环。排放这些物质，让自然生态系统中多出来了"工业味"。在能量流动上，工业制造使用非肌肉力——电力，以及化石能源——煤炭、石油、天然气为驱动力，人类文明"载物量""含能量"陡然增加。农业时代是生物质能源时代，工业时代则是化石能源时代。人类大量使用了历时亿年蓄力的"含能物质"——煤炭、石油、天然气，用了其中所含的"能"，排放了其中的"物质"。由此，形成了生态环境中的"能源味"。在空间规则上，加工制造业在全球范围配置物质能源、知识信息，形成全球化的信息链、知识链、物质链、产业链、供应链，远非农业纪那般"十里不贩菜、百里不贩粮"的状态。世界出现了消费国、贸易国、制造国、原料国，以及连通不同国家的跨国集团，全球土地利用结构发生了深刻变化。原本连接不够紧密的人类圈进入了融合发展的新阶段。与此同时，在人类圈内部存续着多样化的文化圈，构成了文明的多样性，也带来了文明的冲突。

工业纪的农业是现代农业，以种子革命为基础，掀起了农业领域的绿色革命，农业投入产出机制发生了重大而深刻的变革。现代农业是灌溉农业、设施农业，化肥、饲料、农药、兽药、添加剂、生长素的投入已经见怪不怪。现代农业是高载能农业，"喝油"的机车替代了吃草的牛马、化学肥料替代了生物肥料。工业化使农业生态系统人工成分越来越大，也意味着工业化程度越来越高。工业化不仅彻底改变了食物生产系统，而且改变了食物加工、储存、配送系统，增加了食物供应的稳定性。实现了从农田到餐桌、从舌尖到马桶全过程的工业化。农业的生产力、供养力得到大幅度提升，更多的人口脱离土地，与资本结合，与知识、信息结合，创造出新的生产力。工业制造业及其配套的知识经济、信息经济、金融服务需要数量更多、质量更高的劳动力，推动人口聚集，科学、教育、医疗事业突飞猛进，从而加速形成功能完备的城镇化体系。一个又一个经济开发区、高新科技园区，就是把农业区转化为工业区，把乡村形态转化为城镇形态，在单位面积上容纳更多的人口，带来更多的收入。城镇是高度人工化的生态系统，是物质大循环、能量大流动。与人口聚集相适应，水、食物、能源、钢筋、水泥等一齐向城镇集中。由此，现代农业替代了传统农业，高楼大厦替代了土木平房，机动车替代了人畜车，人类圈的食物供给水平更高、温度控制能力更强、空间移动的速度更快。工业化是资本增密过程，也是城镇成为高载能空间、高排放空间的过程。城镇是人类圈的核心——政治、经济、文化中心，也是生态环境问题中心、高致病传染病流行中心。因工业纪的原料地、加工地、制造地、消费地既分离又联通，形成全球化知识体系、信息体系、投资体系、生产体系、供应体系、消费体系，由此带来了全球化的生态环境问题。

人类圈扩张至全球，形成了地球村。随着洲际贸易蓬勃发展，区域市场让位全球市场，引发人口向海岸集中，全球2/3人口集中在海岸线60千米以内。大江大河的三角洲，既是入海口又是登陆地，兼收陆海之利，成为陆海联动的发展中心。港口城镇是入海登陆的门户，也是世界经济增长极。近岸线海域是人类圈的重要组成部分，海洋生态系统保护成为自然保护的重要内容。

从人类圈与生物圈"拿""放""占"三个维度分析，工业纪表现为：（1）在"拿"上，自然河流、天然森林（草原）农业化、工业化、城镇化，跨流域取水、机具伐木，支撑人类圈工农业生产、城乡经济社会生活，出现了自然河道、河床、河岸、河滩、洲岛人工化，湿地生境破碎化，生物居所简单化的趋势。工业纪初期，生态产品、农业产品支持了工业原始积累，生态产出、农业产出接近极限，形成了更大的"绿色赤字""生态欠账"。自然河流、天然森林（草原）只留存于陡峭山地、自然保护地和机械力所不及的空间。森林（草原）、湿地减少，干旱、洪涝频次增加，危害程度加重。工业积累完成后，工业发展成果开始反哺农业、反哺森林（草原）。除实施生态保护修复工程外，工业生产制造出了替代农业产品、生态产品的产品。比如，水泥、钢材、塑料替代了木材，化石能源、电力供应替代了薪材，工业品投入使农业生产力大幅度提升，较少的农田可以养活更多的人口，为森林草原休养生息奠定了基础。（2）在"放"上，工业纪显得特别多，人工合成的化学物质为自然生态系统带来大麻烦。工业生产及城镇生活过程中废水、废气、废物排放，带来了严重的水体污染、空气污染等。现代农业大量使用化学合成物，导致土壤面源污染。工业与农业、城镇与乡村环境问题叠加，生态系统功能严重衰退。河流成为人类圈的排泄渠，聚集了营养型、化学型和热能型污染物。与农业纪燃烧地上绿色森林不同，工业纪燃烧地下黑色森林——挖掘使用化石能源，把黑碳转化为灰碳，加剧大气碳—氧关系失衡。1800年，全球二氧化碳浓度280ppm（浓度单位，表示百万分之一），目前已超过420ppm。全球气候危机已在所难免，这是人类世最大的"灰犀牛"事件。（3）在"占"上，因人口再度膨胀，消费能力全面提升，沿河、沿湖、沿海的湿地、农田、乡村转化为道路、商场、城镇。农业空间、生态空间转化为城镇空间、线性空间。工业化的成功，致使人工生态系统深度扩张，自然生态系统再度缩水。人类圈占用过多，纵横切割生物圈，导致自然栖息地岛屿化、碎片化，引发食物危机，食物链断裂、重组，处在食物链顶端的物种举步维艰，物种灭绝、生物多样性减损已是大势所趋。设立自然保护地，保护人与自然共享之境，保存人类足迹禁入的自然之境，已是工业纪探索人类文明新形态的重要成就，一些国家已经形成各具特色的自然保护地体系。山岳是人类圈的边缘、生物圈的核心，它是自然的高地，也是自然的堡垒，具有相对完备的自我保护机制。山岳形态越复杂、体量越高大，自我保护机制就越健全越有效。同时，山岳是河流的源区，全球水文循环的重要节点。有幸保留下来的自然之境，多是山岳型生态系统，既是自然栖息地、生物基因库，又是绿色水库、人类圈依靠的水塔。于是，保护山岳就是保护自然栖息地、生物基因库、绿色水库、城乡水塔、自然美景。

经历森林纪、农业纪、工业纪，人类圈力量极大增长必然意味着生物圈其他物种力量的缩减，地球陆地表面失去了本来的样子。特别是工业化带来的环境污染与资源破坏，从西方工业化先行国开始，波及全世界，无一幸免。就连原本自然、纯净的空气、水、食物也变得不自然、不纯净，无不带着浓浓的工业味、能源味。生态问题、环境问题，也从西方工业化国家的问题演变为人类世工业纪的世界性问题。环境与资源保护，绿色发展、可持续发展的声浪高涨。建立自然保护地体系、保护幸存的自然荒野（荒野不是荒废、荒凉，而是人迹未至、保留原始野性的天然之境），发展资源节约型、环境友好型经济，清除生态环境中的工业味、能源味，让空气、水、食物变得自然、纯净已经成为人类圈发展面临的简单而又复杂的课题。绿色运动—环保主义正在从人类圈发展的边缘议程变为核心议题。值得特别注意的是，人类圈发展引发的生态环境问题，绝不是物质与能源本身的问题，而是人类开发利用的知识、信息和技能问题。太阳是用之不竭的能源，风力、水力、潮汐力都是再生能源，地球蕴藏着取之不尽的宝藏，用物取能，一再挑战人类智慧。创新创意既要有利于人，又要有利于自然；既能推动人类圈发展，又能维护生物圈稳定。人类需要仰望星空，站在与自然和谐共生、与生物圈协同发展的高度，以新的知识革命、信息革命、技能革命为基础，在加快农业绿色革命迈向新阶段的同时，全面掀起工业绿色革命、商业绿色革命，推动经济社会全过程的绿色发展、绿色革命。

四、人类世第四纪——全新纪

人类基本需求被满足后，全球人口呈现爆炸式增长。19世纪全球人口翻了一番，20世纪翻了两番。21世纪以来，人类世进入第四纪——全新纪。全新纪是绿色纪，包括绿色农场、绿色工厂、绿色矿山、绿色物流、绿色银行等。全新纪也是智能纪，新的科技革命——纳米技术、量子技术、基因技术蓬勃发展，新能源、新材料、新智造欣欣向荣，新质生产力加速形成，推动知识经济、信息经济、循环经济、生态经济、环境经济占据主导地位，并成为经济活动和社会生活中心。城镇乡村星罗棋布，楼宇亭台鳞次栉比，高架立交车水马龙，生活日用品应有尽有。当人口总量、物质生产与消费规模相继达到峰值，开创人类圈与生物圈协同进化、人与自然和谐共生之路才是当务之急。

与人口到达峰值相伴随的，是基础物质消费亦相继达到峰值。农田、乡村、工商、城镇规模扩张到达峰值，甚至发生结构性逆转回调后，形成国土空间利用结构总体稳态。21世纪以来，中国实行退耕政策，把过垦的耕地还林、还草、还湿，本质上就是国土空间利用结构大规模回调。制定实施国土空间规划，其出发点和归宿点是为人与自然和谐共生提供国土空间支持，其着力点是对地球表面生物圈、人类圈实行分类管控，并推行差别化的治理措施。国家国土空间规划明确，城镇空间是以承载城镇经济、社会、政治、文化、生态等要素为主体功能的国土空间；农业空间是以农业生产、农村生活为主体功能的国土空间；生态空间是具有自然属性，以提供生态服务或生态产品为主体功能的国土空间，包括森林、草原、湿地、海洋、荒漠、冰川等。城镇空间、农业空间、生态空间是三大空间，也是国土空间规划中的"三区"。在"三区"内划出三条控制线，简称为"三线"，分别是城镇开发边界——城镇空间内可以集中进行城镇开发建设，重点完善城镇功能的区域边界，涉及城市、建制镇和各类开发区；永久基本农田——农业空间内不能擅自占用或改变用途的耕地；生态保护红线——生态空间内具有特殊重要生态功能，必须强制性严格保护的区域。在空间上，"三区"有部分交叉重叠，"三线"则各自独立。"三区三线"落地，意味着国土空间分工到位、主体功能厘定清晰。在三大主体空间之外，还有第四空间——线性空间，即连接三大空间的输水、输电、输气管线、通信网线、公路、铁路运输控制线。

人类圈从生物圈发端，在深度嵌入生物圈的同时，也嵌入了水圈、大气圈、岩石圈，可谓"一圈扰动四圈"。人与自然和谐共生，既是人类圈与生物圈的和谐共生，也是人类圈与水圈、大气圈、岩石圈的和谐共生，也是"一圈和谐四圈"。如是，虽难度甚大，却是绿色发展要义。生态空间是生物圈的主体空间，农业空间、城镇空间是人类圈的主体空间。国土空间规划不是人与自然和谐共生的全部，却是人与自然和谐共生的关键。农业空间、城镇空间固化，从制度上阻塞了森林再生、湿地再生的通道，同时将生态空间固化，也防止了人类圈无节制扩张，有利于生态系统恢复。当下，要以国土空间规划为指引，全面提升人类圈效能，保护修复生物圈功能。

全新纪人们以生态系统视野观察，推进国土空间治理。地球生物圈的主体是"两大一小"三大自然生态系统，即森林（草原）生态系统、海洋生态系统以及将绿色森林（草原）、蓝色海洋连接贯通的湿地生态系统。人类在生物圈中创造了两大生态系统，即农业生态系统、城镇生态系统。从宏观空间尺度观察，两大人工生态系统源于三大自然生态系统，且在三大自然生态系统之中，五大生态系统彼此连通、交互影响。

生态空间承载着三大自然生态系统，农业空间承载了农业生态系统，城镇空间承载了城镇生态系统，三大空间彼此独立、相互联通、交互影响。具体来说，（1）城镇空间需要跨空间聚水、聚物、聚能，并在水、物、能利用后放出废弃物，通过物流、水流、气流，与农业空间、生态空间实现大进大出大交换。（2）全新纪的农业已是后现代农业，农业空间也需要聚水、聚物、聚能，经历农业生产过程后，向城镇空间输出农产品（物、能），向生态空间释放废弃物。（3）自然生态系统具有自我调节、自我修复、自我进化功能，生态空间原本可以独善其身，但因过往遭受深度掏挖与袭扰，伤及"元气"，现在需要向城镇空间、农业空间借力，以资修复，推动进化。相较而言，城镇空间占比最小而生态系统治理任务最大，生态空间占比最大而生态系统治理任务最小，农业空间居于二者之间。

生态系统管理是大学问，管理好人工生态系统尤其重要。要以系统的观念、发展的观念看人类圈与生物圈的关系。发展是人类圈永恒的主题，只有发展才能更好地满足人的"六大生命需求"。演化是生物圈永恒的主题，演化不会停留，没有尽头却有势头。生物圈支撑着人类圈，人类圈发展要关注生物圈演化的势头。现阶段，人类圈发展"铺摊子""搭架子"阶段已经基本结束，转型升级是大势所趋。经济高质量发展的出路在于环境友好、资源节约，通过增加知识载量、信息含量，降低物质载量、能源含量，推动物质循环和能源高效利用，促使废物排放最小化。全面推行"亩产论英雄"，让每一寸国土空间价值最大化。国家已经制定了生态系统全覆盖的环境友好、资源节约的法律法规体系，贯彻落实，久久为功，必将实现碳中和、氮中和，继而全面实现生态中和、绿色发展。

投资自然，经略自然，让生态空间山清水秀。人类圈与生物圈"拿""放""占"并非是单行道。推进生态空间治理、促进绿色回归是人类世全新世的一大显著特征。人类源于生态系统，生存发展于生态系统，无偿获取生态系统资源，却误将生态系统创造的生态产品、生态服务视为无价值。长期"用"而不"养"，导致生态系统功能衰减。如今，人们已经认识到自然生态系统提供的生态产品难能可贵，植绿护绿成为时代风尚。绿色森林（草原）极易蓄息，放任自生，定会繁茂。全球气候变暖，也将促进绿色森林（草原）生息繁衍。生态空间治理就是投资自然、经略自然，就是保护修复森林（草原）、湿地、海洋生态系统，就是建设形成数量更多、质量更好的绿水青山，就是创造生活舒适、环境优美的生态产品、生态服务，这将全面提升生态空间的"绿色载量""金银含量"。中国实行生态空间休养生息政策，禁止天然林商业性采伐、禁止食用陆生野生动物、禁止生态保护地及生态脆弱区放牧，以及实施江河湖海有节制猎渔。全面推进森林（草原）、湿地生态保护修复，以及沙化、荒漠化土地防治。以青丝换青山的绿色愚公精神，打赢蓝天保卫战，打好碧水保卫战，推进净土保卫战，日复一日、年复一年，让天更蓝、地更绿、水更净、自然更美。大树底下好乘凉，树荫是树的生态产品，树是生产树荫的载体。投资树就是投资生态产品，就是增加生态产品生产力。发展与生物圈共生、与生态系统友好型经济，就是"只卖树荫不卖树"的"树荫经济"，就是人与自然和谐共生的绿色低碳发展道路。

让空气、水、食物自然纯净且能安全使用，正在挑战全球生态系统功能管理能力、生态环境质量管理能力、生态空间一体治理能力。地球是人类共同的家园，加强生态系统功能管理、生态环境质量管理和生态空间一体治理，也是世界各国迈向绿色未来的共同责任。

五、人类世未来纪——绿色纪

全新纪发展的必然结果是未来纪，也是绿色未来纪。生物圈制造的最精美的作品，就是超级强大的人脑。虽然我们还不知道人脑深处的密码，但是我们已经清楚地知道，人类的大脑是为了人类自身的生存与发展而服务的。人类的大脑也已经深刻地认识到，在生物圈内人不可能独赢，人类圈是生物圈内圈，只能与生物圈同生存共输赢。人类绝不可能是生物圈的终结者，因为那将意味着人类圈的终结。人的全面发展就是不断为自身创造幸福，但也不能为其他生命形态带来痛苦。自然没有规划却有规则，自然选择是生物圈终极规则。人类圈在改变着生物圈，生物圈也在选择人类圈，只有与生物圈同体共生的人类圈文明形态最终才能保持下来。超凡的人脑，不仅仅在于照亮人类圈，还在于照亮生物圈；不仅仅在于利用自然、掠夺自然，向自然"拿""放""占"，还在于投资自然、经略自然，实现与自然和谐共生。因为有超凡的人脑，人与自然的关系决不会突然崩塌，人类文明也不会昙花一现，也不可能回到采集渔猎的森林纪。人类发展的唯一前景、必由之路是走向绿色未来，即在改变文明发展的能源基础上、在促进生态系统平衡上、在增加人类圈产品供给上、在维护人类圈与生物圈协同发展上施展非凡的才华，全面恢复生态系统功能，还原生态环境质量，实现生态空间山清水秀、生活空间舒适美丽、生产空间清洁高效。

绿色是地球陆地的本色，地球拥有绿色，人类拥有未来。生态、生产、生活，总是发生在特定的国土空间上。随着国土空间理论日益成熟，必将推动国土空间管理革命向纵深发展。人类主动将自身的本领限制在特定的国土空间，并推行有控制的清洁的"折腾"。中国制定实施国土空间利用规划，划定以提供生态产品为主体功能的生态空间、以提供农产品为主体功能的农业空间、以提供制造和服务产品为主体功能的城镇空间。三大国土空间同步提升载绿量、含金量，协同发展生态友好、资源节约型经济，推动知识经济、信息经济、循环经济、生态经济成为国民经济发展的主导力量，快速迈上人与自然和谐共生之路。

与憧憬无限美好的生活一样，人们无限憧憬绿色未来。人与自然是生命共同体，人类永久生存与发展在生态系统中。人类心智结构发生深刻变化，必然引导文明形态发生根本变化，人与自然的关系正在进行新调整、再平衡，人与自然双向互馈、和谐共生是终极形态。中国坚持生态文明新理念，创建人类文明新形态，制定国土空间新规划，推行生态治理新模式，正走在中国式现代化绿色发展之路上。

中华民族的家园是人类古老的东方家园。末次冰期结束1万多年来，中华家园持续供养着全球1/5以上的人口，生态系统负荷极为繁重。近代中国遭遇百年屈辱，民生凋零、生态衰退；新中国成立以来，特别是改革开放以来，中国创造了令世界瞩目的经济奇迹，如今正行进在高质量发展的路上。同时，中国实施了全球最大的生态建设工程，在古老的中华家园创造了绿色奇迹，如今正迈进在深绿之路上。2060年前实现碳中和，继而全面实现生态中和，中国式现代化的绿色道路越走越宽广。我们已经拥有建设美丽中国的生态自信、家园自信。

绿色是地球生物圈的本色、底色，也是人类圈演化的底层结构、基本维度。人类圈可持续发展需要绿色视野、生态史观。人类是世代积累知识、积累信息、积累技能的物种，人类文明发展应有方向亦有坐标，人类的意义就是自我创造出来的。天地者，万物之父母也。地球村、生物圈、人类圈，天人合一、道法自然，人性相通、命运与共、绿色未来、催人奋进。

地球喜绿，地球未来就是绿色未来；绿色是金，绿色未来就是金色未来；人贵于智，金色未来就是智慧未来。

阅读链接1　圈圈说

21世纪第2个10年，我们进入了微信时代。微信悄悄地改变了人们的生活方式。所有微信直接关系人集结于朋友圈，可以向朋友圈发布相关信息，也可以在朋友圈阅读相关信息。在微信关系人之间，因为各种各样的缘由，会把直接关系人和间接关系人联结起来，构建起分门别类的微信群。各种微信群是预制信息群，亦是特制微信圈，可以发布信息、阅读信息。微信时代的每一个人，都有着自己的微信圈，每一个人都是相互依赖的"圈中人"，接受微信圈影响，又影响微信圈。

通过微信圈，建立起直接和间接关系的联系人多达千人。各种聚会时扫一扫、直接关系人推荐关系人、微信群互认直接关系人，微信圈库存关系人还在持续增加，其规模越来越大。如果考虑到直接关系人和间接关系人的关联人，所有的人都是微信圈关系人。一个单位的人、一个社区的人、一个行业的人、一个城市的人、一个省市的人、一个国家的人，扩展至不同社群、不同地区、不同国家，微信圈可以说是微缩的人类圈。

初次登录微信，起初并没有微信圈直接关系人。从添加第一个微信好友开始，一生二、二生三、三生万物，微信圈由小到大，越来越大。不少人承认，自己的微信好友中，有相当一部分人自己不能确定其真实状况。这让我想起了女娲抟土造人，从一个到多个，生生不息，无穷无尽，女娲成为中华创世女神、中华民族共同的始祖母。她似乎在告诉我们，一开始的时候，人很少，人类圈很小，之后不断生发、持续扩张。当数量众多、规模庞大的时候，同祖同源也如同是陌生的路人，甚至祸起萧墙、同圈操戈。

微信圈是人类的关系圈，同样的，森林（草原）、湿地（河流）、海洋（湖泊）覆盖着地球表面，形成了生物圈。在生物圈中，每一物种都占据了特定空间，各种动植物都占据着自己的生态位，形成各自的生态空间。多样化的物种圈，既协同共生，又渗透竞争，生态演化中的共生物种，有着重叠的物种圈。地球生物圈资源有限，一个物种圈的扩大，必然意味着另一物种圈的缩小。一个庞然大物的出现，必然对其他物种带来灾难性影响。

人类是生物圈中的一个独立物种，也形成了独具优势的人类圈。人是唯一会用火的物种，人圈，也是火圈。星星点点的人类圈，也是可以燎原的星星之火。10万年前，生物圈中的人类圈要比其他动植物所构成的物种圈小很多。1万年前，人类圈也只是生物圈中的星星点点。人类圈从采集狩猎起步，从零次产业到第一、二、三次产业，及至第N次产业，全面碾压其他的物种圈。人类圈的扩张，推动了其他物种圈的收缩。人类圈持燎原之火，小圈变大圈，星星点点的大小圈圈连为一体，蔚为大观，其他物种圈无不承压收缩，集中连片的栖息地岛屿化、破碎化，大圈变小圈，小圈变星点，无数物种圈连星点亦不复存，酿成新一轮物种大灭绝事件。自生物圈形成以来，已先后出现过五次物种大灭绝事件，可能是多种原因所致。1万年以来，全球上演了第六次物种大灭绝事件，有一大重要原因就是人类圈的扩张。

在地球生物圈中，人类圈已是一圈独大的无敌物种圈。大量的森林、草原、湿地已经消失，无数物种失去栖息之所。一些小型物种，在城镇、乡村艰难安家，寄人篱下，勉强度日，苟延残喘。地球是人与其他物种共有的家园。如果人类不自我约束，人类圈将疯狂摧毁其他物种圈，彻底占满整个地球生物圈。这必然意味着人类圈一圈致胜天下，必将带来生物圈难以承受的倾覆之灾，同时也是人类圈无以为继的倾覆之灾，绝不能让这样的悲剧发生。

工业化先行国首先遇到人类圈严重冲击其他物种圈的问题，因而率先开启建立各类自然保护地的历史进程。建立各种各样的自然保护地，其实就是保护各种各样的物种圈。中国是工业化后起国，也是自然保护地事业追赶国。20世纪后半叶，中国自然保护地事业起步。特别是改革开放后，各类自然保护区、森林公园、草原公园、沙漠公园、湿地公园、地质公园以及风景名胜区，如雨后春笋般涌现。21世纪第2个10年，中国自然保护地事业进入了建立以国家公园为主体、自然保护区为基础、自然公园为补充的自然保护地体系的新时代。一个完整自然保护地，就是一个特色的物种圈；一个自然保护地体系，就是物种圈保护体系。

中国曾成功推行计划生育，有效控制了人口规模，成功实行改革开放，加速推进工业化、城镇化、信息化，走出中国式现代化之路。21世纪第3个10年，中国领世界之先，全面推行国土空间规划，明确人类圈发展势力范围，约束人类圈扩张界限，保持其他物种圈规模，维护地球生命共同体秩序。中国将国土空间规划为生态空间、农业空间、城镇空间和其他空间（线性空间）。农业空间、城镇空间、线性空间是人类圈，生态空间是其他物种圈。在生态空间内，划定了生态保护红线范围，这是其他物种圈的核心圈，也是与人类圈无重叠的生物圈，是需要实行最严格保护措施的生态空间。

人类圈一圈独大是地球生命共同体面临一切问题的总根源。生物圈由一个人类圈与无数其他物种圈共同构建，人类圈是绝对强势的物种圈，其他物种圈是人类圈的共生圈、朋友圈。人类圈不仅深刻地影响到生物圈，而且深刻影响到水圈、气圈和岩石圈。水土流失、水体污染、大气污染、土壤污染、矿山污染、食物污染，全球变暖、自然灾害频发，皆与人类圈一圈独大，不合理利用生物圈、水圈、气圈、岩石圈密切相关。人与自然和谐共生，就是践行人与自然是生命共同体的理念，强化人类圈发展自我约束，维护其他物种圈演化秩序，全面构建人类圈与生物圈、水圈、气圈、岩石圈的和谐共生关系，建设绿色发展零污染的美丽家园、美丽地球。

控制人类圈、管理人类圈，已经成为21世纪维护地球生命共同体秩序的"总抓手"，实现人与自然和谐共生的"总开关"。

第二章

生态空间生态篇

中国国土空间规划将国土空间按用途分为三大主体空间，即生态空间、农业空间、城镇空间。与农业空间、城镇空间不同，生态空间以自然力驱动为主体，生生不息、永续演替，是可持续生产的生态产品，且能够提供生态服务的生态永动机。生态永动机是人类文明的母机，生态空间是国土空间的元空间。与国土空间用途相适应，生态空间生态学也可分为生态空间生态学、农业空间生态学、城镇空间生态学。生态空间生态学是生态学原理在生态空间的转化应用，深入揭示生态永动机的结构、原理；生态空间生态过程、生态运动规律；生态空间与农业空间、城镇空间的生态关系；人与自然共生以及人类经济社会活动与自然生态系统的交互影响机制。

人与生态永动机

　　人是自然的人，呼吸、饮食全部仰仗生态永动机的产品和服务。人的本体是动物，人与动物皆以消费者的角色参与生态永动机运作。与消费者角色对应的是生产者角色，绿色植物是初级生产者，是生态永动机的生产源，形成了生产生态产品、提供生态服务的元生产力。没有人可以脱离与生态永动机的关系，人与自然是生命共同体，与生态系统互惠共存，与自然生境互动共生，并与之结成密不可分、牢不可破的生命共同体、生态共生圈。人是地球生态系统中的人，人类文明是地球生物圈中的文明。人类古文明生发国——中国、古印度、古埃及、古巴比伦，皆与茂盛的森林、优美的生境共生共存。人与生态永动机的关系，从来都是共生的关系。只不过，这种共生关系表现出不同的形态，有矛盾冲突的共生、混乱失序的共生、有序和谐的共生。

　　人的生命体与所有生命体一样，一刻不停，与生态永动机进行着三大交换，即物质、能量和信息交换。所谓人类文明进步，其本质表现就是不断改变三大交换的方式，不断提升三大交换的速度和量级。

　　起初，在森林化时代，生态系统是一部不知疲倦的生态永动机。人类源源不断摄取它制造的物质（摄取物），经过生命代谢后，又连绵不绝排泄出需生态永动机回收处理的物质（排泄物）。这一时期，人口规模不大，摄取和排泄的物质规模也就不大，生态永动机压力较小。更重要的是，这一时期人类摄取生物质、排泄生物质，生态系统物质循环具有同质性。因此，在大约300万年内，人类的摄取与排泄对生态永动机没有造成实质性影响。

接着，事情发生了缓慢变化。大约四五千年之前，开始了农业化进程。人类从生态永动机中剥离驯化了部分植物，出现了植物栽培，人工栽培的食物逐渐替代来自采集的食物；驯化了部分动物，出现了畜禽养殖，人工养殖的食物逐渐替代了来自狩猎的食物。人类的主要食物来源，逐步由自然生态系统为主转向人工生态系统为主。人类开垦农田，农业成为主要食物，木材是最主要的材料，薪柴是最主要的能源，摄取生物质又排泄生物质，摄取物与排放物的性质并没有发生根本变化。但是，农业化深刻地改变了人类自身，也深刻地改变了生态面貌。种植养殖代替采集狩猎，田园牧歌代替森林徜徉。人工生态系统生产食物的效率明显高于自然生态系统，人类从中受益并推动人口规模缓慢扩张，摄取物增加，排泄物随之增加，三大交换的方式、速度和量级也随之改变、扩张。经过数千年的农业化进程，已经出现了所谓的过度垦殖和过度放牧，其实质是人类过度摄取生态永动机资源，一方面森林面积减少、质量下降，木材、薪材短缺；另一方面水土流失、土地沙化、荒漠化、盐碱化加剧。生态永动机已远不是本来的样子，已远不如原始状态下灵动高效。

之后，事情发生了重大变化。大约250年以前，爆发了工业化革命。从18世纪60年代的英国开始，工业化迅速席卷全球。农业化推动了食物革命，深刻改变了人与生态永动机食物交换方式、速度和量级，工业化则推动了能源革命和材料革命，从根本上改变了人与生态永动机三大交换的方式、速度和量级。人们获得了新知识，采用了新技术，有能力将手脚从地球表面伸向地球深处，伸向地球各个角落，大规模开发地球深层资源，挖掘"地球窖藏"——矿产资源，生产制造了新材料、新能源，由木材转向钢材、水泥、塑料等，彻底改变了材料结构；由薪材转向电力、煤炭、石油、天然气，彻底改变了能源结构。之所以是彻底改变，因为此前人类应用的木材、薪材是生物质材料、生物质能源，摄取物与排泄物具有同质性，生态永动机接收这些排泄物并不带来颠覆性影响。而矿产资源被开发转化后，石油、煤炭、天然气、钢筋、水泥、塑料等是化石能源转化物，由此而来的排泄物，生态永动机无法接受却不得不接收。如果说农业化时代人类摄取是软性摄取，人类排泄是良性排泄，那么到工业化时代，摄取变成硬性摄取，排泄物变成恶性排泄物。在农业化时代，资源问题是食物、木材、薪材问题；环境问题是水土流失，土地沙化、荒漠化、盐碱化问题。到工业化时代，资源问题加上了矿产问题、能源问题，环境问题加上了土壤污染、水体污染、大气污染问题。

　　再后来，便是信息化。半个世纪以前，开始了信息化，地球变平了，也变小了，变成了一个村落——地球村。信息化时代，人类更加聪明，知识爆炸、信息爆炸驱动工业化向全球迅猛扩展。工业化、信息化、全球化合力，人类的力量爆炸性增长，迅速将人与生态永动机的三大交换推向更大规模、更高量级。由此，人类从生态永动机中摄取物质的能力迅速提升，向生态永动机排泄物质的能力同步提升，因资源问题、环境问题更加突出，致使生态永动机开始失灵半失灵、瘫痪半瘫痪，走到了崩溃半崩溃的边缘。

　　人与生态永动机的故事，其核心内容是不断改变三大交换的方式，不断提升三大交换的速度和量级，大尺度改变了地球生态面貌，加速了地球物态变化。工业文明浩浩荡荡，城市高楼如雨后春笋，无限开采岩石圈，掠夺自然资源，霸凌生态永动机，写就了一部史无前例的与自然斗争史。然而，无与伦比的人类力量，远远超出了地球生物圈、水圈、大气圈的耐受性，超出了生态永动机的包容性。大自然也已经忍无可忍，开始反击反噬人类文明，人与自然矛盾激化，混乱失序情势增强，有序和谐的情势减弱。多种情势叠加，聚合成的一个大情势，即是离有序和谐共生越来越远。人与生态永动机的矛盾冲突，集中转化表现为三大灾难：一是气候灾难。因过量排放温室气体，导致全球变暖、冰山融化、海平面上升，极端气候事件频发。气候治理成为全球治理重大课题。二是生境灾难。因过量排放有毒气体、液体、固体，导致空气、水体、土壤污染，生态环境质量全面下降，维持生命活动的空气、水、食物，皆不是原来的味道，改善生境成为重大的民生问题。三是系统灾难。因过度开发森林草原湿地，青山绿水退化为穷山恶水，自然生态系统渐失多样性、稳定性和持续性，物种丢失、水土流失、沙尘泛滥，自然灾害频繁，生态危机重重。

人类文明寄生于生态永动机。截至目前，人类已经走过的文明道路是不可持续的绞杀式寄生之路。人类文明是受益方，人类从生态永动机中摄取有益物，排泄有害物；生态永动机是受害方，输送有益物，接收有害物。地球生态系统危机就是生态永动机危机，其根源在于人类向它施加影响过甚。对于生态永动机来说，人类文明无疑是野蛮的、粗暴的。如果人类毁灭了生态永动机，也意味着人类毁灭自己创造的文明，同时也毁掉自己。

人类的根本出路，在于走出一条与生态永动机的共生寄生之路，走上人与生态永动机互为受益方的文明之路。共生寄生的文明是有寄主与宿主双赢的文明，是高级的生态文明。人与自然关系中，主动权在人。人类凭借自己的智慧，必将推动绞杀寄生向共生寄生的大转型。这需要人类深刻认知地球生态系统，深刻把握生态永动机结构、原理，培育和提升生态永动机生产生态产品、提供生态服务的能力。要以生态永动机高质量运转为基点，通盘考虑摄取与排泄，适度摄取、适量排放，避免排泄有毒有害物。

地球是人类共有家园、唯一家园、永恒家园。绿水青山是世代共享的多功能的生态永动机。当今世界大潮，生态意识觉醒，生态自信回归，人类应当走好与生态系统共生寄生之路，举起降碳、治污、增绿"三面大旗"，掀起前所未有的绿色革命，奋力谱写投资自然史、经略生态史、人与自然和谐共生史的新篇章。发展的绿色道路、发展的含绿量，要以人与自然和谐共生为方向，从亩产量到亩产值，从绿色GDP到GEP（生态系统生产总值，Gross Ecosystem Product），最大幅度减少人与自然的矛盾冲突和混乱失序。在三面大旗下，人与自然和谐共生三条基本路径是减少新增生态占用，集约节约、循环发展；削减存量生态占用，修复污染水体、土壤功能；恢复生态永动机的生机，提升生态生产力、生态承载力。前两者指向生态消费，后者指向生态生产。三者合在一起，即减少生态消费与增加生态供给并举。现阶段的绿色发展，尚是绿色发展的初级版本，即"浅绿色版本"。今后，不断深化开拓绿色发展道路，升级绿色发展版本，逐渐由浅入深，打造出"深绿色版本"。

中国是21世纪崛起的全球生态文明倡导者，正在建构中国式生态文明，即人与自然和谐共生的现代化知识体系，它是可持续发展的文明，也是带领人们迈向绿色未来的文明。

人与自然的空间约定

大约300万年以前，地球生态系统孕育出人类的祖先，这无疑是地球生物圈30亿年生命历程中最为神圣的时刻。那时的地球，如梦如幻，万物静好。那时的人类，是生物体系中普通的一员，对大自然恭敬虔诚，顶礼膜拜。

大约1万年前，人类文明破茧成蝶。从此以后，人类成为参与生物圈演化的一支独立的重要力量。人类文明，源于自然，却并非自然。人类文明利用自然、掠夺自然、损害自然，终归成为背叛自然、席卷自然的力量。起初，人类从元生产力——自然生态生产力中发展出一次次生生产力——农业生产力，传统农业发展缓慢，向自然索取旷日持久，大片辽阔壮美的森林、草原、湿地等优质生态空间被垦辟为农田，一次次生生产力挤压了元生产力。随后，在日新月异的科技革命推动下，出现了二次、三次次生生产力，加速推进工业化、城镇化进程，人类对大自然在态度上傲慢不拘，在行动上肆无忌惮，以至于把次生的生产力视作全部生产力，将生产力定义为人类征服和改造自然的能力，工商业力量持续大举侵入自然生态系统，引发了地球生态系统基础资源衰退，生态永动机失灵、瘫痪，撕开了导致生物圈解体崩溃的口子。然而，生态—农业—工业—商业—生态，一切尽在自然生态系统之中，皆由自然生态系统承载。大自然原本浑然一体，是机巧灵活的生态永动机。如今，古老而神秘的原始荒野已经永久消失，无数物种终结了进化之路，这是中生代以来6500万年间最严重的物种大灭绝事件。如今的自然生态之域，大多已丧失了完整性、原真性，已不是本来的自然，却是自然复苏兴荣的生态根脉所系。

地球生物圈不是自然资源的简单堆积，而是各种生命形式支撑起来的生命网络、生态系统。人是自然生态系统中的人，人类文明发展引起的物种大灭绝事件，正在深刻影响着生态永动机的质量和效率，也深刻影响着人类的前途命运。无论是文明之先的人，还是文明之后的人，首先是基因复制、世代传承的自然人。世代传承的基因密码比世代传承的文化密码要复杂且精巧得多。无论人类文明达到的高度如何，人类世代传承的基因密码永远是地球生物原始基因密码。人类生命永续，须臾离不开生态永动机的支持，更不可能与自然脱钩。人类的呼吸、饮食、排泄均离不开它制造的空气、淡水、食物、排泄场……

生态永动机提供了调节气候、涵养水源、保持水土、固碳释氧、防风固沙、蓄滞洪荒、消纳排泄、维护生物多样性，以及科学探秘、休闲游憩等生态产品和生态服务。人类和人类文明，永远离不开生态永动机生产的产品、提供的服务。当工业化大潮滚滚而来的时候，人类文明出现了与生态永动机脱轨冒进的倾向，也面临自然生态系统崩溃而被摔得粉碎的重大风险。就像人类无法更改自己传承的遗传基因结构一样，人类无法改变和修正自然生态系统内在的逻辑结构，唯一聪明的选择就是改变自己的生存与发展模式，尊重自然、顺应自然、保护自然。

大约在100年以前，工业化先行国家就已经认识到自然生态系统崩溃的风险，意识到地球生物圈存在着不为人类所动的力量，并因此不再为一生一世的财富占有而挤占子孙后代发展所需的公共生态空间。于是，人类开启了设立自然保护地的历史进程。1872年，美国在落基山脉黄石河河源区设立黄石国家公园，这是人类在地球上设立的第一个国家公园，也是第一块自然保护地。在黄石国家公园设立文件中清楚地表明，其目的是"为了使她所有的树木、矿石的沉积物、自然奇观和风景，以及其他景物都保持现有的自然状态而不被破坏"。可见，设立自然保护地，划定出专属于大自然的空间，同时也是世代共享的生态空间，它是大自然的自留地，也是人类的禁足地。这是人类为万代绵延、生计永续，主动调整自身生存与发展模式，主动向大自然伸出橄榄枝，主动与大自然进行的"空间约定"。效仿美国做法，世界各国纷纷设立各具特色的自然保护地体系。截至目前，全球200多个国家已设立各类自然保护地22万处。

泱泱中华，文明绵长；华族子孙，浩浩荡荡。每一寸土地都承载着厚重的历史，镌刻着灿烂的文化。早在工业革命来临之前，5000余年的农耕文明，致使过垦过牧、乱砍滥伐，用林不养林，用草不养草，自然生态账户严重透支，生态系统遭受重创，生态生产力萎缩衰退，森林沃野变为贫瘠荒田，青山绿水成为穷山恶水。20世纪以来，工业化浪潮滚滚而来，迅速席卷全国，在史诗级的工业—商业文明成果背后是超大量级的难以消弭的农业—工业—商业的排泄物，原本赤字的自然生态账户再添新债，原本负重的生态永动机再加负荷。中国生态永动机要永续支撑中华文明之花，中国生态永动机弥足珍贵，值得千般爱怜、万般呵护。

从20世纪50年代起，中国开启人与自然空间约定的历史进程。1956年，中国科学院在广东省肇庆市设立中国第一个自然保护地——鼎湖山国家级自然保护区。经过60余年努力，已经建成数量众多、类型丰富、功能多样、具有中国特色的自然保护地体系。据有关资料介绍，中国已建成特色鲜明的自然保护地群，全国自然保护地达1.18万处，保护地面积占国土陆域的18%，管辖海域的4.1%。全国90%的陆地生态系统类型、85%的野生动物种群、65%的高等植物群落和30%的重要地质遗迹、25%的原始天然林、50.3%的自然湿地和30%的典型荒漠已经纳入自然保护地体系。由此，中国自然生态系统核心空间得到呵护，生态账户走出"赤字"，走向"盈余"。

2019年，中共中央办公厅、国务院办公厅印发《关于建立以国家公园为主体的自然保护地体系的指导意见》指出："自然保护地是由各级政府依法划定或确认，对重要的自然生态系统、自然遗迹、自然景观及其所承载的自然资源、生态功能和文化价值实施长期保护的陆域或海域。"自然保护地是生态建设的核心载体、中华民族的宝贵财富、美丽中国的重要象征，在维护国家生态安全中居于首要地位。自然保护地体系由国家公园、自然保护区、自然公园三部分组成，虽然在保护等级上各不相同，但共处一个体系，具有相同的建设目标，即建设健康稳定高效的自然生态系统，为维护国家生态安全和实现经济社会可持续发展筑牢基石，为全面建成社会主义现代化强国奠定生态根基。

中国的人与自然空间约定起步较晚，但并没有停留在"抄作业"上。这是与中国式现代化相适应的中国式自然保护地，也是中国特色的人与自然约定的核心。中国自然生态空间保护事业从自身国情出发，理论创新、实践探索、气势宏大、格局全新，在全球率先推进"三重空间约定"。在上述第一重空间约定——建设中国特色的自然保护地体系的基础上，展开了第二重空间约定，即以自然保护地体系为核心，再加续自然生态系统完整性，继而划定生态保护红线。生态保护红线内的生态空间，即是永久性生态空间。2017年，中共中央办公厅、国务院办公厅《关于划定并严守生态保护红线的若干意见》指出："生态保护红线是指在生态空间范围内具有特殊重要生态功能、必须强制性严格保护的区域，是保障和维护国家生态安全的底线和生命线，通常包括具有重要水源涵养、生物多样性维护、水土保持、防风固沙、海岸生态稳定等功能的生态功能重要区域，以及水土流失、土地沙化、石漠化、盐渍化等生态环境敏感脆弱区域。"生态保护红线落界为自然保护地边线或是自然生态系统完整空间边线，如林线、雪线、流域界线，江河、湖库以及海岸向陆域延伸线。划定并严守生态保护红线是管控重要生态空间的关键举措，是提高生态产品供给能力和生态系统服务功能的有效手段。地方各级党委和政府是严守生态保护红线的责任主体。生态保护红线确定了国土空间开发的底线，相关规划要符合生态保护红线空间管控要求。生态保护红线以内生态空间，与自然保护地体系的保护级别相当，原则上按禁止开发区管控。以封禁为主，修复受损生态系统，改善和提升生态功能，实现红线内生态空间生态账户扭亏增盈。

中国人与自然的第三重空间约定，是以生态保护红线为底线，扩展到整个生态空间，建构出人与自然空间约定好的完整版的中国方案，彰显出古老的东方大国的新时代生态智慧、生态自信。2019年，中共中央办公厅、国务院办公厅发布实施《中共中央 国务院关于建立国土空间规划体系并监督实施的若干意见》，标志着生态空间第一次成为国家规划中的一个独立国土空间，制定生态空间规划上升为国家意志，同时，也标志着中国生态空间规划迈入世界前列。早在2017年，国务院批准，自然资源部会同生态环境部、水利部、林业局等9个部门制定的《自然生态空间用途管制办法（试行）》指出："自然生态空间，是指具有自然属性、以提供生态产品或生态服务为主导功能的国土空间，涵盖需要保护和合理利用的森林、草原、湿地、河流、湖泊、滩涂、岸线、海洋、荒地、荒漠、戈壁、冰川、高山冻原、无居民海岛等。"生态空间用途、权属和分布的确定，以全国土地调查成果、自然资源专项调查和地理国情普查成果为基础。严格控制生态空间开发利用活动，依法实行空间准入和用途转用许可制度，确保生态空间不减少，生态功能不降低。生态保护红线以外的生态空间，原则上按限制开发区管控。按照生态空间用途分区，依法制定准入条件，明确允许、限制、禁止的产业和项目类型清单。木材采伐实行限额管理，禁止天然林商业性采伐，禁止食用陆生野生动物，实行封山禁牧、江湖退捕禁捕，让生态空间休养生息、恢复元气。各部门依据有关法律法规，对生态空间进行管理，组织制定和实施生态空间改造提升计划，建设生态廊道，增强生态空间完整性和连通性；采取激励政策，支持集体土地所有者、土地使用单位和个人退耕还林还草还湿，改善森林草原结构，提升生态系统质量，增加生态产品生产能力。

　　人与自然的空间约定，在三重空间同时推进，是中国生态文明建设的制度创新，是中国特色社会主义的制度自信，是中华民族永续繁荣的制度安排，是人与自然关系的深度调整，由此形成的中国方案具有全球意义。

　　人与自然的空间约定，是天人合一的空间之本，是科学开发利用国土的高明之举。告别掠夺自然生态空间的发展模式，把农业经济控制在农业空间，把工业、商业活动控制在城镇空间，为释放自然生态空间潜能提供现实路径。

　　人与自然的空间约定，就是人对大自然的空间承诺。保障大自然保有自留地的权利，履行人类自觉自愿设立禁足地的义务，承诺不再因为发展而伤害自然生态空间，承诺依法管控、保护、修复生态空间，持续恢复生态生产力。

　　人与自然的空间约定，就是约定绿水青山，约定金山银山，约定持续发展的生态永动机。自然向人类让渡了农业空间、城市空间，人类向自然让渡了生态空间，必然使荒山枯岭变青山翠岭，世代共享山清水秀的金山银山。

　　人与自然的空间约定，表面上是保护修复自然生态系统，根本上是让生态永动机更好地生产和产出，支持人类文明可持续发展，表面上是厚植生态根脉、拯救自然，根本上是拯救人类文明、拯救人类自己。

　　人与自然的空间约定，是人类自我觉醒、自我超越后最正确的决定。生态空间是人与自然和谐共生、世代共享的公共空间，人人皆是缔约人，人人都是履约人。持续推动生态空间治理，永葆生态空间生机活力是人类永续发展的伟大事业。

修补"天衣"

生物圈原本是地球表面的无缝"天衣",也是包裹地球表面的一层薄纱。在这层薄纱里,生存着数以百万计的物种,人类是其中之一。这是用生命力织成的,蕴含着初级生产力、元生产力的一层薄纱。起初,人类与数百万物种共同遵循物竞天择的自然法则,共生共享生物圈。后来,石破天惊,人类单方面改变了生存规则,不满足于采集狩猎所得,也不愿与其他物种分享生态产品,而是创建出独自享用的种植养殖业,生产农产品,开创了农业文明。自从开始了对动植物的饲养和培植,人们便将与自己共生百万年的自然界的动植物,称之为"野生动植物"。传统农业就是栽培植物、家养动物扩大而野生动植物逐渐消退的过程。再后来,人类文明更上层楼,不满足于自然物料,加工出人工物料,制造出工业品,开创了工业文明。人类长出了令生物圈为之颤抖的两只"生态大足",一只脚留下了大量伤筋动骨的"显形生态足迹",从自然生态空间中开辟出农业空间、城镇空间,农田、村舍、场地、厂矿、楼宇、道路占用越来越大,对生态空间造成"硬损伤";另一只脚留下深入骨髓的"隐形生态足迹",大气污染、水体污染、土壤污染,对生态系统带来"气质性伤害"。人类的两只大脚反复踩踏,完整的生态系统被踩出无数"破洞""窟窿",导致大地失绿、水体失清、天空失朗，生物圈物理、化学、生物特性发生了重大变化。

以生命为经纬经历数千万年织成的无缝天衣，庇佑着与人世代共生的万千生灵，却被人类以文明之名，硬生生撕出一道又一道的裂纹，踩踏出一个又一个破洞、窟窿，使生物圈失去了系统性、完整性、稳定性。这样的后果皆是人类生态足迹越来越大、生态占用越来越多所致。随着高强度投资管理的农田、园林、牧场、城镇等生态系统不断替代自然生态系统，意味着次生的生产力不断增长，元生产力持续减损，农业空间、城镇空间持续扩张膨胀，生态空间不断收缩，自然生态系统入不敷出。这种一方的增长膨胀以另一方的减损为代价的传统文明发展模式，使原本的绿水青山退化为穷山恶水，万千物种失去栖息之所，地球表面失去生命保护，生物圈发生了剧烈震动，各种生态灾难接踵而至。自然向人类发出了警示：在地球表面的天衣之下，单向独赢的人类文明之路已经走到生态极限、发展尽头，必须悬崖勒马、改弦更张。

如今的人们越来越深刻地认识到，既不能没有文明发展，更不能没有自然生态，优美的自然环境、健康的生态体系构筑了幸福生活的大环境。人类无时无刻不在打理土地，但不能只顾自己，也要兼顾自然。在结构和功能极为复杂的生物圈里，只为自己单向独赢，必是一条不归之路。林草兴则生态兴，生态兴则文明兴。自然生态生产力是元生产力，人类社会生产力是次生产力。总生产力=元生产力+次生产力，总财富=生态财富+经济财富。兼顾两种生产力、两种财富，方能实现生产力最大化、财富最大化。树立人与自然双赢理念，投资自然，让利自然，走上人与自然共赢之路，才是生物圈可持续繁荣发展的正途。于是，要大力实施"双碳"战略、推进深绿战略，发展生态友好型经济，建设资源节约型社会。归根结底，就是深度调整人与自然的关系，告别人类单向独赢之路，创造人类文明新形态，由掠夺自然到投资自然，走出人与自然互馈共赢之路。

人与自然和谐共生主要是实施"防、治、补"三策，也是三条实现路径。即（1）控制生态占用增量，"小足迹"即是"好足迹"。推动经济社会可持续发展，必定会发生新增的生态占用，但是要精致不要粗放，要让生态小足迹带来经济大发展。控制生态占用增量就是未病先防，也是神医妙手。（2）减少生态占用存量，用"小足迹"替代"大足迹"。已经留存的生态足迹，已经发生的生态占用，也要逐步放下，逐步还原。减少生态占用存量，属于治已病，也是修复生态"气质"的"硬功夫"。（3）增加生态产品供给，消纳生态足迹，亦即修复"生态骨骼"，恢复"生态元气"，强壮"生态体魄"。植物叶片是"光伏板""捕碳器"，绿色植被是无机界与有机界转化的枢纽，也是生态系统中的元生产者，生态产品的元提供者。投资自然，推动绿色增长，是人与自然和谐共生的基石。在现行生态政策体系中，大气污染治理、水环境治理，设置排碳权、取水权、排污权，其目的就是控制生态占用；污水处理、污泥处理，以及清洁能源替代措施，即减少生态占用存量；造林绿化、恢复森林草原湿地生机活力，即增加生态产品生产，做大人与自然共享的生态蛋糕。

　　人，首先是生物圈中的生物。人与万千物种组织成相互依存的生命网络、生物体系，生物圈是生物天衣，也是人之天衣。绿水青山就是高质量的天衣，不仅有利于生活在其中的各种生物，也有利于人类生存与发展，值得世代传承、世代共享、世代葆真。人需要生态获得感，生命幸福感的重要内容就是生态获得感。生态自主、生态自由带给人类开放空间，与自然的身心交流，哪怕只是在半自然的庭院、公园里，也会愉悦心情，如果能够置身郊野，就会感到更加开心和幸福。大自然中的每一寸土地都在工作，人与自然共享工作成果。绿水青山是保有生态永动机能力的土地，也是人与自然共享的高价值空间。实现人与自然和谐共生，需要数量更多的绿水青山、质量更高的生态空间。绿色未来就是人与自然互馈共赢的未来，就是修补天衣的未来。

元空间与根理论

　　生态空间是国土空间中的母体空间，也是元空间、底层空间。从生态空间中孕育和分立出农业空间、城镇空间、线性空间。生态空间是元空间、底层空间，农业空间、城镇空间、线性空间是次生空间、表层空间。元空间、母体空间、底层空间的品质对次生空间、表层空间具有深刻影响，甚至是决定性影响。比如，西安与成都、北京与深圳，其城镇空间、农业空间品质直接与其生态空间品质密切相关。

　　曾经洪荒的地球，原本是一个整体空间、混沌空间，只有原真的生态空间才是纯真的自然荒野。人类是大自然精灵，原本在生态空间——森林、草原、湿地中安身立命。自从人类文明诞生的那一刻起，如同自然生态系统发生了"核裂变"，开启了单一物种改变地球生态系统演替和地球表面空间结构的历史进程。人类在与自然共生中向自然学习，驯化动物、栽培作物，学会了用火，从森林、草原、湿地空间上开辟出种植作物、饲养家畜的空间，这就是以生产农产品为主的农业空间。那时，人类文明表现为农耕文明，农业空间也就成为人类文明的主要空间载体。后来，在农业空间的基础上，人们进行加工、贸易，形成了交易市场，形成了人口聚集的城镇。于是，出现了加工中心、贸易中心，也就是以工业和服务业为主的城镇空间。如今，人类已经完成了由农耕文明向工业文明、城市文明的转型升级，城镇空间已经成为人类文明的主要空间载体。至此，生态空间孕育和分立出农业空间、城镇空间、线性空间。

按照生产产品和提供服务的属性，国土空间规划为城镇空间、农业空间、生态空间以及线性空间。若以人类发展的立场观察，城镇空间是人口集中的第一空间，农业空间是第二空间，生态空间是第三空间，线性空间是第四空间，也被称为"其他空间"。若从空间生发原理分析，生态空间是元空间，是文明之先的第零空间。农业是一次产业，农业空间也是第一空间；城镇是二、三产业聚集之地，也是第二空间；线性空间是输送服务业，是第三产业，也是第三空间。

生态空间是元空间，具有自然属性，以生产生态产品和提供生态服务为主体功能。生态空间是原生的自然空间，或是经修复、重建以自然再生产过程为主的国土空间。在三大空间中，生态空间规模最大。生态空间主要由自然力控制着，是生态永动机。按照绿色含量、生态产能，可以把生态空间分为绿色空间和缺绿空间。绿色空间是天然的森林、草原、湿地、河流、湖泊、海洋，也包括重建的人工森林、库湖水面等；缺绿空间是沙地、裸地、盐碱地、冰山等。按照受保护程度，生态空间分为永久生态空间和一般生态空间。永久生态空间是生态保护红线范围内的生态空间，也是实行最严格保护的生态空间；一般生态空间是生态保护红线之外的生态空间。在农业空间有杂草之说，在生态空间则无闲草。所有的生物，都是自然生物体系中的一部分，并通过生存竞争获得属于自己的生态位。在某种意义上，生态空间是不宜转为农业空间和城镇空间的自然保留地，而永久生态空间是大自然的自留地。有幸保留下来的生态空间，不适合农业经济，更不适合工业经济和商业服务业活动。因自然物理条件的原因，生活在生态空间的人们难以享有与农业空间相当的现代化生活，更无法与城镇空间的现代化水平相提并论。

农业空间是第一空间，以承载农业生产和农村居民生活为主体功能的国土空间，主要包括永久基本农田、一般农田等农业生产用地，以及村庄等农村生活用地。农业空间也不是原生空间，而是人类清除原始植被、驱赶野生动物后，对自然生态空间进行了粗放改造后形成的空间，也是人类选择动植物的自然再生产与经济再生产交织在一起的国土空间。在地类上，农业生产空间包括耕地、园地和其他农用地；乡村生活空间包括农村居民点、乡村公共设施和公共服务空间。在种植业生产过程中，耕地、园地兼有一定生态功能，但其主体功能是提供农产品。在农业空间中，划出耕地保护红线，红线之内是实行最严格保护的永久基本农田，以保障基础食物的生产能力。在城市化之前，农业社会时，农业空间是人类活动的主体空间。进入现代社会后，城镇空间提供了更多的就业和服务，农业空间上的人口向城镇空间转移。相对于城镇空间，农业空间是低收入人口集中的空间，以种植业为主，居民点分散，表现为村庄形态。

城镇空间是第二空间，以城镇居民生产生活为主体功能的国土空间，包括城镇建设空间和工矿建设空间，以及部分乡级政府驻地的开发建设空间。城镇空间并不是原生空间，而是自然生态空间经过人类长期改造、雕琢的国土空间。经历农业化、工业化之后，现代社会也称之为"城市化社会"。在城市化国家或地区，城镇空间是人类经济与社会活动的主体空间。总体而言，自然力对城镇空间的调控力度呈衰减之势。城镇空间是高学历人口、富裕人口聚集中心，也是政治权力中心、文化教育中心、知识生产中心、科技创新中心、金融中心、制造和服务业中心，直观呈现形态为镇、城镇、城市、城市群、城市带、城市圈、大都市区。在城镇空间内部划定城镇空间增长边界，即城镇开发边界，以控制城镇无序扩张。在三大国土空间中，城镇空间规模最小，约占国土空间的5%，而聚集的人口和创造的GDP分别占70%以上。

线性空间是第三空间，也是其他空间。线性空间是在三大空间中往来穿梭的水利、交通、能源、通信等所占空间，约占国土空间的1%。从国土规划来看，在三大空间中都包含着线性空间。线性空间会受到自然力的影响，但主要受控于人类力量。因生态空间规模大，第三空间主要是在元空间中穿越。

第一、第二、第三空间是元空间的次生空间。人类文明的发展过程，其实就是农业空间、城镇空间、线性空间持续膨胀的过程，也是三大空间持续挤压并吸收利用元空间的过程，由此导致元空间过度萎缩。历史上，农业空间过度膨胀，过垦过牧、毁坏天然植被引发水土流失等生态灾害时有发生。如今，面临城镇空间、农业空间、线性空间"三个扩张"的压力，问题更为突出，生态空间安全受到严重挑战。清醒认知生态空间的重要性，探索研究国土空间开发利用和演变规律，已经成为21世纪人类发展面临的共同课题。

相对于第一、第二、第三空间而言，元空间最大特征就是人少，甚至无人，属于少人空间或是无人空间，也可视作无人区。元空间是自然保留地，也是野生动植物必不可少的最后的栖所，属于大自然缔造的野性空间。元空间是第一、第二、第三空间的底层空间，离开元空间，三大空间将失去支撑并逐步走向崩溃。分析判断人与自然的关系状况，关键要看不同国土空间力量对比、三大空间势力范围进退消长。在人类文明进程中，元空间已过度退让，并已经退缩至一个生态极小值，物种灭绝严重，生物体系进入崩溃边缘，生态系统安全受到严重威胁。人类不能成为地球生物圈的终结者，必须要停止向自然进军的脚步，及时保护修复受损的生态空间。现代化国家走过了向生态空间索取资源的阶段，进入了向生态空间回馈补偿的阶段，并最终实现与自然共利互偿。坚持人与自然和谐共生，厘定元空间，第一、第二、第三空间，这是中国式现代化、中国式生态文明的国土保障，也是重要标志。

不同国土空间是生命共同体，好比一棵大树由树冠、树干、树根和维管系统组成，缺一不可。生态空间是树根，农业空间是树干，城镇空间是树冠，而贯通穿梭三大空间的线性空间则是大树的维管系统，在根、干、冠之间输送水、电、食物、能源、信息等。人们总是容易看到暴露于眼前的树冠和树干，而不大能够注意到深埋在土层里的根，自然对其面目和使命缺少科学认知。树冠与树根存在一定比例关系，即树木学上的根冠比。树高千丈，其功在根。根系的盛衰，关乎着树干的强劲与树冠的繁茂。在地球表面不同空间，生态空间的质量不同、颜值不同、服务能力不同，相当于是生态永动机的型号、功能、效率不同，也如同大树的根冠比不同。具有强大生命力的生态空间，犹如巨大的根系，必然支撑起枝繁叶茂的农业空间、城镇空间。当生态空间崩溃的时候，农业空间、城镇空间也随之崩溃。一个国家，国土空间是一定的，三大空间都会受到约束。城镇（树冠）、农业（树干）与生态（树根）之间必须保持协调。既要防范农业空间、城镇空间对生态空间过度挤压带来的生态风险，又要高质量治理生态空间，提升生态永动机功率效能。同时，农业空间、城镇空间效能提升，也会减轻生态空间压力。

楼兰古国，曾一度辉煌，如今已经掩埋于黄沙之下，成了"城郭巍然，人烟断绝"的不毛之地，留下一片残垣断壁，似乎在控诉毁坏生态永动机的罪过。古今中外，无数事实证明，缺少元空间支撑的第一、第二、第三空间就是一盘散沙，缺少生态文明支撑的农业文明、城镇文明、信息文明，就像是没有根脉支撑的大树，必定是惊鸿一瞥、昙花一现。

生态空间本真

如果把城镇空间简称为一个"城"字，农业空间简称为一个"乡"字，那么，生态空间可简化为一个"野"字。

在甲骨文中，"野"写作"埜"，由三部分组成，两侧各是一个"木"，是指森林、树木；中间是一个"土"，是耕地之义。如果用现在的话仔细解读，"埜"表达的本义是森林在高处，耕地在低处，林是耕地之外围，耕地之外的林，即古人眼中的"野"。现代汉字，把"埜"作为"野"的异体字。从古老的"农"字，也可窥探农与林的空间关系。农的古字，状似一个手持工具的人，在森林包裹着的土地上从事劳作。似乎"农""野"两个古字具有相同的指向，即森林是农耕文明的母体，林地是耕地之母，由林地开垦出耕地，低处的林地已转化为耕地，而在高处保留了林地。在更宏大的时空背景下，原始农业就是林下经济。

"野"在"乡"之外，"乡"在"城"之外。站在"乡"的视角看，生态空间便是"野"；站在"城"的视角看，农业空间便是"乡"。"乡"的繁体字写作"鄉"，本义是同族之人相对而食。"乡"亦是"郊"，《尔雅·释地》曰："邑外谓之郊。"

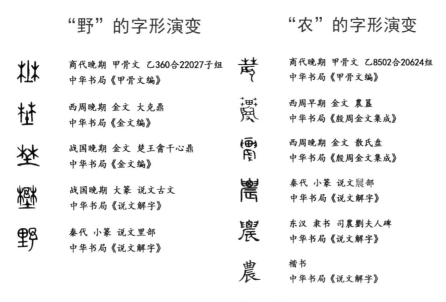

"野"的字形演变

| | 商代晚期 甲骨文 乙360合22027子组 中华书局《甲骨文编》 |
| 西周晚期 金文 大克鼎 中华书局《金文编》 |
| 战国晚期 金文 楚王酓干心鼎 中华书局《金文编》 |
| 战国晚期 大篆 说文古文 中华书局《说文解字》 |
| 秦代 小篆 说文里部 中华书局《说文解字》 |

"农"的字形演变

| 商代晚期 甲骨文 乙8502合20624组 中华书局《甲骨文编》 |
| 西周早期 金文 農簋 中华书局《殷周金文集成》 |
| 西周晚期 金文 散氏盘 中华书局《殷周金文集成》 |
| 秦代 小篆 说文晨部 中华书局《说文解字》 |
| 东汉 隶书 司农刘夫人碑 中华书局《说文解字》 |
| 楷书 中华书局《说文解字》 |

图2-1 "野"与"农"的字形演变

生态空间是保留了野性的国土空间，也是生态永动机主体空间。与城乡空间熙熙攘攘、车水马龙不同，生态空间"出入唯山鸟，幽深无世人"，是地球生态"原住民"——野生动植物的空间。生态空间的原真性越强，其自然纯度也就越高，也就越能体现出野性特征。最美丽的生命是野性沉淀，最美丽的风景是本色自然，最美丽的画卷是生态空间。

在不少人眼里只有城乡，似乎"城乡"二字就代表了世界的全部。而事实远非如此。地球的表面是生物圈，城乡空间只是占生物圈内极少的一部分空间。一般而言，在地球陆地上，城镇空间约占5%，农业空间约占25%，生态空间约占70%。也就是说，70%的地球陆地表面依然是生态永动机再生产的地盘，是未被人驯化的野性空间。在人们的视野里，应该有"城"有"乡"，亦应有城乡之外的"野"——自然之野、生态之野、荒野之野……

生物多样性原本是指遗传多样性、物种多样性、生态系统多样性，而这一切源自生态空间多样性。与城镇空间、农业空间相比，生态空间更加复杂多样。从空间同质性上分析，城镇空间整齐简单，农业空间居中，生态空间丰富多样。相对整齐简单的国土空间适宜于规模化建造，有利于人口聚集、经济聚集，已经建造成农业空间和城镇空间。复杂多样的国土空间不适宜于规模化建造，不利于人口聚集、经济聚集，从而长久保留了自然生态空间本质。一定意义上讲，空间多样性即生态空间的本质规定。生物多样性、生物体系多样性、生态系统多样性，皆源自生态空间多样性。生态空间多样性越突出，生物多样性越丰富，生物体系越庞大，生态系统功能越健全。

生态空间多样性是生态空间治理的重要基础。森林是陆地生态系统的主体，也被称为"地球之肺"，草原是"地球之肤"，湿地是"地球之肾"……这是在表述生态空间多样性系统功能。在森林里，尚有原始林、完整林、残次林、天然林、人工林，乔木林、灌木林，公益林、商品林……要根据生态空间多样性特点，研究生态空间分类标准，并以标准为根据，编制"生态空间损益平衡表"，建立分类治理、分级治理、科学治理机制。

森林是人类的摇篮，野性空间是城乡母体空间。自人类文明诞生以来，已经历数千年历史。这数千年文明史，也是索取、掏挖生态空间的历史。经历数千年索取、掏挖，具有种植优势的生态空间转化为农业空间，具有经济效率优势的生态空间转化为城镇空间。现在保留的生态空间，只有极少仍保有自然本性——原真性、完整性、系统性，绝大部分已经被过度索取，甚至掏挖一空，物种灭绝，食物链残缺，生态永动机再生产到了难以为继的地步。生态空间衰败，生态生产力衰退，自然要素空转虚耗。

在科技革命之前，人类是在地球表面生物圈中索取资源，具有平面文明特征。科技革命之后，工业化力量向地下、向空中发展，呈现立体文明特征。"地球窖藏"的矿产、能源、水资源被挖掘出来，先后爆发了科技革命、工业革命、生物革命、能源革命、食物革命、信息革命、城市革命。原本由生态空间提供的食材药材、木材薪材逐步被一一替代，立体文明替代平面文明，城乡空间生产效率极大提升，单位城镇空间带来了更多的制造品和服务，单位农业空间带来了农产品和服务，生态空间获得了休养生息的机会，开启恢复生态生产力之路。

地球上最大的浪费，莫过于太阳能、水、土壤等自然要素的流失。原本山清水秀的生态空间蜕变为濯濯童山，也就意味着原有的生物体系崩溃，生态永动机加工利用自然要素的生态生产能力丧失。生态保护、修复与重建，就是保护、修复与重建生态永动机，就是用农业空间、城镇空间的文明成果回馈生态空间，推进生态永动机恢复机能，让光、热、水、气、土等自然要素充分利用，恢复生态空间野性本色，使单位生态空间生产更多的生态产品，提供更多的生态服务。

增进人类福祉并不只限于农业、工业和商业，生态环境是生命支持系统，至关重要。中华民族伟大复兴，必然意味着更大的"生态足迹"，必然要求全部国土空间具有更高的效率，需要城镇空间崛起、农业空间振兴、生态空间复苏。居住在城镇空间、农业空间上的城乡居民，享受着生态空间上"原住民"提供的生态产品和生态服务，它们的生存状况与城乡居民的生存发展质量密切相关。"它们"与"我们"是生命共同体，它们好了，我们也会好。人与自然和谐共生，就是推动三大空间上的居民和谐共生。农业空间和城镇空间上的居民，应该对生态空间"原住民"抱有感恩之心。尽量施以援手，给它们以特殊待遇，让生态空间成为野性乐园、野性天堂。生态空间"原住民"日子过得好，农业空间上的农民、城镇空间上的市民才会日子越过越红火。

生态空间生态分析

生态学研究表明，森林、草原、湿地、荒漠四大自然生态系统，曾经完整覆盖着地球陆地表面。特别是如今人类生产生活已经占据的海拔低地、河谷川原，皆曾是完整的自然生态系统的重要组成部分。人类从自然生态系统中逐渐发展出人工生态系统，拓展出人工生态空间。

从自然生态空间中，发展种养业，加工制造、商贸服务，交通道路、输水、输油、输气、输电事业，形成了农业空间、城镇空间以及过道空间。在农业空间、城镇空间以及过道空间，已经彻底清除了天然植被，由此形成人工裸地，并在人工裸地上开展农业、工业、服务业建设，进行多种形式的生产经营活动。农业生态系统、城镇生态系统、过道生态系统中的人工成分多于自然成分，总体上属于人工生态过程、人工生态系统，因此而形成的农业空间、城镇空间、过道空间也是人工生态空间。

生态永动机是生物组成的能量转化器、养分处理器。流经生态永动机的物质和能量是维持生态系统所有食物链生物网的基础。绿色植被是生态空间上的生产者，通过光合作用把太阳能转化为生物化学能，把大气中的无机碳转化为碳水化合物形式的有机碳，为生物金字塔提供物质流和能量流支持。绿色植物在陆地表面布展出森林、草原、荒漠，气候变化会使三者的分布格局发生大尺度转变。当气候变化引起降水量持续增加时，绿色面积呈现扩张态势，森林向草原地带扩张，草原也会向荒漠地带扩张，荒漠空间随之收缩，增强生态系统生产力。

　　人类是生态系统中的消费者，持续从生态系统中采集植物、狩猎动物、采伐树木，获得食物药物、木材薪材以及饮用水，提取自身生存与发展所需的物质和能量。生态永动机的生产力水平，决定了物质流和能量流。低地平坦的森林、草原、湿地具有较强的生态生产力，也是人类理想的物质和能量池，早已被重度掠夺掏空并成为人工裸地，继而开辟为城镇、乡村。山坡丘陵的森林生态系统遭受重度掏挖，森林退化为灌丛草丛，物种简化、土壤裸露、风起沙尘、旱涝交替、水土流失。从更大空间尺度观察分析，当人工过度提取生态系统物质和能量时，必将导致绿色面积萎缩，生态永动机生产力衰退，荒漠向草原地带扩张，草原向森林地带扩张，森林空间缩小。反之，当人工向生态永动机输入物质和能量时，比如植树种草，将会收复绿色失地，扩大绿色区域，恢复生态永动机生产力，促进森林生态系统向草原空间扩张，草原生态系统向荒漠空间扩张，荒漠空间逐渐缩小。

　　生态永动机具有自组织、自适应和自循环能力，持续与空间环境进行物质、能量和信息交换。人工过度掏挖，严重影响生态永动机健康，因自组织力、自适应力、自循环力下降，导致生物金字塔结构扭曲变形、失去稳定性，甚至出现了全面崩塌的巨大风险。人工掏挖在生态空间留下的痕迹，是一个又一个食物断链、生物断网，需要予以修复还原的"绿色天窗""生态窟窿"。生态学家通常以碳为度量单位来描述物质流和能量流，因而"生态窟窿"也是"碳窟窿"。生态修复是修补"绿色天窗"，也是修补"碳窟窿"，还原绿色碳库的储碳能力。21世纪，地球陆地留存的自然生态系统，已鲜有尚未被人类攫取资源的纯自然之境。因攫取自然资源的方式与程度不同，自然之境留存的"生态窟窿"各异。自然成分不同，则自然浓度不同，自然成分越多，自然浓度越高。在自然植被尚未彻底清除且以自然过程为主的生态系统中，保留着自然生态系统的基本特征，其所占据的地球陆地表面即自然生态空间，也就是国土空间规划中的生态空间。与农业空间、城镇空间、过道空间已将自然植被清零有着本质不同，生态空间保存了自然植被的根脉。

生态空间存在自然浓度差异，这也是进行生态空间分区的重要向量。总体而言，自然保护地是生态系统具有完整性、原真性，以及生物多样性的生态空间，可谓自然浓度第一高。若以自然浓度的高低论，自然保护地体系中的国家公园高于自然保护区，自然保护区高于自然公园。在各类自然保护地中，核心保护区是最具自然纯度的生态空间，也是"最严禁足令"的生态空间，因而也是生态保护的首要空间。目前，自然保护区管理遵循相关保护条例，森林公园、草原公园、湿地公园、沙漠公园、地质公园、风景名胜区，各类自然公园各有各的管理规制。在实行集中统一管理后，开启制定《中华人民共和国国家公园法》的历史进程，将为各类公园和自然保护地构建统一、协调、完整的法治体系。

一个个自然保护地如同一座座生态孤岛，生态系统连通性、协同性、整体性不够，影响了生态保护的系统效应。着力提升生态保护系统效应，一条有效路径就是在空间上延伸和扩展自然保护地。遵循这一思路，在自然保护地基础上直接成规模划定生态保护红线，由此确定了国家生态系统安全底线和自然资源利用上限。划定的生态保护红线空间，具有系统完整性、强制约束性、协同增效性、动态平衡性、操作可行性。生态保护红线空间是扩大版的自然保护地体系，是生态空间中的强制保护空间，类似于农业空间中的永久基本农田，因而称之为"永久生态空间"。自然保护地是生态保护红线空间中的核心空间，也是生态空间中的生态核心区。在自然保护区、风景名胜区、饮用水水源保护区外，生态保护红线确定了生态管控区。生态管控区实行的管控措施，主要是禁止开发性、生产性建设活动，仅允许对生态系统功能不造成破坏的有限人为活动。对此，《自然资源部 生态环境部 国家林业和草原局关于加强生态保护红线管理的通知（试行）》已有较为明确的规定。生态管控区是优先实施生态修复的空间。建设自然保护地体系，划定生态保护红线，明确生态核心区和生态管控区，本质上是人与自然进行空间约定，为自然划出专属区，为人划定禁足区和有限涉足区。这是实践人与自然和谐共生理念的国土空间措施，也是实现可持续发展、高质量发展的根本举措和创造人类文明新形态的顶层设计。21世纪的中国，人与自然的空间约定不只是确定生态空间内的生态核心区和生态管控区，还包括确定生态控制区和林草经济区，不同生态区有着不同的人类足迹和行为管控。

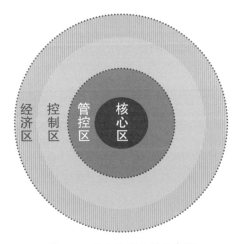

图2-2　生态空间分区示意图

生态核心区，也是生态空间的核心圈层，是以国家公园为主体的自然保护地体系，包括国家公园、自然保护区以及各类自然公园、风景名胜区、饮用水水源保护区等。生态空间核心区是人类涉足最少的生态区位，具有最高的自然纯度、生态产品生产力，因而也是严格禁止各类开发建设活动占用的空间。

生态管控区，是生态空间核心圈层之外至生态保护红线边界的空间，适应生态保护红线管理制度，优先实施生态修复的空间。禁止开发性、生产性建设活动，仅允许对生态系统功能不造成破坏的有限人为活动。

生态控制区，在自然浓度和生态功能重要性上介于生态管控区与生态共享区之间。包括生态保护红线以外的天然林、公益林，封山禁牧的其他草地、天然牧草地，自然湿地，自然荒野。（1）天然林、公益林。天然林是自然形成的森林，是自然界中群落最稳定、生物多样性最丰富的陆地生态系统。公益林是国家根据生态保护的需要，将森林生态区位重要或者生态状况脆弱，以发挥生态效益为主要目的的林地和林地上的森林。（2）封山禁牧的其他草地、天然牧草地，因着眼着力于发挥生态功能而禁止放养牛羊等草食动物。（3）自然湿地。一般来说，湿地是指生长有水生植物，土壤保持湿润状态，地表附近有充分的时间存在着地表水的土地。（4）自然荒野，即第三次全国国土调查（以下简称"国土三调"）数据中的湿地和荒野，不适宜开展农业生产经营活动。

林草经济区，是生态空间中自然成分较少、自然浓度较低的边缘空间，也是与农业共享的生态空间，具有农业属性的生态空间。在尊重自然过程、发挥生态功能的同时，开展有效的农业生产经营活动，发展林下种植养殖业、果品园林产业、木本粮油以及木材经济，面向市场供给有关农林产品。主要是人工商品林，包括经济林、能源林、用材林；可以放牧的天然牧草地；人工湿地，生态共享区有着较多的人为经济活动，但是，绿色生产力、生态系统生产力也发挥着重要作用。

生态产品具有公共产品属性，政府是公共产品的生产者、提供者。从共享区到控制区，再到管控区、核心区，提供生态产品——生态系统服务的功能呈加强趋势，也意味着政府责任有增强之势。生态核心区是禁足的自然之境，属于全民之地，政府在生态核心区是"全职保姆"。生态管控区加载有生态系统友好型经济活动，呈现政府主导、国民共有、多元共治格局。生态控制区多是集体所有的生态空间，由政府引导，社区共享、共建、共治。林草经济区在生态空间边缘，多为零星细碎空间，面向市场提供农林产品，更适合以家庭为基本单元进行生产经营活动，并参与经济合作共同体，结成稳定可靠的产业链和供应链体系。

生态系统原本是混沌一体的，你中有我，我中有你，犬牙交错，徐徐过渡，连通铺展在地球陆地生态空间上，并形成了深深浅浅的绿色景观，呈现出明显的绿色带谱。从大尺度生态景观出发，人们将陆地自然生态系统定义为森林生态系统、草原生态系统、湿地生态系统、荒漠生态系统，分别认识、分类研究，遵循其规律，制定实施相关法律以及天然林、草原、湿地保护修复制度方案，可谓是"分类而治"。自然生态系统布展于生态空间上，从生态系统功能和经济社会功能差异出发，将生态空间划分为生态核心区、生态管控区、生态控制区、林草经济区，并建立相应的管理规制体系，以及生态保护红线，天然林、公益林管理制度等，可谓是"分区而治"。进入21世纪，也进入分类而治与分区而治相结合，创新创造中国式生态治理模式的新时代。

联合国《千年生态系统评估报告》提出，自然生态系统供给人类四大生态产品和生态服务。首先是支持服务——保持土壤、养分循环，基因传播，维护生物多样性等；其次是调节服务——涵养水源、净化水质、蓄滞洪水、维护碳氧平衡等；第三是产品服务——如淡水、食物、木材等产品；第四是文化服务——娱乐、审美、益智和心灵奇旅等。四大生态产品和生态服务是生态空间产出，在功能分区上有所差异性。坚持分类而治与分区而治相结合，就是全面推进生态保护修复、生态系统管理、生态空间治理，全面加强生态空间绿色革命，全面提升生态永动机生产力，以有限的空间提供数量更多、质量更好的生态产品和生态服务。

举生态空间之治是21世纪中国之治的重要内容。分类而治与分区而治如同是生态空间之治的两大驱动力量，若要持续发力、精准发力，需要创新理论、科学实践和锲而不舍的精神。推进生态系统之治，实施分类而治之策，已经有生态系统生态学、恢复生态学提供科学理论支持。生态空间之治等于是递给生态学一个国土空间尺度、地理空间坐标，必然生成空间生态学。网络上将其定义为"研究空间在种群动态、种间相互作用中的作用的科学""研究生境破碎化的重要理论基础"。显然，它与生态空间分区而治有大不同。一个是小尺度微观空间生态问题，一个是大尺度宏观空间生态问题；一个专注于生态过程、生态机理，一个倾向于空间治理、制度安排。如果说前者是微观空间生态学，后者则是宏观空间生态学。与生态系统生态学对应，也可称之为"生态空间生态学"，细分生态空间，分门别类研究保护地生态学问题、管控区生态学问题，以及控制区生态学问题和林草区生态学问题，为科学推进生态保护修复、生态系统管理和生态空间治理提供政策理论支持。

六点理论解释

　　"生态空间"一词，曾是一个纯学术概念，如今已演变为一个政策概念、一个国土空间概念。生态空间并不是一个孤立的概念，而是与自然生态、人工生态、生态系统、生态占有、生态占用等息息相关，与生态屏障、生态根脉、生态自觉、生态自信、生态强国、美丽中国共生的概念。生态空间理论创新与治理实践需要建立与之相适应的概念体系。

一、自然生态与人工生态

　　自然生态是指生物之间以及生物与环境之间的相互关系与存在状态。自然生态的产生、形成、变化、运动，都有其固有规律。无论巨大或是渺小，自然生态中的每一种生物都是独特而神奇的，每一种生命形式本身都有其内在价值。生态伦理学家罗尔斯顿指出："生命是在永恒的由生到死的过程中繁茂地生长着的。每一种生命体都以其独特的方式表示其对生命的珍视，根本不管它们周围是否有人类存在。"[①]自然是

――――――――――

[①] ［美］霍尔姆斯·罗尔斯顿：《哲学走向荒野》，刘耳、叶平译，吉林人民出版社2000年版，第9—10页。

生命的本底，人类是自然生态的派生物。即使只看自然界中的其他生命形式，比如大熊猫、朱鹮、野猪，人类也是一个后来者。人类的到来，与自然界的其他生命分享地球生物圈。

人工生态是经过人类干预或是改造后形成的生物之间以及生物与环境之间的相互关系与存在状态。它决定于人类活动、自然生态和社会经济的交互影响。在人类大规模改造地球生物圈之前，绝大部分自然生态在系统结构和功能上是完整的。自农业时代始，人类活动改变了自然生态的结构，工业革命加速了自然生态的破坏，最终在城市化的作用下，自然生态发生了剧烈变化。由此，森林转化为农田，草地转化为牧场，湿地、浅海被利用起来，逐步丧失了天然属性，并衍生出自然界原本没有的工厂和城市。这些现象，意味着人类对自然生态的规模、布局、组成和结构进行了不同程度的干预——对自然生态的改造和驯化，大幅度提高了粮食和肉产品的供应。随着人类对自然生态干预强度增加，城市数量和规模以及由此引发的对不同尺度上自然生态的破坏，使得生物多样性丧失、自然生态功能退化。

随着人工生态的发展，自然生态结构、功能在不断发生新的变化。自然生态新的变化过程，渗透着人类从修饰自然到主导自然的过程。人工生态就像一把双刃剑，让我们享受到自然生态福祉的同时，也带来了生态危机。人与自然的关系十分复杂，在大多数时候并不融洽。当自然界遭到人类虐待后，必然失去和顺的性情，对人类展开猛烈的报复。人们面临的重大课题，就是如何世世代代生活在天蓝、地绿、水净的优美环境当中。在根本上，这取决于人类对自然生态的认知和尊重程度。人类善待自然，自然也会回馈人类，人与自然和谐共生，理应保持和谐与平衡。

二、生态系统与生态空间

生态系统是指在一定的时空界面，生物与环境构成的统一整体。在这个统一整体中，生物与环境之间相互影响、相互制约，并在一定时期内处于相对稳定的平衡状态。一个完整的生态系统具有生产者、消费者、分解者、流通者和调控者，这个结构可自我完成初级生产—高级生产—流通—分解—再利用的全过程，物质在生态系统中循环，能量和信息在生态系统中流动，系统对其自身状态有一定的调控。一般认为，这些生态系统对外功能很少，或者说一个完整的生态系统是自给自足的，并不对外提供功能。生态系统对人类的作用，可分为自然影响和行为反馈两种形式。自然影响是自然规律约束下的人类活动，行为反馈是生态系统对作用于其上的人类行为的响应，分为正反馈和负反馈。在这个过程中，人逐步形成对环境的认知，会修正人类的需求和人类主观改造自然的行为，进而推动人与自然关系不断演变。人类对生态系统的作用有直接利用、改造利用和行为适应三个形式。直接利用，即直接从自然地理中获取生产生活所需的资源、环境和生态服务；改造利用，即通过主观能动性改变自然地理以满足人的需求，如将坡度大的地形改造成梯田以适应种植业发展需求；行为适应，即是对于生态系统中的自然规律和自然环境的自觉遵守和适应，从而形成不同的生产生活方式。例如，人们在长期的农业活动实践中总结出的春播秋收等农时。

生态空间分为狭义生态空间和广义生态空间。狭义生态空间是环境科学中的概念，是指任何生物维持自身生存与繁衍都需要的一定的环境条件，一般把处于宏观稳定状态的某物种所需要或占据的环境总和称为"生态空间"。广义生态空间是国土空间规划中的生态空间，是具有自然属性的，以提供生态产品或生态服务为主导功能的国土空间。生态空间与农业空间、城镇空间一起，构成完整的国土空间。在人类文明之先，地球是一个整体的空间，也是一个混沌的空间。这就是原生的自然生态系统，即自然生态空间。每一个文明体都对应着一定的生态空间，生态空间的规模量级与质量优劣深刻影响着文明发展的高度和广度。

与生态系统一样，生态空间也面临尺度问题。大尺度生态系统可以是地球生物圈，小尺度生态系统可以是一滴水。大尺度分类生态系统可以是海洋生态系统、陆地生态系统；小尺度分类生态系统可以是蚂蚁、蜜蜂、食用菌等等，有的生态空间包含几个类型的生态系统，有的生态系统跨越几个生态空间。把生态空间与农业空间、城镇空间并列成为国土空间，这是中国生态治理实践的现实选择。三大国土空间各自承载着不同的功能，生态空间承载着自然生态系统，提供着山清水秀的生态环境；农业空间承载着农田生态系统，提供着食用的农产品；城镇空间承载着城市生态系统，提供着舒适的生活服务。在城镇空间、农业空间膨胀过后，发现生态空间数量短缺、质量堪忧。实现人类永续发展，必须控制农业空间和城镇空间的扩张，必须控制人工生态系统膨胀，必须保有足够数量和质量的生态空间和自然生态系统。

三、生态屏障与生态根脉

"生态屏障"一词，源自我国社会生产实践，是恢复生态学在我国生态环境建设中的经验总结和理论概括。其实，生态屏障并不简单是中文"屏障"一词的含义。生态屏障的科学定义是处于某一特定区域的生态系统，其结构与功能符合人类生存和发展的生态要求。生态屏障是基于人类对生态系统的服务功能的要求以及区域生态安全机制而提出的。当区域生态状况脆弱到一定程度接近崩溃的时候，通过人工正向干预来促进区域的生态修复和生态重建。生态屏障不仅是针对退化系统的恢复、特定生态功能的系统重建，也包括对一定尺度（一个流域或一定区域）生态系统的功能覆盖范围提供生态安全保障，是更高层次的生态系统建设。

"生态根脉"是一个新词，并不为大家所熟悉。在深入研究生态空间与农业空间、城镇空间关系后，我们感知到生态空间就是农业空间、城镇空间的生态根脉。

与生态屏障的表述相比，生态根脉则更带有根本性。建设生态屏障只是在生态危急时刻，为保护生态根脉而做出的生态应急措施，名为生态建设实为生态应急。对于一个国家、一个民族而言，生态空间是国土空间的生态根脉，也是永续发展、长盛不衰的生态根脉。筑牢生态屏障，厚植生态根脉，已经成为新时代生态空间治理的神圣使命。

四、生态占有与生态占用

生态占有，即本底生态，指自然生态系统所能够实际提供的生态维持面积，对原生文明具有规定力。生态占有带入所有权成分，与国家、地域有关，与实际使用无关。任何一个民族、一个国家的发展，都有其生态占有，也是其本底生态。中华民族的本底生态就是960多万平方公里的中国版图。这也要求我们，要珍惜和用好每一寸国土空间，让每一寸国土空间发挥高效益。

生态占用，即生态足迹，是能够持续地提供资源或消纳废物的、具有生态生产力的地域空间。生态占用可以是个人的、区域的、国家的甚至全球的，其含义就是要维持一个人、地区、国家或者全球的生存所需要的或者能够吸纳人类所排放的废物、具有生态生产力的地域面积。生态占用是一个和人口承载力既相似又不同的概念。人口承载力是指一定技术水平条件下， 一个地区的资源能够承载的一定生活质量的人口的数量。而生态占用则是反其道而行之，它要预估承载一定生活质量的人口需要多大的生态空间。当一个区域的实际生态占用超过了区域的生态占有就表现为生态赤字，如果小于区域的生态占有则表现为生态盈余。城市文明的背后隐藏着生态占用的不断扩张，发达地区通过各种生态借用行为，不断增加其生态占用，将生态负担转移到其周围甚至全球的落后地区。

一个国家、一个区域，因其疆域不变而生态占有不变，与实际生态使用无关。生态占用就像人类文明的巨脚踏在地球上留下的"足迹"，会随着区域人口的增加，可利用资源的下降而不断上升。国家或者区域为了实现自身发展，不断消耗资源，生态占用越来越大。生态赤字较大的区域即生态占用超过自身生态占有的区域，或者是导致本地生态空间危机，或者是异地借用生态空间。稳定的地球生态系统意味着全球生态占有是固定阈值，人类发展则意味着全球生态占用在持续增加，如何控制全球生态占用是关系人类生死存亡的生态命题。

五、生态自觉与生态自信

生态自觉，就是通过对生态问题的反省，达到对生态与人类发展关系的深刻领悟与把握，并由此内化为人们的心理与行为习惯。生态自觉是建设生态文明的阶梯和桥梁。近代以来，特别是近半个多世纪以来，科学技术日新月异，生产力巨大发展，极大地释放了人类的能量，显著提高了人类改造自然的能力，人与自然的关系也随之发生了重大变化。人类早期敬畏的对象现在成了被主宰的对象，人的主体性过分发展。但是，自然界自有其发展规律，就在人们陶醉于胜利的同时，自然界也给予人类以无情的报复：生态环境日益恶化，严重威胁到人的生存发展，以致给人类敲响了警钟。也正是在这种警示作用下，人们不得不回眸自然，重新审视自己的行为，由此突出了生态自觉问题。强调生态自觉，就是因为人不能仅仅依靠自发形成的生态意识，而是严峻的生态形势迫使人们必须拥有对生态问题的理性自觉，这样才能对生态问题有明确的、合理的认识。

生态自信，就是实现生态空间高颜值、高产能。自信需要底气，曾几何时，天生丽质的生态空间因过度挤压，严重透支，不堪重负。重建优美的生态环境，恢复昔日的生态自信，一直以来是中国人的梦想。党的十八大以来，生态文明建设成为新路标，生态保护修复蔚然成风，初步在生态空间上向世界呈现"中国绿"。然而，当下的"中国绿"是浅绿而非深绿，距离生态空间高颜值、高产能的要求还存在巨大差距。推动浅绿色向深绿色转变，是生态保护与高质量发展的现实要求。

生态问题从来都不是生态本身的问题，而是涉及人与自然关系的复杂问题。人类对自身行为方式的合理性和正当性要有一个准确的把握与科学的评判。自然规律永远存在，人类只有按照自然规律行事，才有利于自身的生存和发展。生态自信，事关国运兴衰、事关民族精神独立。

六、生态强国与美丽中国

一部人类文明史，就是一部人与自然关系史。生态空间的变迁，决定着人类文明的兴衰更替。生态文明是人类永续发展、长盛不衰的文明。中国式生态文明，不仅体现在农业空间、城镇空间上，也体现在生态空间，体现在每一寸国土空间上。中国式现代化是人与自然和谐共生的现代化，生态文明建设是"五位一体"总体布局的重要内容。绿水青山是高质量、高颜值的生态空间。实现生态空间高颜值之路，就是一条生态强国之路，一条通向美丽中国的必经之路。

党的十九大报告提出，从2020年到2035年，生态环境根本好转，美丽中国目标基本实现。建设美丽中国，必须以尊重自然、顺应自然、保护自然为根本，以人与自然和谐共生为前提，坚持节约优先、保护优先、自然恢复为主的方针，以人民群众对美好生活的向往为奋斗目标，以更敏锐的生态自觉、更坚定的生态自信、更牢固的生态空间观为奋斗目标，将美丽中国建设放在长远发展的规划之中。

站在新的历史起点，中国的生态文明之路必然会越走越笃定，越走越坚实，越走越宽广。一幅青山绿水、鸟语花香的美丽中国新画卷正在全面铺开；一场关乎亿万人民福祉的绿色变革，已经踏上新征程；一个天蓝、地绿、水清的美丽中国越来越清晰、越来越亮堂。

生物坝与生物池

坝，本义是指拦水的建筑物。现代建筑水坝的技术已经炉火纯青，不仅有钢筋混凝土浇筑的巨型的水库大坝，也有为建筑水景观而使用的小巧玲珑的橡皮坝、翻板坝以及拦截泥土所建的淤地坝。作者使用"生物坝"一词，主要是指草丛、灌丛、树木所具有的拦截、滞留和储蓄天然降水以及其他诸多的生态功能。生物坝是地球生物圈的核心装置，亦是生态圈之芯。自然帝是自然界无形之手、自然选择机制的代称。自然界的一草一木，尽皆是自然帝鬼斧神工的生物坝。

一、生物坝原理

降雨主要发生在夏季，而到了夏季，落叶植物的叶子就会自动长出来。森林生态系统中，雨滴由天而降时，首先滴落在高大乔木上层的叶片上。乔木的树冠枝叶重重叠叠，上层叶子上的雨滴，会逐层滴落在下层叶子上，继而下落至乔木下的灌木，再往下滴落，降至生长在地面的草丛，由草丛而入渗土壤、石隙。天然降落的雨滴，由乔木上层叶面进入林间，经过乔木、灌木、草丛层层叠叠的拦滞，温和滋润着大地。乔木、灌木、草丛组合而成的生物体系，也是自然帝造化的生物坝体系。

它立于天地之间，阻挡了雨滴对大地的直接拍打敲击。生物坝体系之内，吸贮并形成生物水、生物圈，即绿色水库、生物基因库。生物坝是天与地和谐的枢纽、人与自然和谐的中介，实现了天蓝地绿、山清水秀，实现了天地之间的和谐壮丽。当生物坝体系遭遇损伤、扭曲变形，必然导致天地人关系失和失调。

自然帝因地制宜、随方就圆、以水定绿，缔造了形形色色、通天达地的生物坝。究竟都有什么样的生物坝呢？这要看生物坝所在地的纬度海拔、坡度坡向，最关键的还是要看自然降水规律。水是生命之源，也是生态之基。当降雨量在200毫米以下时，即沙漠、戈壁；降雨量在300毫米左右时，自然帝便缔造出结构简单的草丛性质的生物坝，这便形成了草原地带；降雨量在400毫米左右时，即草原与森林过渡地带，自然帝制造出草丛与灌木结合的复合生物坝；降雨量在500毫米以上时，即森林地带，自然帝制造出草丛、灌木与乔木结合的生物坝。一般而言，降雨量越大，生物坝的结构越复杂、体系越完整、功能越强大。这也是热带雨林被誉为地球上功能最强大的生态系统，素有"地球之肺"之称的缘由。

没有降水是万万不能的，但是，有了降水也不是万能的。自然帝织造生物坝，并不只是以单一自然因素为根据，而是集合了多种自然因素后的综合成果。在大多数情况下，水是排在第一的限制因素，但不是全部的限制因素。即使有了天然降水，如果缺少土壤、养料，抑或是缺少空气、阳光，也会严重影响到自然帝制造生物坝的能力。在森林生态系统中，部分生态空间上因土壤瘠薄，只能满足低矮的草丛草甸需要，有部分生态空间壁立千仞、岩石裸露，抑或高山峰峦铺展出石山石河、寸草不生，因缺乏土壤营养、无有效蓄滞水分，只能成为耐寒、耐旱性很强的地衣的天下。地衣是植物拓能者或是植物开路先锋，它常长在岩石表面，所分泌的多种地衣酸可腐蚀岩面，使岩石表面逐渐龟裂和破碎，加之自然风化作用，逐渐在岩石表面形成土壤层，为高等植物生长开辟新空间。

雨露滋润禾苗壮，万物生长靠太阳。对于地球生物圈来讲，太阳实在是太重要了。来自太阳的巨大能量绵绵不绝，驱动地球生物圈的水循环、大气循环和生命活动。生物坝是地球生物圈利用太阳能的专用装置，也是核心装置。在植物细胞内，深藏着一个捕获太阳能并将其转换为生物化学能的超级化工厂——叶绿体，这是自然帝最精巧也是最伟大的发明专利。到目前为止，已经掌握智能制造技术的人类，尚无法照葫芦画瓢炮制如此精妙的生物装置。植物吸收光子能量并转化为生物化学能，储存在糖、淀粉和纤维素等有机物质中，成为包括人类在内的各类动物的食物营养元素，如稻米、玉米和面粉中的淀粉、水果中的糖等。

森林并不是树的简单集合，而是以乔灌草为基础的生物体系、生命共同体。森林生态系统的基础是生物坝。从草丛、灌丛到乔木，构建出完整的生物坝体系。它原本就是自然的经济体系，在这一体系中，植物从土壤中获取食物，生长出根、茎、枝、花、叶、果实，全部可作为食草动物的食物。多样化的生境带来多样化的植物，生长出多样化的植物产品，供给动物多样化的食物，由此奠定了生物多样化的生态基础。如果植物多样性丧失，不仅威胁植物自身和其生态系统，也会危及植物为人类和地球生态提供的多样性服务。

二、生物坝与生物池

林林总总的生物坝体系，构建起具有多功能性的生物池。在生物池里，包含着多样化的蓄水池、蓄能池、食物池、基因池、信息池等等。斗转星移，DNA或是守正复制或是修正变异，在某种意义上，DNA修正变异其实就是生物池内生物与生态环境的调适，就是生物池中的守正创新。在生物池内，收藏着日月星辰精华、天地和谐密码，看似无序却有序。

生物坝的结构、体系的复杂程度，决定了生物池的多功能性，也决定了生物池自然的经济体系的生产力。生物坝的结构越复杂、体系越完整，生物池的生态生产力越高、生态功能越强、生物多样性越丰富，带来的绿水青山指数也就越高。

天地者，万物之父母也。人类文明之先，在地球陆地表面，自然帝按照因地制宜的原则，为大地编织生物坝，遍构生物池，造就了动物的乐园和人类的摇篮。植物的根、茎、枝、花、叶、果实，为人类和动物提供了食物。多种多样的生物坝、多功能性的生物池，是多样化动植物生存繁衍的根基，也是人类生存繁衍的根基。这个时期的人类，与其他的动物没有多大的区别，欣然接受了由生物坝、生物池所提供的全部生态产品和生态服务。这一时期的人类，与大自然生物池中的生灵万物融为一体，在竞争中求和谐，在和谐中求共生。

然而，这时的人与自然和谐共生是自然选择的和谐共生，也是人类被动接受的和谐共生。这种被动和谐共生的局面，在人类文明出现后发生了根本性变化。地球物种数量百万之巨，人类只是百万分之一。人类在生物池的竞争中获得了压倒性优势，登上了食物链的顶端，成为生物池的霸主。与人类一起成为胜利者的，还有能为人类提供食材、薪材、木材、药材等的动植物——农作物和家养畜禽。经历上万年时间，人类从上百万种野生动植物资源中成功驯化了100余种动植物。也就是说，野生动植物中约有万分之一已被人类成功驯化，并创造出植物栽培、动物饲养的农业文明史。联合国粮农组织公布的资料显示，人类98%的肉食供应仅仅来自14个种类的哺乳动物和鸟类，人们从植物中摄取的能量，一半主要来自小麦、土豆、玉米和大米4种作物。

野生动植物是地球生物圈的土著居民，人类是后来者。然而，后来者居上，登上了生物链顶端的人类，总是蚕食野生动植物古老的家园。为了更好地满足自身发展需要，人类不满足于生物池中之物，开启了栽植农作物的文明进程。人类之所以栽植作物、饲养动物，必然是因为这样获得的食物，比之从森林生态系统中采集、狩猎的食物数量更多、质量更好、更有保障，从而能够有效改善自身的生存状况。而要栽植已经驯化成功的作物，首先要做的事，就是为作物提供生长的土地。在适宜种植的空间已经挤满了原生植被的情况下，可能的路径就是要清除原生的植被，为栽培作物腾出空间。最先被清除的是河流沿岸地势平坦的空间，生长在地势平坦土地上的原生植被，其有机物堆积层较厚，土地肥沃，农作物可以从土壤中获得更多的营养物质，能够生产出数量多、质量好的农产品。随着农产品产量增加，人类营养水平得以改善，继而繁殖后代能力提升，推动了人口增长，反过来要求农业提供更多的食物，迫使扩大作物种植，导致更多地清除原生植被，如此循环往复。扩大作物种植，清除了原生植被，也是清除原生的生物坝、生物池。一并被清除的，还有多样化的食物池、基因池。更多的人口数量、更高的生活质量、更精细的农业技术，需要清除更多的原生植被，也许，这就是"文明陷阱"。随着作物扩张，一点又一点的原生植被被清除，如同发生多米诺骨牌效应，生态空间一片又一片转化为农业空间。联合国发布的《生物多样性和生态系统服务全球评估报告》中指出，如今全球1/3以上的土地和3/4的淡水被用于作物种植和牲畜饲养，人类活动比以往任何时候都更能威胁到其他物种。同时，森林蓄积的大量碳素随之转化为二氧化碳释放到大气中。

三、自然坝与人工坝

森林是人类文明最重要的母体。传统的作物种植发端于森林生态系统中，被人类首先清除的原生植被即原生的高等的森林植被。而原生的高等的森林植被，必定是乔木、灌木、草丛复合结构，也就是多元复合生物坝、多功能性生物池，具有极为完整的生态功能。当森林生态系统转化为农业生态系统，也就是生态空间转为农业空间，天然的森林植被改为人工种植的农作物。至此，天然的多元复合生物坝、多功能性生物池消失，代之而起的是人工建构的一元生物坝、单功能生物池。无论栽种的作物来自世界的哪个角落，都服从人类之手进行的利益选择。

人工建造的生物坝、生物池，大致可分为四种情形：第一种是草本植物，包括粮食、蔬菜等，大多数是一二年生的草本植物，是农业空间占比最大的作物，也是人类食物的重要来源。第二种是藤本植物，包括葡萄、猕猴桃等。第三种是灌木，主要是茶树类。第四种是乔木，主要是果树类。无论是上述哪一种，都是单一种植形式，都是人工构建的单一的生物坝、单调的生物池。

聪明的农人已经采用间作套种、立体栽植、压茬种植、免耕直播方式，以增加作物产出并减少因单一种植的生态危害。然而，聪明的农人总是在清除杂草和病虫害，排除竞争食物的对手。巧夺天工终究不敌鬼斧神工。与原生的森林植被的天然多元复合生物坝、多功能性生物池相比较，由人工栽培形成的，其生态功能则相差很多。农业空间栽种着单一农作物，主要是满足人类食物和饲养畜禽需要。在人类种植的作物、家养的动物地盘扩大、数量增长的同时，野生动植物的栖息地萎缩、物种数量减少。在生态学意义上，人类文明的扩张就是与人类友好、能够为人类带来更多食物的作物和畜禽的扩张，就是不断损毁自然生物坝而建筑人工生物坝，不断扩张人工生物池而减损自然生物池的过程。在人类支持下，来自生物池的栽培作物和家养畜禽，不断侵占尚在生物池中的野生动植物家园。人类文明扩张，以减损自然生态空间为代价，也许，这正是人类文明的"生态陷阱"。

四、损毁坝与重建坝

在人类文明领地扩张的过程中，不仅是一步一步地把野生动植物的栖息地——生态空间彻底转化为人类的文明家园——城镇空间和农业空间，而且深入到野生动植物栖息地索取自然资源——砍伐树木、放牧牛羊、打洞挖矿、筑坝取水。当今世界，野生动植物已经丧失了本真的自然家园。人类在采伐木材时，自然是喜爱和优先采伐树干通直、木质紧密的优等木材，而这样的树木是"森林尊者"，形成时间长、控制群落面积大。一旦森林生物坝中的"森林尊者"倒下，必然意味着原有的植物群落结构坍塌，引发植物群落结构重组。由自然帝无形之手精心组织的植物群落结构重组，必然是与日月并进的漫长过程，也是人类等不起的过程。为了加快重组进程，人类自作主张，代替自然选择，在野生动物家园栽植人类喜欢的速生树种。本质上，这就是伐优植劣，就是人类有形之手操纵的森林生态系统的逆向演化。这种逆向演化无疑是在较短时间内完成的，而习惯了森林生态系统自然演化进程的动物，对短期内森林所发生的快速变化显得无所适从，相继陷入了生存灾难，走上了亡种危机。

在草原上的状况更加令人担忧，放牧牛羊马驼，其实就是在伐草。在草原生物池内，牛羊马驼喜欢吃的草被一次又一次、一茬又一茬地吃掉，好一点的草要么活不到结籽的时节，无法传宗接代，要么被连根拔起、断根绝种。能够在草原上顺利留存的草，都是牲口不喜欢吃的草。这个过程，相当于牲口在淘汰自己喜欢的草，为不喜欢的草开创了占领空间的机会。如此这般，与森林逆向演化机理相同，"不被喜欢"反而成为繁衍发展的优势，草原走上逆向演化之路。毫无疑问，遏制森林逆向演化的根本举措就是停止伐木，遏制草原逆向演化的根本举措就是停止放牧，也就是停止伐草。与人类文明的期望相反，森林草原的逆向演化，也意味着生态空间生物坝、生物池质量下降、体系坍塌、功能衰退。

人类文明的空间扩张，如同一株植物开枝散叶、循序渐进，先近后远、先易后难，先平地而后是缓坡地、陡坡地。首先是清除平原地带生态空间上的原生植被，尔后是清除丘陵地带生态空间上的原生植被，最后是向山地坡脚生态空间行进。然而，就像不是所有的农业空间都能成功转化为城镇空间一样，也不是所有的自然生态空间都能成功地转化为农业空间。

农业可分为雨养农业和灌溉农业。雨养农业仅仅依靠自然降水维持农作物生产，而灌溉农业需要源源不断地引来客水，以补充自然降水之不足。沙漠地带被人们津津乐道的绿洲农业，就是典型的引来客水灌溉的农业。灌溉农业要求农田地势平坦，能够有效吸贮水分。于是，平整土地显得十分重要。自从出现微灌技术后，同样的水源可以满足更大面积的灌溉农业需求。难以平整的土地、不能施用灌溉技术的农地，也就只能靠天吃饭，发展雨养农业。自然降雨有其自身规律，并不能主动切合农作物生长需要，倒是农作活动要顺应自然降雨的规律。雨养农业多存在于坡地、陡坡地，因种植作物稀疏，生物坝、生物池功能不足，不仅农业生产能力低，而且导致了不同程度的水土流失。如果在经济上、生态上得不偿失，那就是生态空间向农业空间转化失效、失败。推行退耕还林还草还湿，其实就是汲取空间转化失败的教训，把无效、低效的农业空间重新归还生态空间，重建生物坝体系，恢复生物池生机。还林——重建森林生态系统，还草——重建草地生态系统，还湿——重建湿地生态系统。

　　从某种意义上讲，当农业空间缺少经济和生态的时候，人类会选择让其重新回归生态空间。农业空间重归生态空间，以及推进受损生态空间修复治理，本质上就是人与自然关系的再调整。长久以来，人与自然的关系总是处于不断调适的状态，而调适是一个缓慢的过程，在调适出现重大事件后，大规模的回调即是"再调整"。这种再调整可分为被动的、盲目的调整和主动的、自觉的调整。在中国，先后推出的"三北"防护林体系建设、长江防护林体系建设、退耕还林还草、天然林资源保护、京津风沙源治理、自然保护地体系建设、禁止食用陆生野生动物等等，皆是主动作为，自觉行动。一般而言，一座水库、一座大坝，有效期也就数十年。然而，树木的成长遵循自然规律，短则四五十年，长则成百上千年，所以中国以重建和修复生物坝体系为主要内容的生态建设工程，一般都具有数十年的超长规划期。中国一系列旨在重建和修复多元化生物坝体系、多功能生物池的重大战略行动，自然是中国特色生态故事的重要内容。当然，令世界注目的中国生态故事，少不了文明久、人口多、资源少的凄美叙事。说到底就是中国人均地皮少，特别是人均绿色地皮少，人均森林占有量更少。因为少，方显贵，值得倍加珍惜。

五、光热流失与水土流失

生态空间转换农业空间失效的情况，不仅仅是因为"跑丢了"千百年形成的土壤，以及"跑丢了"难能可贵的天然降水，还有重要的一点，就是漫不经心"跑掉了"阳光，失去了太阳能有效转化为生物能的良机，减少了原本的生态产品、生态服务、生态流量。

植物界存在光饱和现象。在一定光照强度范围内，光合作用随光照强度的增加而增加，但超过一定光照强度后，光合作用便保持一定的水平而不再增加了，这就是光饱和现象。主要原因是光合作用受到多种条件的限制，如CO_2浓度的限制，随着光照强度增强光反应速度增长，但是暗反应中CO_2的固定速度几乎并未改变，增加的光强度无效，这即是光饱和现象。光饱和现象告诉我们一个道理，太阳光超过了植物需要，就是无效供给。我们完全可以把光饱和现象称之为"跑光现象"。与其相反，还存在一种"漏光现象"，即没有植物去接纳和转换太阳光，太阳能被漏掉了。原本的自然生态系统经过多年调适，与光热水气耦合，实现了无缝对接，不会出现漏光现象。然而，农业种植活动具有较强的季节性，太阳能满足一个季节生产需要，从而完成一个完整的农事活动。在特定的农业空间，太阳能如果是刚好满足了一个季节或者是两个季节的需要，这就非常完美。而实际上，有可能一季有余，两季不足，总之不是整数季节的需要。而这比整数多出来或者少出来的太阳能，则是农业难以有效利用的。21世纪蓬勃发展的棚栽农业，说到底就是在利用不足整数季节的太阳能。但棚栽农业毕竟是少数，多数情况下不足一个整数农事季节的太阳能白白浪费了，这就是漏掉了的太阳能，也就是漏光现象。如果是自然发育而成的原生植被系统，也就不会出现这种漏光现象。漏光现象无损太阳，只是没有生物坝捕获太阳能，减损了地球生物圈的光合作用，减少了多样化的生物化学能的形成。例如，2020

年8月之前，榆林一直无有效降雨，土壤失墒，无法下种，等降雨来临时，又只剩下大半个作物季节，满足不了一个作物季节的需要，只得放弃播种，出现了全年白地现象，让宝贵的阳光悄悄地溜走。

与漏光现象并存的是漏水现象，与光饱和现象对应的是水饱和现象。所有的生物坝、生物池都存在水饱和现象。生物池也是蓄水池、绿色水库，当持续降雨超过了生物池涵养水源能力，它便不再具备汲贮水分的能力，即时降雨会足量排出，这就是水饱和现象。当该现象发生时，持续增加的降雨即时产生径流，汇入河道便形成洪水。水饱和现象在哪个临界点上发生，取决于生物坝、生物池的持水能力——涵养水源能力。而生物坝、生物池的持水能力，则取决于其结构、质量和功能。一般而言，自然帝缔造的生物坝、生物池持水能力强，而人工制造的持水能力差；生物坝结构越复杂，生物池持水能力越强。自然生态空间转换为农业空间的一个直接生态后果，就是持水能力下降，即时产流增加，容易形成洪水。特别是在更多的生态空间、农业空间转为城镇空间后，在城镇空间地表缺少生物坝、生物池护佑，更易产生即时径流形成洪水，这便形成了"城市看海"的现象。从天然生物坝持水能力下降为人工生物坝持水能力，再下降为不设生物坝无持水能力，大量天然降水不经拦蓄利用直接跑掉了，这就是漏水现象。

地球上的水资源量是恒定的，没有一滴会减少，固态、液态、气态三态循环，生生不息，无穷无尽。生机勃勃的地球生物圈得益于三态水循环。如果没有三态水循环，地球生物圈必将失去生机活力。只不过，随着自然生态空间削减转用，漏水现象越来越严重，陆地生态系统蓄滞留的水会越来越少，供给农业空间、城镇空间的水也就越来越少，人类文明的水资源结构将越来越脆弱，这是人类文明可持续发展的水危机的真相。对此，也许人们并没有深刻的检视。夏季是降雨集中的季节，原本也是蓄滞留水的好时机，科学应对水短缺、水危机，就应该做好迎接汛期、蓄滞留水工作，而一般的社会意识只是简单地认为做好防汛防洪即可，从而导致珍稀的水资源转瞬即逝。

发生漏水现象的同时，伴生土壤流失现象。当然，漏土现象比漏水现象更为普遍。洪涝干旱时期，都可能发生漏土现象，分别被称为"水蚀"和"风蚀"。干旱时期的漏土现象与漏风现象相伴而生。现代治沙理论已把沙尘起源机制研究清楚，生物坝能够有效阻滞地表风力，防止蝴蝶效应，降低干旱地带的土壤、沙尘漫天飞舞。如果生物坝崩溃，抑或是生物坝质量下降，都会产生漏风现象，沙尘、土壤随风起舞，伴随着漏风而漏土。在我国南方部分地区，漏水、漏土可能导致土地石漠化；在北方部分地区，漏风漏土可能导致土地沙化。沙化、石漠化防治，就是要反其道而行之。

六、生物坝与新和谐

我们正处在人类发展变化的十字路口。人与自然和谐共生是新时代中国生态文明的根本追求。新时代的人与自然和谐共生，不是既往时代的被动和谐，而是新时代的主动和谐，是建立在生态科学原理基础上的和谐，也可以称之为"人与自然的新和谐"。它至少要包括与太阳能的光和谐，与天然降雨的水和谐，与地表风力的风和谐，与表层土壤的土和谐。追根溯源，光、水、风、土四大和谐，根系生物坝。新和谐的和谐程度取决于生物坝的数量、质量和功能。也就是说，生物坝结构、体系、功能，对新和谐的前途命运具有决定性影响力。

绿水青山，其实就是深林青山，是结构好、质量优、功能强的生物坝体系。无论我们已经创造出了多少GDP，中华民族永续发展、长盛不衰的根本依然是960多万平方公里的锦绣河山。复兴与崛起中的中国，建立起完整的制造业体系，强化智能制造优势，形成在国际市场中极具竞争力的综合实力，并利用国际贸易机制，置换别国城镇空间、农业空间生产出的食物、货物和服务。国际食物、货物和服务贸易中，绝大部分都是城镇空间、农业空间的产品。目前，中国依然是一个人均绿水青山数量少、质量次、功能弱的国家。如果要保有数量更多、质量更优、功能更强的绿水青山，就需要推进生物坝结构重建、体系修复和功能保护，这就是生态建设，就是生态空间治理。

生态永动机是具有普遍价值的公共产品。中华生态家园是中华民族的根本，每一个中国人都有厚植中华民族永续发展的义务。中国是一个少绿的国家，应该在国土增绿上有所作为。保护修复生物坝体系是生态保护修复的必由之路、根本举措。推进生态空间治理，加快生态空间绿色革命，本质上就是重构生物坝的生态生产力革命。新时代是兴林治山的盛世时代，以绿水青山就是金山银山为理论法宝和行动指南，精心打理森林、草原、湿地，在天地之间建造结构好、质量高、功能强的生物坝，不断丰富完善生物池内涵，才能全面提升生态永动机的质量效能。

生态物联网与生态区块链

生态系统是生态永动机，也是生物体系、生物互联网络。比如秦岭生态系统，就是由4000余种植物、600余种脊椎动物和无数昆虫、微生物构成的秦岭生物体系、秦岭生物网络。生物互联网流动的信息，包括光、热、水、气、土、风、生命等等，而生命信息刻录于DNA中，在世代繁衍中复制绵延。一个物种如同一根网线，一个物种丢失如同一根网线缺失，必然影响生态网络稳定和生物体系功能。

生态系统中的生物体系，有植物、动物、微生物（简称"三物"），三物以食物互联互通，构成了特色的生物互联网，也是生态物联网，无序而又有序。在生物体系中，植物是生产者，动物是消费者，微生物是分解者、还原者（简称"三者"），生产—消费—分解—再生产—再消费—再分解，这一循环往复、生生不息的过程中，太阳能提供了最根本的动力，而生物物质和生态信息在不断转移和传递。

在生物互联网中，食肉动物处在食物网的中心和食物链的顶端。食肉动物的食物是动物，而动物的食物是植物，植物的食物是水、土壤、空气、阳光，营养元素包括碳、氧、氢，氮、磷、钾、钙、硫、镁、锌、硼……也可简而言之，光、热、水、气、土，这些自然因素是自然帝的原创设计，常被称为"自然条件"。

生物链也是食物链，生物体系也是经济体系。自然生态过程从植物开始，而植物生产开始于自然条件。自然条件决定了植物群落结构，而植物群落结构决定着动物、微生物种群结构，以及生物体系和生物网络的结构。例如，松树较能适应土层较薄的自然条件，因此常在山顶陡坡生长，而栎林常存在于土层较厚的低平山地。生态空间并不是匀质空间，常常因自然条件差异，包括降水、海拔、坡度、坡向、土壤、土层等表现出空间差异，并形成一个又一个小生境。在小生境里，多样的植物与多样的动物、微生物互联互通，匹配契合，自成生物体系和生态网络。植物不能像动物一样迁移，但是，携带植物生命信息的种子会在自然力，包括水力、风力、动物迁移力的作用下，从一个小生境迁移输入到相邻小生境并进行群落建构，从而改变原来的生物体系，推进生物网络变革和生态系统演化。生物是有寿命的，生物群落也一样，主导建群物种死亡时，意味着生态位空缺，开始生物群落重建的进程。生长、均衡、衰亡、重组，生态过程一再演替，周而复始。采伐、放牧等人为干扰和火灾、风灾等自然干扰，可能改变自然演替过程。随着生物群落中植物种类变化，动物种类随之变化。由于人类总是采伐好的木料、牛羊采食好吃的草，必然使"好的"植物失去竞争优势，直接导致森林草原不能维持"好的"生物体系和"好的"生态网络，并走向坏的方向。

生物体系的总产出量，就是生态网络的生产力，也是生态生产力。生态生产力决定于自然条件。如果自然生态空间的自然条件好，意味着供给植物的食物充足，植物生长充分，从草丛到灌木再到乔木，不断向高级阶段发展，呈现出植物种类丰富多样的态势；同时，也意味着供给动物的食物充足、种类丰富，生物体系发育完整，生态网络敦厚坚实，生态系统稳定高效。自然条件好的生态空间，对人类干扰具有较强的耐受性，自然修复能力强、周期短。相反，如果自然条件不好，则意味着植物所需食物不足，导致种群稀疏、结构简单，生态网络敏感脆弱，生态系统缺乏活力，对人类干扰也就缺乏耐受性，自然修复能力差、生长周期长，这也是招致土地沙化、荒化的一个重要原因。不同地带的自然景观，其初始差异多源于自然条件。陕西绿色区域南北呈带状分布特征，主要是自然条件差异所致。

人类社会系统深刻影响了自然生态系统，从自然条件到植物群落，再到动物种群、生物体系和生物网络。生态空间萎缩、生物物种减少、生物网络残破，都是人类社会系统过度提取自然生态系统资源造成的生态伤害。生态系统中的生物体系和生物网络，具有调节气候、涵养水源、保持水土、防风固沙、维护生物多样性等生态功能，损伤生物体系和生物网络就是减损生态功能，必然招致生态灾难。生态保护修复，就是修复受伤的栖息地、受伤的生物体系和生物网络，就是要从保护修复自然条件开始。在特定的自然生态空间上，宜林则林、宜草则草，重建植物群落，推进绿色革命，林木草丛招引动物、培养微生物，"三者"齐聚、"三物"并生，相互适应，共同进化，把自然因素转变为生态产出，形成有活力、可持续的生态系统。

在人类社会系统出现以前，地球生物圈原本是一个原生的自组织的自然生态空间。当农业文明出现后，人们清除了河流塑造的低地平原、平缓丘陵、河谷坡脚上的原生植被，种植庄稼、饲养家畜、经理手工，建立田园、果园、菜园、棚圈、村舍……形成了以农业生态系统为特征的农业空间。要特别指出的是，人工栽培的经济林、用材林不属于自然生态系统，而属于农业生态系统。工业化、城镇化以来，矿产业、加工业、贸易业、服务业兴起，住宅、学校、医院、工厂、商场、公园、银行、机关、街道等等，形成了以城市生态系统为特征的城镇空间。生态空间是自组织和自给自足的国土空间，而农业空间和城镇空间是需要大量外部资源输入的国土空间。因此，交通道路、给排水渠道、输油气管线、电力通信网线等遍地穿越，形成了特别的线性空间。从某种意义上来说，线性空间其实就是不同空间的连接。然而，后发的农业空间、城镇空间、线性空间侵蚀侵占、分离分割了原生的自组织的生态空间，由此导致生态空间碎片化、岛屿化，并且形成了不同国土空间上迥然异样的景观面貌。

各类自然保护地，无论是自然保护区还是自然公园，皆是依法锁定的生态空间中具有原真性的区块。中国生态保护事业已经走过了区块保护阶段，进入了区块链保护阶段。所谓区块链保护，就是把众多的碎片化、岛屿化的保护区块链接起来，形成互联互通互惠的空间、更大的自然保护地。区块链中的生态空间，是依法锁定的不可分割、不可转用的永久生态空间。

进入新时代，中国国家公园成为实施最严格保护政策的自然保护地，同时也是中国实施区块链保护的自然保护地。秦岭国家公园就是把秦岭范围内已经设立的若干自然保护区及其周边的生态空间连接成一体，实施整体性保护、永久性保护。

其实，在人类生态保护史上把一座山脉进行整体保护的第一例法规，就是《陕西省秦岭生态环境保护条例》。该条例在核心保护区和重点保护区设计上，比较好地体现了区块链保护的原理。秦岭核心保护区分为两大部分：（1）保护区块，包括国家公园、自然保护区的核心保护区、世界遗产、饮用水水源一级保护区、自然保护区一般控制区中珍稀濒危野生动物栖息地，以及其他重要生态功能区集中连片需要整体性、系统性保护的区域；（2）保护链接，实际表现为海拔2000米以上区域，秦岭山系主梁两侧各1000米以内、主要支脉两侧各500米以内的区域。

继而言之，生态保护红线范围内的生态空间则是更大范围的区块链保护。生态保护红线的确定，本来就体现了区块链保护的原理。生态保护红线范围内的生态空间，其实就是永久生态空间。永久生态空间包括两类，第一类是生态功能重要区域——水源涵养、生物多样性维护、水土保持、防风固沙等；第二类是生态环境敏感脆弱区域——水土流失，土地沙化、石漠化、盐渍化等。这两类区域也是两类空间，进行空间叠加后，一并划入生态保护红线。永久生态空间涵盖所有国家级、省级禁止开发区域，以及整合优化后的各类自然保护地。

建立国家公园体制，整合优化自然保护地体系，生态保护红线勘界落地等制度的落实，标志着中国自然保护事业正在进入区块链保护新时代。

永久生态空间是生态空间的核心部分，在永久生态空间之外还有一般生态空间。一般生态空间与永久生态空间互联互通，构成了相对完整的生态空间，也构成了更大空间的生物互联网、生态物联网和生态区块链。

绿水青山不是被独占独享的财富而是共有共享的财富。绿水是青山的生态产出，而青山是山清水秀生态空间的表征。食物和纤维是农业空间的产出，工业品和生态服务是城镇空间的产出。城镇空间需要农业空间提供的食物和纤维，而农业空间和城镇空间皆需要生态空间产出的水、空气、景观等生态产品，以及生态空间提供的消纳生产、生活废弃物的生态服务。生态空间是自组织空间，并不依赖农业空间和城镇空间，而农业空间和城镇空间却依赖于生态空间。生态空间所提供生态产品和生态服务的规模与质量，取决于生态空间的规模与质量。因此，要保持三大国土空间互联互通、适量匹配并实现需要与供给之间的平衡。就好比一棵大树，要获得持久的生命力，就要在树根、树干、树冠之间保持均衡协调的生长能力。事实上，经过长期开发，农业空间和城镇空间过度扩张，严重透支了生态空间的自然资本，减损了生态服务功能。合理规划三大国土空间，是可持续发展最重要的生态考题。

万物互联，自然永恒。人们需要"好的"自然，而不是"坏的"自然。小心翼翼地崇拜自然、敬畏自然，也许自然永远是"好的"，可永享自然之利。人类与自然同处一个地球生物圈，同在一张生态物联网，人类活动会在生态系统中产生因果链式反应，师法自然、道法自然、法法自然，也许就是我们永享自然之利的聪明智慧。

自然永恒，万物有灵。它们与河山为共，与日月为伴，与宇宙共享绵远……

森林发展阶段论

　　人类文明与森林发展之间一直存在对应关系。当今世界，各国文明发展处在不同阶段。有些国家处在发展顶端，有些国家处在发展中端，有些国家处在发展低端。与此相适应，各国森林发展也处在不同阶段。自人类文明肇始以来，从低端到高端，从古至今以至将来，从森林资源账户的收支观察，可以将森林发展大体划分为四个阶段。

一、森林自平衡阶段

　　这是一个漫长的历史阶段。人类迄今的历史，大部分时间处在这个阶段。在这个时期，森林资源是人类赖以发展的资源，森林环境是人类赖以发展的环境。在人类文明出现以前，地球上森林密布。森林为人类文明发展提供了物质支撑。在文明起始阶段，人类主要活动在森林之中，森林是人类活动的中心。原始农业时期，人类的经济活动以采集、狩猎为主，以从森林资源中获取生活消费品为主。这一阶段，森林是人类经济活动的主要场所，也可以说是生产中心、经济中心。人类文明的发展过程，在一定程度上就是森林资源去中心化过程。这一阶段，受思维能力、科学技术和生产水平限制，人们利用森林资源的能力不超过森林资源自然修复的能力，人们利用森林资源却不构成森林资源破坏，在森林账户上表现为收支平衡，也就不形成森林透支，不出现森林赤字。这一阶段，人类文明尚处在幼年时期，文明发展几乎全部依赖森林生态、森林资源。因人类索取资源的能力有限，森林账户支出不多，森林依靠内在力量实现自然恢复、自我平衡。

二、森林透支阶段

大约在3500年以前，农业化浪潮席卷全球，传统农业逐步发展和强大起来。栽植替代采集，饲养替代狩猎，铁器替代石器，铁木农具、人畜力、人粪尿大量进入生产领域，农耕文明勃然兴起。与森林相比，耕地生产效率更高。由此，耕地挤压森林。在气候温和的中纬度地带，那些地理开阔、地势平坦的地方，人们的耕地需要超过了对森林的需要。人们由获取森林产品转向索取森林用地，林地被开垦为农田。耕地面积扩张，森林面积收缩。人类主要经济活动逐步转向种植、养殖以及手工业，这时出现了集中生产、集中消费的趋势，孕育发展了村庄、城镇。由此，农田、村镇替代森林，成为人类经济活动新的中心，森林逐步被边缘化。较之原始农业，传统农业更具生产效率，食物保障能力提升，因饥饿导致的疾病和死亡大量减少，人口大幅度增加，这意味着对动植物产品需求的再度增加。传统农业发展为满足人类对动植物产品的需要做出重大贡献，但难以完全替代人们对森林中动植物产品的需要，尤其是难以替代对木材的需要。这一时期，虽然人类经济活动中心已经离开森林，但由于人口增加，对森林资源特别是木材类产品需求旺盛，加之科技进步、生产工具改进，向森林索取产品的能力增强，并一再超过森林资源的自然恢复能力。一方面，大量森林转为耕地；另一方面，森林资源被过度索取，森林生态退化。也就是说，森林资源的支出大于森林资源的收入，森林账户入不敷出，这就形成了森林透支，出现了森林赤字。森林赤字的积累，其后果是森林面积大幅减少，森林质量下降，森林覆盖率降低，森林生态支撑力不足。截至目前，全球大部分发展中国家尚处在过度利用森林的阶段。

中国历史悠久，在人类历史上创造了辉煌的传统农业文明。在中国创造辉煌文明过程中，也过多透支了森林资源，形成了巨大的森林赤字。有研究资料表明，3000多年前，中国森林覆盖率超过60%；2200年前，中国森林覆盖率下降到46%；1100年前，中国森林覆盖率下降为33%；600年前，中国森林覆盖率下降为26%；1840年，中国森林覆盖率下降为17%；1949年，中国森林覆盖率下降到不足10%，只剩下了难以利用的深山老林。由此，经过3000年的森林透支，中国从一个多森林的国家蜕变为一个少森林的国家。这是一个文明古国的森林赤字，也是古老文明的现代绿色尴尬。

三、森林盈余阶段

全球掀起工业化浪潮以来，人类社会面貌焕然一新。科学技术日新月异，产业结构急速升级。森林孕育了农业（包括索取森林动植物产品的林业），农林孕育了工业，乡村孕育了城镇。工业化浪潮初起之时，工业科技优势突出却缺少资金实力，工业发展的原始积累无不来自农林产业。随着人口增加、生产提升，对农林产品需要更加旺盛，人口进城，资金进城，耕地进城，森林进城。城镇扩张，乡村萎缩，制造业替代种养业，成为新的经济主导产业；城市替代乡村成为新的经济活动中心。在地理空间利用结构上，出现了生产与消费的再集中趋势。在生产与消费结构上，农林产品的比重越来越小。以生产农产品为主的乡村被边缘化，以生产林产品为主的森林被再次边缘化。

在工业化之初，主要是获取森林和农业资源。随着工业化深入，工业化成果逐步反哺农业、反哺森林。首先，现代生物技术在农林生产中大量应用，推动农林品种革命，新品种的光合效能大幅度提升；第二，化肥、农药、薄膜等化学工业以及机械工业技术进步，农林装备水平提升，单位面积作物产量更高，减轻了耕地扩张对森林的压力；第三，石油、煤炭、天然气、水能、光能、风能等利用技术进步，增加了能源供给渠道，抑制了砍伐薪炭林需求；第四，钢铁、水泥、玻璃、纤维等材料以及建筑技术进步，抑制了木材需要；第五，集中生产、集中消费，社会化服务增加，家庭化服务减少，生育观念转变，抑制了人口增长对森林产品的需要；第六，电力、水利、交通、通信等基础设施和公共服务城乡一体化、网络化，区域优势更加突出，区域分工更加明显，森林得以休养生息。

工业化带来生产力极大跃升的同时，也带来一系列严重的生态环境问题。森林生态支撑力不足成为全球发展中的重大课题。一方面，人们要求增加物质财富供给，提高物质便利性，充分享有物质丰裕带来的实惠；另一方面，人们也要求改善生态环境，提高森林生态支撑力，充分享受自然生态带来的福祉。人们的物质生活越富有，越感觉森林生态支撑能力之不足，对生态支撑的需要也就越强烈。随着生态环境意识觉醒，人们开始重新认识和评估森林的价值。森林，不仅具有经济功能，为人类提供动植物产品；森林还具有社会功能，为人类提供景观服务；森林更具有生态功能，为人类提供生态服务。在人类文明早期，人们所能理解的森林价值主要是森林提供动植物产品的价值，人们破坏森林资源以换取文明发展所需要的动植物产品。随着人类文明进步，食物生产能力大幅度提升，森林提供动植物产品的价值趋减，森林提供社会服务的价值趋增，森林提供生态服务的价值加速上升。到目前为止，森林生态服务的价值远远超过了森林动植物产品的价值。至此，人们关注森林、培育森林、经营森林的出发点和归宿点都发生了重大变化。

森林的经济功能与社会功能、生态功能具有截然不同的实现形式。总体而言，实现森林资源经济功能，向森林索取动植物产品，需要破坏森林，使森林化整为零，按照不同部位的用途，满足消费者需要。无节制地消费，必然导致森林无节制地被毁坏，此所谓乱砍滥伐，并由此引发森林退化、森林消失，酿成生态灾难。与向森林索取动植物产品正好相反，实现森林资源社会功能和生态功能，发展森林景观服务和生态服务，需要将森林作为一个整体，发挥森林生态系统性作用。如果森林生态系统遭受破坏，森林的社会功能和生态功能将随之消失。也就是说，在一定程度上，森林三种功能的实现方式存在冲突。有时候，为实现经济功能需要放弃社会功能和生态功能；有时候，为实现生态功能、社会功能需要放弃经济功能，兼得森林的三种功能，是森林发展的至高境界。

经过3000多年的森林透支，全球森林遭受严重破坏，面积锐减、质量下降，难以为继。森林提供动植物产品能力下降只是表象，是问题的一小部分。深层的问题是因为森林面积不足、质量不优，森林景观服务和森林生态服务失去了物质载体。森林是陆地生态系统的主体。水土流失、土地荒漠化、灾害性天气频发、生物多样性危机，以及温室气体增加、全球变暖等生态灾难都与森林面积不足、质量不优存在着密切联系。凭借森林资源，古文明勃然兴起，因古文明兴起，导致森林过度利用直至森林消失，文明发展失去森林生态支撑，反过来导致古文明毁灭。这是文明的悲哀、惨重的代价、伤痛的记忆，足以让现世的人警醒。因此，在工业化进程快速推进的新时期，人类面临恢复与重建森林的重大历史任务。随着经济发展、科技进步，人们已经有能力消减森林动植物产品消费，有能力恢复与重建森林，有能力实现森林赤字向森林盈余的转变，有能力转换发展方式，从而避免因失去森林生态支撑落入文明毁灭的陷阱。恢复与重建森林，就是实现森林账户的经常性收入大于经常性支出，这是当今最具有时代特征的森林文化。

20世纪90年代以来，中国进入恢复与重建森林，实现森林赤字向森林盈余转变的重要历史时期。中国设立自然保护地体系，永久放弃索取森林动植物产品。实施退耕还林工程，建设防护林生态体系，在被荒废的土地、被耕地占领的土地上重建森林、再造森林。考虑到森林植物更新周期，以及人口、经济和社会发展规律，估计中国恢复与重建森林的行动至少要持续到2050年以后。

这个阶段持续的时间并不长，大概需要80至100年。但是，森林恢复与重建阶段，无疑是森林发展历史大转折的阶段，是森林资源由支出大于收入转向收入大于支出的阶段。目前，中国正处在这个阶段。欧美发达国家已经基本完成这个阶段性任务。大多数发展中国家尚没有进入这个阶段，但随着生态意识觉醒以及人类共同努力，森林支出收缩，消失速度减缓，这为全球范围恢复与重建森林，实现森林可持续发展带来无限希望。

四、森林可持续阶段

提升森林覆盖率是恢复与重建森林的第一项任务。地球陆地表面是一个恒定数字，国土陆地面积、区域陆地面积都是恒定数字。城镇、村庄、厂矿企业、农田，以及城乡基础设施都需要土地。即推行节约建设用地政策，再加上工业化后期人口减少，森林面积扩张也有局限性。从有关资料数据分析估计，全国森林覆盖率可能提高到30%左右，陕西省森林覆盖率可能提高到52%上下。扩大森林面积，提高森林覆盖率的任务将在2050年前基本完成。提升森林蓄积量是恢复与重建森林的第二项任务。在森林恢复与重建期间，由于新栽植树木多，中幼林占比较大，加上森林面积扩大，森林蓄积量将会有较大增长。当森林面积扩张进入停滞期，中幼林占比减少，成熟林、过熟林占比较大时，森林蓄积量也就爬升到一个新高度。这就意味着森林发展进入了一个全新的时期，增加森林蓄积量，最大限度发挥森林生态功能和社会功能，提升森林生态价值和社会价值，必将依赖于科学经营森林，推动森林可持续发展，推动人与森林和谐发展。

科学经营森林，说到底就是在高技术含量条件下，兼得森林的三种功能，实现森林的多种价值，实现森林账户的收支平衡。这是森林发展的最高阶段，也是人与自然和谐相处的至高境界。这个阶段，森林虽说是整个经济活动的边缘，却是整个生态系统的中心。这个阶段，在人为干预之下，森林资源账户在高科技水平上实现收支平衡。这个阶段，建立在人们对森林发展科学认知、对森林规律科学把握的基础上。人们坚持生态优先的原则，自觉维护和促进森林生态系统完整，在此前提之下追求森林动植物产品。这无疑需要更多的森林发展知识、信息和技能，更先进的仪器装备、更科学的管理机制。与此相适应，我们需要加快步伐，增加人力资本投入，推进知识更新、装备更新，以及管理流程再造。

早在140年前马克思就曾断言，文明如果是自发地发展，而不是自觉地发展，则留给自己的只是荒漠。马克思的这句名言，精辟地阐明了森林发展与文明发展之间的关系。"文明之前是森林，文明之后是沙漠"，这是常年在中国从事环境保护的日本人士高见邦雄的真实感慨。但愿这只是对过去史实的哀叹，而不是对未来前景的预言。虽然森林已不再是人类经济活动的中心，但森林将始终是陆地生态系统的主体，而且这个主体的作用越来越突出；森林始终是文明发展的生态支撑，而且这个支撑作用越来越重要。森林变化意味着地球"肺活量"的变化，健康的地球需要健康的森林，可持续发展的地球需要可持续发展的森林。

农业化浪潮的兴起，实现了农业生产动植物产品替代向森林索取动植物产品，这是森林第一次被替代，也即森林第一次去中心化；工业化浪潮的兴起，实现了工业生产材料、能源替代向森林索取材料、能源，这是森林第二次被替代，也是森林第二次去中心化。目前，全球正兴起知识化浪潮，人类文明正阔步进入信息时代、高科技时代，这无疑是一个全新的时代。随着知识化浪潮深入发展，人类必将生产出更多替代森林产品的产品，完成对森林产品的第三次替代，也就是实现森林的第三次去中心化。虽然森林的经济功能可以被三次浪潮替代，但森林的生态功能、景观功能却无法被替代。人类的聪明之处就在于珍视历史，鉴古知今，人类必将用已有的知识创新能力全力推进森林发展顺利跨入可持续发展的阶段，为科学发展提供坚实的生态支撑。为此，我们需要富有远见，及早做好思想准备、理论准备和政策准备。

生态空间经济篇

第三章

生态空间并不是主体经济空间，但承载了一定的经济活动。生态保护修复、生态系统管理、生态空间治理，皆需要投资支持，并形成与之相适应的生态空间经济活动。以『树』为核心的产业体系就是典型的生态经济。生态空间生产生态产品，提供生态服务，支持着社区经济、林下经济、林场经济、绿色碳库经济、观光经济、康养经济、民宿经济、自然教育、生态体验等，体现出的多元化多功能性，有效转化为不同形态的经济价值、社会价值、文化价值以及再生生态价值，形成了『生态＋』友好型经济发展新格局。生态空间经济学就是研究生态空间经济过程、经济规律的学问，与农业空间经济学、城镇空间经济学和而不同。

人与自然关系再定义

　　生态永动机是人类文明的母机。一开始，人类是自然的孩子，生态永动机提供了生态产品——空气、淡水、食材、药材、能源等等，供养着人类的生存与发展。人类从自然生态系统中采集植物、猎捕动物，获得生存与发展所必需的物质、能量和信息。采集狩猎时代，人是生物体系中的普通一员，与生态伙伴共生，茹毛饮血、追星赶月，俨然是自然的奴仆。

　　生态永动机是人类的父母，也是老师。人类从自然生态的孩子，逐步转变为自然生态的学生，向自然生态学习并因此获得了在物种竞争中迅速成长的优势。经过漫长的岁月锤炼过后，无数人无数次大胆试错，成功模仿生态永动机生产生态产品、提供生态服务的过程，创造并发展了种植业、养殖业，生产出了能够部分替代生态产品的农产品。这无疑是一次破天荒的伟大的产业革命——农业革命。

　　绿色植物是无机界与有机界物质和能量转化的枢纽，生命之碳皆来源于绿色植物光合作用。生态永动机生产力即自然生态生产力，其基础是绿色植物光合作用的能力。生态永动机生产力是元生产力，生态产品、生态服务是元产品，元产品经济活动即元产业，承载元产品生产和元产业发展的空间是元空间。

历次产业革命皆建立在元产品、元产业、元空间基础上，第一次产业革命形成了一次生产、一次产品、一次产业——种植业、养殖业；继而又推动了第二次产业革命，创造出二次生产、二次产品、二次产业——加工制造业；第三次产业革命是智能革命，创造出智慧产品——知识信息服务业。同时，在元空间基础上，分化独立出的农业空间、城镇空间也是次生空间，过道空间连通元空间与次生空间，也属于次生空间。

历次产业革命过程中，无一例外地引发了一连串自然生态事件，从而深度挤压掏挖元空间、元产业、元产品。人类从自然的学生向前跨出一大步后，变成了自然的劫掠者。历次产业革命成功，必然意味着次生的产品、产业、空间再一次由小变大、由弱变强、持续扩张，引发元空间萎缩、元产业萧条、元产品减产，生态赤字年复一年地深化加剧，生态窟窿、碳窟窿恶性发展、越来越大。这严重损害了生态系统中其他共生物种生存繁衍的权益。因元产品生产供给不足，诱发了一系列严重的灾难性生态事件，直接威胁到历次产业革命形成的产品、产业、空间发展成果。这种生态系统的发展形态、发展模式，已经走向终结的历史关头。21世纪以来，人类文明所面临的可持续发展危机，本质上就是生态永动机危机，元空间、元产业、元产品危机。因前者绿色动力不足，后者已经无力支持次生产品、产业、空间的持续扩张。

越来越多的人深刻地认识到，必须从根本上调整人与自然的关系，推动人与自然关系发生根本性变革。这一根本性变革的核心即终结人类的自然劫掠者的角色。曾有人把人与自然的关系定义为和谐相处。人与自然和谐相处，这意味着人与自然是并驾齐驱、互不干涉、平行发展；也意味着停止单向索取、单向馈赠，实行休养生息、自然恢复、终结生态赤字。这无疑已经往前迈出了一大步，毕竟不再是自然单向馈赠人类，不再是人类单向索取自然。全面停止天然林商业性采伐、封山育林，天然牧草地禁牧休牧，河湖禁渔休渔，禁食陆生野生动物，禁止采挖野生植物，以及设立自然保护地，禁足、限足保护范围等措施，皆是人与自然和谐相处之道。

人与自然和谐共生是人与自然和谐相处的升级版。从和谐相处到和谐共生，完成了一次重大的认知飞跃。意味着人与自然的关系进入了互利共赢的新时代，不再简单是并驾齐驱的路人，而是你中有我、我中有你，互联互通、互惠互利，一荣俱荣、一损俱损的生物共生体、生命共同体。生态系统是属于万物生灵的共生体，即生命共同体。人类是单一物种，是生态系统中的一分子。与人共生的千万物种，皆是人的生态伙伴。绿水青山，不只是人的金山银山，也是生态伙伴的金窝银窝。生态永动机提供的生态产品，不单是给予人类的福祉，也不是由人类独占专享，而是由万千物种共生、共同创造、公平分享的公共产品。生态产品的数量与质量，直接关系生物多样性，也决定着人类生存与发展的规模量级和质量水平。生态永动机的前途命运，就是万千生灵的前途命运，也是人类发展的前途命运。如何让它具有光明远大的前途？如何让它提供数量更多、质量更优、万千物种共生、共享、共荣的生态产品？这是促进人与自然和谐共生，创造人类文明发展新形态必须着力解决好的重大生态命题。

人与自然和谐共生，必然要求人类以共生者身份、共建者姿态，与万物生灵一起，参与生态产品生产活动，由过去的单向接受、单纯索取生态产品的消费者，转向投资自然、让利自然，成为生态产品生产的参与者、贡献者。开创人与自然双向互馈的新时代，人既是生态产品的消费者，又是生态产品的生产者、生态服务的贡献者。"三北"防护林体系建设、退耕还林还草工程、天然林保护工程、水源涵养林工程，以及"十四五"开始实施重要生态系统保护和修复重大工程规划，皆是多路径、多元化向自然投资——向生态永动机输入物质、能量和信息，修补生态窟窿、碳窟窿，恢复生态永动机功能，增加生态产品生产能力。与此同时，要构建森林草原防火体系、有害生物防控体系、生态资源监管体系，维护生态产品生产秩序。由此，在生态产品、生态服务中凝结了人的劳动，聚集了人的贡献。在人力推动下，生态赤字向生态盈余转变。人与生态伙伴共建共享了扩大的绿色区域、生态产品增长和生态系统服务发展带来的生态红利，人与生态伙伴的关系更加亲密、更加和谐。

生态空间是生态永动机专用空间。这意味着人与自然、人与生态伙伴有了完整、系统的空间约定。建设自然保护地体系，划定生态保护红线，确定生态核心区、生态管控区、生态控制区和林草经济区，不同生态区有着不同的人类足迹和行为管控，本质上是人与自然的空间约定。生态损害由来已久，生态恢复久久为功。生态永动机生产力形成是一个长周期、长过程，这决定了向自然投资、恢复生态生产力也是一个由量变到质变的长周期、长过程。所有生物皆是碳基生命，绿色植物是无机碳向有机碳转化的枢纽，也是生态永动机的动力装置。生态系统衰退，主要是绿色动力衰减。解放和发展元生产力，就是增强生态永动机的绿色动力，让绿色动力由"地板"重回"天花板"。由黄变绿、由浅绿到深绿、由深绿到美丽，形象地描绘了增强绿色动力、发展生态生产力和推动生态产品增长的三大战略阶段，也是生态空间三次绿色革命和生态永动机三次动力革命。

向自然投资，发展生态生产力，首先是实行休养生息，植树种草，修复绿色植被，恢复初级生产力；其次是升级绿色版本，优化调整乔灌草结构，形成与自然生态资源相适应的绿色植物体系；再次是推动绿色植物体系空间连通，促进次生生态系统向顶极演化，构建起植物—动物—微生物高质量生命共同体、命运共同体、发展共同体。完成三次绿色革命，恢复生态永动机绿色动力，实现生态产品、生态服务达峰，需要一个世纪的生态演变过程。

受生态因子限制，一年四季，海陆两相，东西南北，生态产品生产、生态服务供给有旺季淡季之分、高产区与低产区之别。这决定了生态永动机产品与服务的波动性、增长的极限性，不可能全时空无限供给，导致了生产供给与消费需求的时空差。公平分配、平等消费生态产品，已成为人与自然关系的重要内容。推动生态产品、生态服务增长周期长、见效慢，而管制生态产品、生态服务消费则立竿见影。为此，人们设计了合理使用水、空气、生态用地、生态景观的产权制度。于是，有了取水权、排污权、排碳权，有了节水、节能、节地，有了21世纪蓬勃发展的管制生态产品、生态服务消费的生态环境保护事业。

促进人与自然和谐共生，必须从人与自然两个方向发力。从自然方面做好加法，增加生态永动机生产力；从人的方面做好减法，管制生态产品、生态服务消费需求。这才是人与自然和谐共生之道。

阅读链接2　漫话元地

地老天荒，如日月之恒，年复一年，春夏秋冬，莽莽森林，或是离离青草，或是沼泽湿地、石山长河、自然荒野，一直生长着自然初心，也表现着土地本真的自然生产属性。

曾几何时，人们挺进深山，在天然的森林秘境中规划建设林场，修筑道路，营林伐木。于是乎，有了林区，有了林产品，也就有了用于林业生产的林地。用于林业的天然林地，用于放牧的天然草地，都是土地管理中的农用地——直接用于农业生产的土地。

进入21世纪，全面实施天然林保护，禁止天然林商业性采伐。营林的目标，不再是生产林产品，而是提供生态产品、恢复生态系统服务。大型国有林场或林业局，甚至集体林场，加速向自然保护地转型发展。有的整建制转化为自然保护区，有的划出专门区域设立自然保护区，或是设立森林公园、湿地公园、地质公园、风景名胜区。各类自然保护地，皆是生态产品生产基地，一个自然保护地就是一个完整的自然生态空间。自然保护地内的土地，最能体现原本的土地自然生产性质。进入新时代，确立了生态保护红线制度，划入生态保护红线的土地，体现了生产生态产品的土地本性。

最大尺度的土地复元，莫过于在国土空间中规划出生态空间。这是中国式生态文明的国土空间安排。从天然林商业性禁伐、封山禁牧，切断关键产业链到分级分类保护野生动植物、全面禁食陆生野生动物，切断关键食物链，再到划定生态空间，实行用途管制，完成了土地复元的三部曲。林业部门负责管理的森林、草原、湿地、荒漠四大陆地生态系统，总体上纳入了生态空间。在土地利用方向上，必须是恢复生态系统功能，增强生态产品生产能力。划入生态空间内的土地，无论是管理属性上的林地，还是草地、湿地、荒野，在用途属性上皆是生产生态产品的生态用地。在某种意义上，这就是恢复土地原有的自然属性，为人与自然和谐共生的现代化提供专门的国土空间支持。

生态生产力是元生产力，在元生产力基础上发展形成的人类的社会生产力是次生生产力。自然的生态产品是元产品，在元产品基础上发展形成的农产品、工业品以及服务是次生产品。自然的生态生产形成的生态产业是元产业，在元产业基础上发展形成的第一、二、三产业，甚至第四、五产业，皆是次生产业。生态空间是元空间，农业空间、城镇空间和线性空间是次生空间。次生空间是次生土地，是耕地、园地、水利等农业用地以及工业、交通、商住等建设用地，生态空间是生态用地，也是发展元产品、元产业的元地。

元地构筑了人与自然和谐共生的根基。尊重自然、顺应自然、保护自然的根本是保护修复元地，生态空间治理的根本是提升元地生态生产力。21世纪，人类已进入次生产业反哺元产业、次生空间反哺元空间的新时代，这也是促进人与自然和谐共生的根本实现路径。

元产业与和谐共生

　　进入21世纪以来，人们越来越清晰地认识到，人类所创造的一切文明，不在自然之外，而是在自然之中，在自然的基础上。物种共生，共同组成生态永动机，创造出生态生产力。人类共生，共同组成经济体系，创造出社会生产力。人类社会生产力是从自然生态生产力基础上发展起来的生产力。自然生态生产力是元生产力，人类的社会生产力是次生生产力。自然生产是元产业，自然的经济体系生产出元产品；人类生产是次生产业，社会的经济体系生产出次生产品。元产业、元产品、元生产力对次生产业、次生产品、次生生产力具有重大而深刻的影响。这种关联，并未建立科学共识。

　　经济学注重研究社会生产力，对生态生产力关注不多，对如何提升生态永动机生产力的见解更少；对尊重自然、顺应自然、保护自然的见解较多，对维护生态、修复生态、治理生态的政策理论见解甚少。其深层原因主要在于，人们以为生态生产力形成是自发的、作用是盲目的、发展是不确定的，对自然生态的系统性、规律性缺乏科学认识和精准把握。的确，江海河湖、平原高山、茂密丛林、戈壁荒滩……生物圈100多万物种共生、共同创造生态生产力，庞大而精微、复杂而灵巧。科学把握生态永动机的系统性、规律性，已经成为解放和发展生态永动机生产力、促进人与自然和谐共生、创造人类文明新形态的重大时代课题。

生态生产力是万千物种一体共生、共同创造生态产品，提供生态服务的能力。它们在共同创造生态产品、生态服务的同时，也在进行着激烈的生态资源竞争。包括人类在内，每一个物种都在适应生态演变过程，持续进行自我革命，不断生成获取更多生态资源的生命力量。在生态资源竞争中，若无法获得满足最小种群存续所需的份额，必然走向物种灭绝之路。作为单一物种，人类在生态资源竞争中完美胜出，并获得了具有压倒性优势的生态资源。经过长期的"攻城略地"，人类从生态系统中成功驯服了可以种植养殖的物种，占据了排他性的地盘，建造了专属的"村寨城池"。在某种意义上，人类所能获得的超量的生态资源，致使无数生态伙伴因无法获得必要的生态资源而陷入了绝境。

生态永动机进行元生产，由元生产而展开元产业，也是第零次产业。从元产业首先分化出种养业，形成了农产品生产力，出现了第一次产业——农业；又发展分化出加工制造业，形成了制造品生产力，出现了第二次产业；继而又发展分化出与之配套的交通运输、商品贸易、科学技术、教育培训、健康养生、旅游观光、财税金融、网络信息等，也就形成了第三次产业。第一次产业革命是农业革命，第二次产业革命是工业革命，第三次产业革命是科技革命、知识革命、信息革命、数据革命，有人据此提出了第四产业，甚至第五、第六产业概念。其实，无论如何计算和定义，皆是持续发生的社会生产力革命，并由此持续引发产业革命。从一次产业到二次、三次产业，再到N次产业，一概是次生产业，皆是以人为出发点和归宿点的产业，可谓是人的产业。唯有发展生态生产力——元生产力所形成的元产业，既是人的产业又是自然的产业，是人与生态伙伴一体共生、共同创造的产业，也是人与自然和谐共生的产业。新时代中国，古老的元产业呈现崭新的产业形态。中国式现代化是人与自然和谐共生的现代化。促进人与自然和谐共生，有两大实体性解决方案。

方案一：基于次生产业的解决方案，本质是减少生态占用的方案。

人与自然的尖锐矛盾，源自人的产业发展占用了超量生态资源。促进人与自然和谐共生，必须减少人的产业及生态占用。这不是从自然生态中提取与否的问题，而是提取的多与少、粗与精的问题。所谓"节约集约、绿色发展、高质量发展"，本质上就是要减少提取，且精度利用、循环利用。首先是全面施行国土空间规划。坚持把次生产业、生产生活限制在划定的农业空间、城镇空间内。未经批准，次生产业、生产生活不得越规入侵生态空间。在农业空间、城镇空间内，实行以"亩产论英雄"，集约节约使用土地。其次是在推动发展方式、绿色转型上下功夫。坚持发展资源节约型经济、环境友好型社会，优化升级次生产业、调整生活方式，推进节能减排、绿色低碳，也就是遵循减量化、循环化原则，走绿色经济、循环经济之路，形成产业绿色化、生态化发展新格局。最后是持续推进环境污染防治。坚持精准治污、科学治污、依法治污，加强污染物协同控制，统筹水资源、水环境、水生态以及土壤污染治理，预防各种形式的新的污染风险。

方案二：基于元产业的解决方案，本质是增加生态生产的方案。投资自然，经略生态，发展元产业，夯实人与自然和谐共生之基。第一，厘定自然家园，规划生态空间。把林地、草地从农用土地中剥离出来，与湿地、荒漠戈壁、雪山冻原一起，明确为生态用地，划入生态空间。建立健全生态核心区、生态管控区、生态控制区和林草经济区组成的生态空间规制体系。第二，当好自然保姆，让自然休养生息。经过多年开发利用，生态永动机已经元气大伤。持续推行天然林禁采禁伐、天然草禁牧休牧、自然湿地禁渔休渔之策，分区分级管控人类活动，依靠自然修复力，恢复生态永动机元真之气。第三，当好自然帮手，促进生态系统修复。不少生态空间被过度掏挖，生态账户出现严重赤字，如同重病卧床之人。要遵循自然法则，经略自然、治理生态，向生态永动机输入物质、能量和信息，加快生态系统重构，在退化林草地增加植物定植，在林草修复后放归动物，解放和发展生态生产力，升级生态系统服务，增加生态产品供给。第四，当好自然管家，打理生态账

户。生态空间是自然资源、自然资本、生态财产、经济财富，生态空间
所有者及其权利人应当从中获得生态利益、经济利益和社会利益。推行
天然林与公益林管理并轨，深化集体林权制度、国有林场经营制度改
革，完善生态保护补偿补助制度。第五，当好自然经理，发展生态友好
经济。顺应城乡居民向往优美生态环境的新需求，构建生态产品多元
化价值实现机制，在绿水青山之间，发展自然观光、自然体验、自然
教育、生态旅游、生态康养、乡村民宿，形成"生态+"友好型经济发
展新格局。第六，当好自然卫士，维护生态安全。切实防范森林草原
火灾、有害生物入侵、侵害野生动植物、侵占生态用地四大生态风险
隐患，维护生态生产秩序，确保生态系统安全，促进生态空间高质量
发展。

人们已经清楚地知道，森林是具有多功能属性、多元化价值的绿色
宝库——绿色水库、绿色碳库、生物基因库、木本粮（油）库以及绿色
银行。为发挥森林多功能属性、多元化价值，全面推行了分林而治——
把特种用途林、防护林合并为生态公益林，把用材林、能源林、经济林
合并为商品林。现在看来，草原、湿地、荒地与森林一样具有多功能属
性、多元化价值，但在分类而治上不尽如人意。推而论之，绿水青山具
有多功能属性、多元化价值，是自然财富、生态财富、社会财富、经济
财富。需要明确的是，并不是所有的山水都可以称之为"青山绿水"。
青山绿水是高质量生态系统、高质量生态永动机的代名词，只有高质量
生态系统、生态空间才是绿水青山。以国家公园为主体的自然保护地体
系，就是具有国家代表性的绿水青山，也是国家生态产品基地、国家元
产业基地。推动生态空间高质量发展，就是推动形成更多的绿水青山，
就是推动生态永动机生产力增长，就是推动社会财富、经济财富增长。
经过多年建设，绿水青山多起来了，但与人与自然和谐共生的要求相比
还远远不够。实现人与自然和谐共生的现代化，需要加快建设形成更多
的绿水青山。

绿水青山是元生产力。中共中央、国务院印发《生态文明体制改革

总体方案》要求："树立自然价值和自然资本的理念，自然生态是有价值的，保护自然就是增值自然价值和自然资本的过程，就是保护和发展生产力。"让绿水青山转化为金山银山固然非常重要，但把国家投资放在生态保护修复、生态系统管理、生态空间治理上，建设形成更多的绿水青山更加重要。发展是硬道理，全面提升生态永动机生产力，也是人与自然和谐共生的硬道理。

阅读链接3 生态蛋糕论

生态产品是普惠生灵万物的蛋糕。让"生态"与"蛋糕"两个词联合起来，共建形成"生态蛋糕"这一全新的概念，既具有理论意义，又具有现实意义。生态蛋糕即自然生态系统提供的生态产品、生态服务。生态蛋糕是人与自然和谐共生的必需品，也是人与生态伙伴共享的公共品。在语义表达上，与生态产品、生态服务相比，生态蛋糕更生动、更具象、更接地气，也更容易达成共识。

绿水青山就是优质的生态蛋糕。践行绿水青山就是金山银山理论，就是让绿水青山越来越多，让生态蛋糕数量越来越多、质量越来越好。原初的生态蛋糕，单纯是自然生态系统生产的产品，所有生物共同参与生产、公平竞争。人类凭借超自然的力量，获得了超级份额，成为超级消费者，从而根本改变了生态蛋糕生产消费均衡格局，并因此而导致生态系统失衡、功能衰退，生态蛋糕生产供给能力不足。人类"吃"了生态蛋糕，创造了专属于自己的经济蛋糕、科技蛋糕、社会蛋糕、文化蛋糕。面对生态蛋糕危局，超级消费者回归生态消费理性并开启反哺生产者的历史，从经济、科技、社会、文化全方位向自然投入，深度参与生态产品生产过程，支持自然生态系统生产数量多、质量好的生态蛋糕。

实施深绿战略，由黄到绿、浅绿到深绿、由深绿而美丽，就是增强生态蛋糕生产力。开展生态系统管理、生态保护修复、生态空间治理，就是做大做好生态蛋糕的具体行动。现如今的生态蛋糕，已经是人与自然联合生产、联合制造，并与生态伙伴共同分享的蛋糕。与生态伙伴相比，人既是生态蛋糕的超级消费者，又是生态蛋糕的卓越生产者。面向未来，人与自然和谐共生关键在人。这是21世纪人类文明新形态的本质特征。

投资自然　经略生态

地球生物圈就如同是覆盖在地球表面上的一层薄纱。迄今为止，人类已知的一切生命，共同生息繁衍在这层薄纱里。人类也栖息生活在这层薄纱里，并与其他生物建构食物链，互利互惠共享这层薄纱所提供的生态能。

自从地球薄纱内诞生人类文明以来，特别是开启全球现代化以来，彻底改变了其内在的生命规则和生存秩序。人类掌握了超肌肉力、超生态能，野蛮掠夺、恣意索取地球薄纱里的自然资源。人类是喜好平地的动物，独占优良平坦的陆地空间，杀戮、驱赶生态土著——野生动植物。这让曾经完整而美丽的地球薄纱，日益变得残破，日渐显得丑陋。

人们越来越深刻地认识到，人类文明就是地球薄纱里的文明。人类可持续发展，必须恢复与自然和谐共生的关系。必须保持其完整性、稳定性，避免它的崩盘衰亡。人类必须采取实际行动，拯救地球薄纱，拯救地球薄纱里的所有生命。

其实，在很早以前，人们就已经注意到保护生态环境的重要性。但是，并没有因为认识进步而停止掠夺索取、侵蚀侵占自然的脚步。特别是全面使用化石能源之后，全球现代化浪潮一浪接着一浪。工业化锻造的钢铁利爪，在地球薄纱里抓出一道又一道伤痕，破洞由小到大，越来越多，人类可持续发展面临系统性生态风险。保障全球生态安全，也就是保持地球薄纱安好，这已经成为全球治理的重要内容。

在联合国框架下，世界各国开展联合行动，共同应对地球薄纱危机，各国协同约束发展行为，调整文明形态，倡导减少伤害、减少影响、不留痕迹地生活在这个世界。从索取、掠夺到减少、不留痕迹，已经是巨大的进步。然而，仅仅减量节约是不够的。对已经造成的伤害、痕迹、影响，也不能采取放任不管的态度。人们需要再向前进一步：抚平伤害、修复疤痕、消除影响，促进地球表面再现完整而美丽的地球薄纱。

走进21世纪，人类迎来了生态意识大觉醒的新时代，向地球薄纱投资即是这个新时代的主题。向自然投资，就是修补地球薄纱——保护自然、修复自然，让自然受益、自然得利，扩大自然再生产，形成新的自然资产。至此，从掠夺自然到投资自然，从伤害自然到让利自然，从索取自然资源到形成新的自然资产，彻底颠覆了传统思维方式，这是新发展理念，是创造人类文明的新形态，是人类走向可持续发展的必由之路。

中国人多地少，国土空间压力大，自然生态负荷严重超载。相对于庞大的人口数量和经济规模，地球薄纱显得更脆弱。向自然投资，修补地球薄纱，关乎中华民族的前途与命运。20世纪50年代，号召植树造林，绿化祖国；20世纪80年代，在号召全民义务植树的同时，启动实施"三北"防护林体系建设工程；21世纪来临之际，先后启动实施退耕还林还草、天然林保护、京津风沙源治理、野生动植物保护等生态建设工程，投资规模上万亿元。21世纪，中国是全球向自然投资的第一大国，世界十大生态工程，排在前五名的工程皆是中国工程。从"十四五"开始新一轮投资自然进程，实施重要生态系统保护和修复重大工程总体规划。这些都是修补地球薄纱的实际行动。

中国是向自然投资的全球领导者。中国向自然投资的大手笔，不是局限于工程和项目，而是编制实施国土空间规划，从国土空间中直接划出生态空间，在人类历史上创造性完成了人与自然的空间约定——即将全部国土空间划分为生态空间、农业空间、城镇空间以及其他空间。中国创造人类文明新形态，就是全面推进国土空间高效能治理，让三大国土空间高质量协同发展，实现中华民族伟大复兴。

在生态空间内部，按自然系统功能，实施差异化治理，在投资方向、投资重点、投资强度上有所不同。投资的目标和绩效，锁定为增强生态服务或生态产品主体功能。向自然投资，让自然受益，一直是新时代中国生态文明建设的主旋律。人与自然空间约定、林场制度改革、建立自然保护地体系、划定生态保护红线，以及推进国土绿化，防治病虫害、防治火灾，查处各类违法案件、拆除小水电站，全面推行林长制、河长制，皆是让自然受益。它们有的是维护生态系统安全运行，有的是促进生态资产保值增值，有的是创造新的自然资本。

向投资者的回报，就是增加生态空间产能，彰显生态空间价值——减少洪涝干旱、风沙尘暴、荒漠化灾害，创造更舒适的气候、更美丽的自然景观，更好地保持土壤、蓄滞降水，更多地储蓄绿碳、释放氧气，维护生物多样性等。生态永动机提供了系统性多样化的生态产品和生态服务，一个产品的增长会带动其他产品增长。由于所有的生物都是碳基生物，碳链是生态系统和生物体系的核心。汇碳能力、储碳能力是衡量生态系统能力的重要标尺。汇碳、储碳能力与生态空间生产能力正相关。汇碳、储碳能力增长，也意味着释放氧气能力、保持水土能力、调节气候能力、维持生物多样性能力的全面增长。生态学家会把生态体系视为经济体系，逐一列出生态产品、生态服务清单，在一一赋价后，核算出生态系统生产总值（GEP），其中有一部分即是由投资形成的自然资本。

投资自然，就是投资千沟万壑、千山万水，遵循生态永动机原理，用好自然之力，收获天地和谐。投资自然，就是生态空间治理，保护、恢复和重建自然生产力，让自然受益，让自然得利。我们所享有的绿水青山，一部分是与生俱来的天生丽质，只需投资维护；另一部分，则是原生植被解体后，经投资修复重建所得。所以要投资自然，是因为我们需要绿水青山，因为绿水青山就是绿色碳库。建设绿色碳库，助力碳中和，已是生态文明建设大势所趋。同时，绿色碳库建设必然带动绿色水库、生物基因库、天然药材库建设，实现自然与人类均衡受益、双重得利。

人与自然是生命共同体，向自然投资，让自然受益，也使人类受益。生态优先、保护优先，就是当保护与发展矛盾时，自觉向自然让路，主动向自然让利，这正是生态文明建设本质。

阅读链接4 让自然更好地生产

生态永动机生生不息，生产生态产品，提供生态服务。进入21世纪，古老的元产业呈现欣欣向荣、蓬勃发展的新业态。

林地、草地、湿地是生态永动机生产力的三大载体。1996年第一次土地资源调查时，陕西省林地1.37亿亩、草地0.46亿亩、湿地超0.01亿亩，三项合计1.84亿亩，约占国土空间的60%。2009年第二次土地资源调查时，全省林地1.68亿亩、草地0.43亿亩、湿地0.01亿亩，三项合计2.12亿亩，约占国土空间的70%。2019年第三次国土资源调查时，全省林地1.87亿亩、草地0.33亿亩、湿地不足0.01亿亩，三项合计2.21亿亩，约占国土空间的72%。从1996年到2019年的23年，全省林地增加0.5亿亩，草地减少0.13亿亩，湿地略减，增减相抵后，三项合计面积净增加0.37亿亩，年均增加160万亩，在国土空间中的占比增加了12个百分点，年均增加了0.52个百分点。

森林是最基础、最重要的生态系统。与三次国土调查数据对接融合后，陕西省有林地（乔木林+竹林）面积，1996年为0.98亿亩，2009年为1.22亿亩，2019年为1.41亿亩，对应的森林覆盖率分别为31.67%、39.67%和45.65%。从1996年到2019年的23年，全省有林地增加0.44亿亩，年均增加191万亩，对应的森林覆盖率增加13.98个百分点，年均增加0.61个百分点。

森林、草原、湿地也是陆地生态系统的三大主体。国土空间是有限的，三大生态系统体量进一步扩张的潜力不大，也没有多大可能和必要。在某种意义上，我们已经历史性地完成了让自然生态系统生产更好生态产品，提供更多生态服务的"装台"工作。

过去，把林地、草地、湿地、荒地分别归为农业用地或是未利用地。如今，国土空间规划将四类土地划入自然生态空间，应统一归类为自然用地或是生态用地，以生产更多的生态产品或提供更多的生态服务为主要功能取向和价值导向。

人与自然是和谐共生的两面，不能一强一弱或一升一降，无论谁强谁弱或谁升谁降，都不可能实现和谐共生。中国式现代化是人与自然和谐共生的现代化，就是要推动人的力量与自然的力量协同增长。绿水青山，意味着更强的自然生产力、更多的生态产品、更优的生态服务。现阶段，山水不少而绿水青山不多，森林、草原、湿地质量不高、功能不强、产品不优。新时代林业部门要坚定地站在人与自然和谐共生的高度，深入贯彻习近平生态文明思想，持之以恒实施深绿战略，不断解放和发展绿色生产力，不断提升生态系统多样性、稳定性和持续性，不断增强生态产品生产和生态服务供给能力，让人民群众尽情享受绿水青山带来的自然之美、生命之美、生活之美。

绿色植被空间结构不同，其自然生产能力亦不同。一般而言，万千生物，分层而居，占据和利用不同的生态位。与平房、双层、多层、高层、超高层等具有不同的载荷一样，乔木林生产力高于灌木林，灌木林生产力高于草地草丛，郁闭度高的植被生产力高于郁闭度低的植被生产力。开展造林绿化，就是帮助自然造楼房，帮助共生伙伴建家园。在不扩大生态用地规模的情况下，通过人工措施，调整优化空间结构、绿色植被结构，可持续升级生态空间生产力。

实行一体化保护和系统治理，坚持生产建设与转化利用两手抓。严格落实草原森林湿地休养生息政策和沙化土地封禁保护措施，丰富完善以国家公园为主体的自然保护地体系，巩固发展退耕还林还草成果，持续实施重要生态系统保护和修复重大工程，建设形成数量更多、质量更好的绿水青山。在着力提高含绿量的基础上，同步提升含金量。具体而言，深化国有林场和集体林权改革，建立健全生态效益补偿补助机制，创新绿色金融产品；发展生态友好型经济，促进绿水青山向金山银山的价值转化；发展生态与民宿、旅游、康养、教育、种养等多种产业模式，探索形成"生态+N"生态经济体系。

颜值与峰值

中国新时代，也是生态文明新时代。建设美丽中国带来了崭新的生态秩序，完整的国土空间三分为城镇空间、农业空间、生态空间。三大国土空间并不是各自封闭孤立的空间，而是开放共享、相互联系、相互依存，时刻进行着物质、能量和信息交换的空间。三大国土空间交换，以多种形式、多种路径存在。最常见而有形的路径即线性空间，包括输水管线、输变电线、交通路线、通信网线等。

城镇空间是海岸河流交汇空间、河谷平原空间，也是人口聚集空间、加工贸易服务空间。城镇空间是人类最重要聚居区，也是现代经济社会活动最重要的空间依托。自工业革命以来，人类开启了向城镇空间聚集的浪潮，这是由工业化浪潮带动的城镇化浪潮。进入21世纪，人类进入城镇化时代。在三大国土空间中，城镇空间是最具有经济效率的空间，绝大部分国内生产总值（GDP）来自城镇空间。一个国家、一个区域、一个组织的财富创造能力，与其依托国土空间的空间效率有着密切联系。国土空间是稀缺资源，高效国土空间更为稀罕。粤港澳大湾区、长江三角洲地区等，皆是中国优质高效的国土空间。对城镇空间效率最简单的表述，即建成区单位土地面积所形成的国内生产总值（GDP）。缺失高效率城镇空间，必定会成为一个国家、一个区域、一个组织发展的硬伤。

农业空间多是毗邻城镇空间的河谷空间、平原空间，包括作物种植空间、蔬菜园艺空间、畜牧水产空间等。农业是自然再生产与经济再生产交织在一起的生产过程。农业产品，无论是种植业产品还是养殖业产品或者是园艺产品，既具有生态产品属性，又具有经济产品属性。其经济价值从市场交换中得以体现，核算为农业GDP。农业空间效率差异很大，其生态效率是亩产量，其经济效率是单位农业空间创造的GDP。在经济效率上，农业空间低于城镇空间，这是农业空间转为城镇空间的经济动因。工业革命、生物革命引发了良田好地上的绿色革命，单位农业空间生产出了更多的农产品，导致荒地瘠土失去耕种价值，最终退出农业空间。退耕，即是把农业生产效率低的耕地退出农业空间。在垦殖为耕地之前是林地的还林，是草地的还草，是湿地的还湿，是湖泊的还湖。

生态空间是本初的国土空间。城镇空间、农业空间的前身原本是生态空间。人类是生态系统的一部分，当人类文明诞生后，不断从生态空间创建出农业空间、城镇空间。21世纪之前的人类文明进程，在国土空间形态上演进，即生态空间转换为农业空间、城镇空间的进程。如今，生态文明是人类文明的崭新形态，落脚在国土空间上，就是限制农业空间、城镇空间扩张，保护保障生态空间，确立三大国土空间并立并存、相互支撑的体制机制，创建人类经济社会永续发展的国土空间大格局，这将是人类文明转型发展的一大拐点。

与城镇空间相反，生态空间是无人、少人空间，是保存自然纯真的空间。它提供了农业空间、城镇空间需要的生态产品。2012年，世界自然保护联盟提出生态系统生产总值（GEP）概念。中国的生态经济学家大胆探索生态系统生产总值（GEP）核算的现实路径，不厌其烦地逐一列出生态产品清单、生产量级，并逐一人为赋值，继而演算出生态系统生产总值（GEP）具体数据。福建、浙江、内蒙古等地，先行先试并进行了有益探索。一直以来，生态学具有模糊性，如果真能如生态经济学家所言，科学计量生态系统生产总值（GEP），必将为生态空间治理提供重要理论支撑。

一个国家有既定的国土空间，这是国家生存与发展的根基。一个国家的国土空间，就是一个国家占据的地球表面。各国占据的地球表面千差万别，人口数量、宗教信仰、文化艺术各有千秋。有的国家在南半球，有的国家在北半球；有的国家在极寒地带，有的国家在极热地带；有的国家有巨量人口，有的国家有巨大空间。因资源禀赋的异质性，因无法实施精确计量，国家之间的国土空间优劣难以科学比较。比如，中美两国国土相差无几，所在维度大体相同。几乎在同等规模国土空间上，中国人口有14亿多，美国人口仅3亿多。如果换算为人均国土空间，中国人均国土空间只有美国的1/4，显示了中国国土的稀缺性。同样大小的一块土地上，在美国站1个人，在中国就要站4个人。实现中华民族伟大复兴，中国国土空间必须具有更高的效率——单位城镇空间要提供更多的制造业产品和服务，单位农业空间要有更多的农产品产出，单位生态空间要有更多的生态产品产出。

需要强调的是，三大国土空间的功能不同，其产出机制大不相同。（1）城镇空间是高效经济空间，首先源自城镇空间具有较强的可通达性，大规模聚集经济要素，空间交易费低，便于知识、信息和技能的生产、传播、扩散；其次是城镇空间以人工建造的物理空间为主，经济活动较少受到自然因素制约，在城镇空间有更多可利用的时间；再次，城镇聚集的制造业、服务业具有较高科技含量，在知识创新、科技进步方面的贡献大。（2）农业空间效率既取决于经济效率，又取决于生态效率。农业空间的经济效率，取决于种子、肥料、饲料、灌溉、药物等投入品效用，并建构在生态效率之上，必须尊重自然生长的过程，不能急于求成、拔苗助长。农业空间的生态效率，在根本上取决于光热水气土等自然要素组合匹配的效率，属于自然天赋的效率。在田园农业基础上发展起来的设施农业、工厂农业，将农业生产过程置于人工环境之中，生产效率大幅增高，但仍无法摆脱种质基因制约。（3）生态空间效率，在本质上并不取决于人工，而取决于自然，取决于生态永动机效率。在没有人工侵入的情况下，物竞天择、适者生存，特定生态空间特定自然要素下，生态空间逐渐演替，呈现出生态永动机运作最佳、功能最强、产出最大的状态。此"三最"，即生态空间、生态峰值、碳汇峰值，也是颜值峰值之时。生态峰值意味着建立起完整、稳定、高效的生态系统，意味着生态生产力达到了顶峰。生态峰值是生态空间理想状态，也就是山清水秀的状态。完成生态达峰，是生态空间治理的终极目标。

受阳光、降水、空气、土壤等自然要素配置制约，无法把中国生态空间变得比美国生态空间更具有效率，更不要奢望4倍以上的效率。中国居民要消费数量更多、质量更好的生态产品，必须以足够规模的生态空间来保障。同样的道理，农业空间效率也不可能4倍于美国，保障国家食品安全，必须保障国内有足够的农业空间。如此一来，必然要求有限的城镇空间具有更高的效率，不是4倍，而是5倍6倍甚至是8倍的效率，要在城镇空间上吸纳更多的人口，生产出更多的GDP，同时，单位GDP还要更少消耗生态产品和农产品。

如何实现生态峰值，即生态达峰？首先，需要一个大胆的生态假设：免受人工干预的生态空间，也就是原始的生态空间，即绿色峰值、生态峰值的生态空间。原始生态空间是天赋自然要素长期作用、系统演替的顶级生态成果。生态空间治理的目标，就是推动生态空间升级并演替出顶级的生态成果，实现生态永动机最佳运作、最优服务、最大产出。

中国与美国还有一个大不同，即中国文明比美国文明历史悠久。古老而厚重的中华文明向来体量宏大，这意味着中国利用生态空间资源的深度和广度远超美国。千百年来，人们掘挖原始生态空间，索取原始生态空间资源。从生态空间掘挖和索取生存与发展需要的食物药物、木材薪材资源，一再损坏生态空间食物链、生态链，一再迫使食物链、生态链断裂、重组，再断裂、再重组，导致生态空间原有的物种一再丢失，生物多样性一再减少。由于一代又一代持续掏挖，原始的生态空间从生态峰值跌落下滑，从丰盈走向干瘪，直至生物池中的生物被彻底掏空，成为不毛之地甚至是穷山恶水。邻近河流、谷地、平原生态空间成为废墟后，永久开辟为种养业基地、加工贸易基地，演化为今日的农业空间、城镇空间。难以彻底征服的、无经济价值的生态空间废墟继续荒芜化、荒漠化，极大减损了生态永动机的效能。

生态空间治理，并不是把农业空间、城镇空间返回生态空间，而是把减损了的生态空间修补起来，释放生态空间蕴藏着的巨大的生态生产力。（1）对尚未遭受破坏的生态空间采取必要的保护措施，保护其原真性、完整性、系统性。（2）对已经遭到不同程度破坏但能够修复如初的生态空间采取必要的修复措施。如自然条件较好的空间，自然修复能力较强，只需减少人工侵扰。（3）对已经成为废墟的生态空间，重新构建生态系统，从植树造林起步，逐步恢复生物池、生物体系。（4）对具有生产功能的生态空间，比如茶园、椒园、果园以及林下种养业，应当实行生态认证，实现生态与经济运作双赢。从这个意义上讲，生态空间治理过程就是生态空间复苏、兴荣的过程，就是实现生态峰值的过程。

不同的生态空间有着不同的生态颜值，不同的生态生产力、生态颜值是生态生产力的外在表现。生态空间治理的一个外在表征，就是增加生态空间颜值，而内在本质是提高生态永动机生产力。那么，如何增加生态生产力并达产达效，实现生态峰值呢？

在这里，有必要引入"生态空间亩产"概念，作为分析问题、寻找路径的理论工具。亩产原本是指每亩作物年产量，比如，小麦亩产、白菜亩产、核桃亩产等。生态空间生态产品生产是自然再生产，其生产量取决于生境。生态空间亩产，只是简单地概括性表述单位生态空间生态产品生产能力，并非实指亩产量。前述生态峰值，其实就是最高亩产。当下的亩产，即现实亩产。现实亩产与生态峰值之差，即生态空间的增产潜力、增值潜力。空间是宝贵的资源，也是稀缺的资源。生态空间治理，就是要提升生态空间效率，增加生态产品供给能力，就是针对亩产不高而挖掘增产潜力，逐步将亩产量提升至生态峰值。现在，推行森林不伐、草原不牧、湿地不捕、野味不食、野植不采政策，即是生态空间休养生息、复苏兴荣、增产增值，加快颜值达峰、生态达峰进程的好办法。

目前，只有自然保护地是接近颜值达峰、绿色峰值的生态空间，同时，也是森林观光、生态旅游、自然探秘空间。其他生态空间，皆是尚未实现生态峰值甚至远离生态峰值的生态空间。人们常说因地制宜，在生态空间治理上就是因空间制宜。生态空间治理要尊重自然、顺应自然、保护自然，因空间制宜，需要更多的空间数据，根据空间数据决定治理策略。有的空间要禁止人类踏足，有的空间要实行禁牧，有的空间要实行封育……这几年流行的生态空间提质增效，其实就是生态空间增绿措施、生态产品增产措施，实施生态空间绿色峰值、生态峰值措施。如此，生态空间治理需对症下药，有的放矢，精准施策。

颜值是生态永动机的面子，面子连着里子，生态永动机的里子生产生态产品，提供生态服务。生态永动机的面子反映了生态空间成色，也反映着生态空间里子的内涵。生态空间由黄变绿、由浅绿迈向深绿，表面上是颜值变化，内在是生态空间亩产增加，是生态产品生产能力增强，是生态服务供给能力提升。

中华文明历史悠久，中国生态空间超重负荷。中华民族伟大复兴意味着更大的生态足迹，必然要求中国生态空间复苏兴荣，加快颜值达峰、生态达峰。

阅读链接5 "瘪"与"盈"

"瘪"字的本义是皱缩的、不饱满的，如干瘪、空瘪、瘪壳、瘪子、瘪瘩等。生态空间"瘪"，就是生态空间不饱满、不丰盈，瘪是一种病状。生态空间里原本是饱满丰盈的生物体系，而这些生物是人类的资源。人类从生态空间里获取生物资源，久而久之，生态空间的生物资源被掏出，直至生物体系被掏垮，生态空间被掏空，以致生态空间干瘪、空瘪，只剩下干壳子。"盈"字的本义是盛满、充满，如充盈、丰盈等。"盈""满""益"三个字都含有满的意思，但有差别。"盈"是器皿满或把器皿装满；"益"指器皿水满流出来；"满"泛指满，兼有已满、满了的意思。对自然生态空间而言，生态修复就是重建生物体系，恢复生物多样性，让干瘪、空瘪的生态空间获得新生，再度充盈、丰盈起来。

生态空间，如同是自然帝缔造的生物容器。生态空间，就是一个天然的生物池。先天的生物池，生物丰盈，体系结构完整。人类从生物池中源源不断捞取生物，直至生物池干瘪空瘪、枯萎枯竭。生态空间治理就是生物池治理，核心是促进生态空间由干瘪空瘪向充盈丰盈复归。山清水秀的生态空间，其实就是生物充盈丰盈的生态空间。对于陕西而言，人们掏取祖脉秦岭和母亲河中生物资源已有数千年时间。虽然干瘪、空瘪的程度不一样，但都很严重，特别是黄河流域，有的地方已被彻底掏垮掏空。我们必须下决心重建生态空间，人工帮助自然修复，让生态空间恢复生机、充盈丰盈。

生态空间经济分析

生态空间经济是生态永动机生态产品和生态服务生产、再生产的经济活动。生态空间经济学是以生态空间生态资源科学利用为对象，从生态空间经济现象出发，研究自然生态系统服务或生态产品可持续发展规律的科学。生态空间治理遵循生态空间经济规律，让自然生态系统更好地生产，更优地服务。

一、元空间、元产品、元产业

人类的经济活动并不是从一次产业——生产农产品开始的。在一次产业之前，早就存在零次产业，也即元产业。人类经历了漫长的采集、狩猎经济活动时期，享受元空间、元产业提供的元产品。传说中的华胥氏、伏羲氏、女娲氏，就是采集、狩猎时期的代表人物。采集、狩猎就是从自然生态系统中获取物质、能源和信息，采集植物叶片、果实，猎取动物血肉、皮毛，这些皆是生态产品，也即元产品。采集、狩猎富余的差异化产品，也在小范围进行交换，形成了与其相匹配的产业链、经济链。人们在采集、狩猎过程中，学习观察自然现象，掌握顺应自然规律，从自然生态系统获得了用来种植、养殖的动植物，开辟种植、养殖空间，开展农业活动，发展农业经济，形成农业社会，创造农业文明。至此，农业经济从自然生态空间中分化出来，并自立空间——农业空间。在农业文明的基础上，展开了工业文明进程，发展出工业经济、商贸经济、知识经济、互联网经济。第二次产业、第三次产业聚集于城镇，形成了城镇社会、城镇文明，并自立空间——城镇空间。

农业、工业、服务业不仅占据了最优渥的生态空间，而且持续从生态系统中提取物质、能量和信息。留存下来的生态空间，因被严重掏挖而陷入生态系统衰退甚至衰竭、崩溃，加剧了风蚀水蚀，导致了水土流失、风沙肆虐、旱涝交替，生态灾难四起、危机重重。接踵而至的生态环境事件，一次又一次迫使人们重新认识人与自然的关系。人们越来越深刻地认识到，生态空间是国土空间的母体空间、元空间，生态永动机是人类文明的母机、元生产力，向人类提供了必不可少且多种多样的元产品——生态产品、生态服务。包括最基本的供给服务——水、食物、燃料、材料，还包括支持服务——涵养水源、保持土壤、基因传播、提供生物多样性；调节服务——固碳释氧、防风固沙、净化空间、净化水质、蓄滞洪水以及文化服务——提供四季美景、娱乐旅游等。

地球陆地表面空间是有限空间，当次生空间——农业空间、城镇空间一再扩张时，必然不断挤压侵占先天的元空间——生态空间，导致元空间持续"失血"、"元气"外漏，元生产萎缩、元产业断链、元产品断供。元空间、元产业反噬次生空间、次生产业，直接危及农业空间、城镇空间可持续发展。走可持续发展之路，必然要求次生空间回补反哺元空间，次生产业回馈元产业，保护修复、补链强链，恢复生态系统功能，增强生态产品供给能力。这是生态空间治理的真谛所在。生态空间治理就是要阻止生态空间"失血"，补充生态空间"元气"，修复生态系统功能，恢复生态空间生产力，建立健全生态空间友好型经济体系。

生态空间是生态永动机的空间载体，也是一切自然生态活动的空间容器。生态空间承载着生物体系、生态资源、生态系统，进行着生生不息的生态过程，源源不断地生产生态产品、提供生态服务。生态空间上的光热水气土无机的生态资源，是对生物体系、生态系统、生态过程的给养，经过生物体系、生态系统、生态过程后生产出生态产品。参与生态过程的生物体系，特别是绿色植物决定生态永动机的生产效率，生态产品是生态永动机的生态成果。生态永动机摄入阳光、空气、水、土壤养分，从而生成生态产品。

生态永动机一直向人类经济社会系统输送物质、能量和信息。但是，经济核算体系并没有计入生态永动机的贡献。其重要根源在于，生态永动机制造的生态产品曾经源源不断、无限供给，并不具有经济学上的稀缺性。因无限而无价、无偿，形成生态空间公地悲剧，加速生态空间萎缩、生物体系简化、生态系统衰退、生态过程式微、生态产品稀缺。经略生态空间，向自然投资，为生态产品付费，发展元产业，增加元产品，已经成为21世纪人类文明大趋势。

生态系统服务从无偿到有偿是人类文明发展史上的大事件，也是地球生命演化史上的里程碑。在地球表面生物圈中，不同的生态空间具有不同的无机生态资源，形成了不同的生物体系、生态系统、生态过程，为生产出不同的生态产品提供了多样化的生态服务。向自然投资，为生态系统服务付费，实现生态产品价值转换，需要攻克一连串高度复杂的经济学难题。

二、生态产品的经济特性

截至目前，难以用科学方法评判生命共同体中不同动植物的生态地位，也缺乏有效计量生态产品经济价值的精致工具。生物体系复杂、生态系统多样，复杂而多样是生态产品与生俱来的特性。需要洞察自然现象，分析生态模式，理论抽象概括，科学识别生态产品在生产供给与消费需求上的经济特性。

在生产供给方向上，生态永动机产品与服务具有：（1）组织自主性。与社会组织的经济活动相比，生态产品生产由生物体系、生态系统、生态过程自行组织，小部分情况下人工予以必要的辅助、维护和管理。生态产品更多凝结了自然精华而非社会劳动。（2）生态过程性。生态产品是自然生命过程产物，生物体系、生态系统发展演化产物。正因为过程性，生态产品是一组生态系统服务流，也是物质、能量和信息流，生态产品生产能力、生态系统服务能力具有不确定性、瞬时性。（3）产品地域性。每一特定地域，因纬度、海拔不同，在生态空间上形成了光热水气土等生态资源的多样化组合，由此生成多样化自然地理景观、多样化生物体系、多样化生态系统、多样化生态过程，并带来多样化的生态系统服务流、生态产品流。（4）时序季节性。年复一年，日复一日，四季轮回，白昼交替，地球与太阳关系发生周期性变化，直接影响生态资源时空组合，影响生物体系结构、生态系统功能和生态运作过程，继而影响生态服务流、生态产品流。总体而言，正值夏季的绿色植物全力生产，生态系统处于满负荷的净生产状态，形成强劲的生态系统服务流、生态产品流。进入冬季，绿色植物叶片脱落，关停了"生产线"，生态系统处于净消费状态，无力输出生态系统服务流、生态产品流。

在消费需求方向上，生态永动机产品与服务具有：（1）刚需性。生态产品是生命支持系统，人与自然共享生态产品。然而，人是生态产品最重要的需求方，人的生命须臾离不开生态资源——光、热、水、气、土，也离不开生态系统服务——经过生物体系、生态系统、生态过程处理的空气、淡水和适宜的生态环境。生态产品生产与消费，皆是生命过程刚性活动，缺乏价格响应、价格弹性。（2）公共性。生态系统服务流、生态产品流是每一个生命所需要的支持服务，生命共同体享有平等消费权利。由此，生态产品获得了公共产品属性。除生态系统供给性服务外，生态产品不具有排他性，只能实行无限额、无支付消费。（3）非标准性。生态空间多样性带来了生态资源多样性、生态系统多样性、物种多样性和遗传多样性，决定了生态产品多样性。多样性生态产品，由自然规划设计、自然生产制造，不具有生产制造标准，也不具有消费标准、交易标准，这是生态产品市场机制失准失效的深层原因。

（4）稀缺性。在一定意义上，生态服务流、生态产品流向来就具有天然的稀缺性，这就是生态周期性稀缺——干旱期、风雨期、温暖期、寒冷期；生态时序性稀缺——冬季稀缺、夜间稀缺，以及地带性稀缺——高纬度、高海拔地带，生态产品生产季节短、消费季节长，供给与需求矛盾突出。随着人口规模与经济量级扩张，生态产品需求增加，加之挤压生态空间、损害生态系统、生态产品生产能力不足，从周期性、时序性、地带性稀缺转变为全时空稀缺——生物多样性锐减、水土流失严重、洪涝风沙危害加剧、荒漠化加剧，以及水污染、空气污染、土壤污染等等，使空气质量、饮水质量、食物质量堪忧。

生态空间经济学既深入研究生态永动机产品与服务生产供给规律，又科学分析生态永动机产品与服务需求消费特性，探寻增加生态产品生产和提升生态产品质量的发展路径，有效满足生态产品消费需求，支持经济社会可持续发展。

三、生态产品的发展路径

元空间分化独立出农业空间、城镇空间、过道空间之后，保留下来的生态空间也鲜有未被人类掏挖利用的处女地。经过长期掏挖利用，在生态空间留下了如斑秃一般的生态窟窿、碳窟窿。生态空间账户入不敷出，形成了巨大的生态赤字。不同生态空间，生态赤字程度有所不同。巍峨陡峭的大山脉，因掏挖利用难度大而生态赤字小，一定程度上保有了生态原真性、完整性；一般的山坡地，已经被长期掏挖利用，留下支离破碎的次生植被，原真性、完整性多已丢失，表现为退化的灌木林；平坦的山丘，已被掏挖一空，原真性、完整性归零。因过度掏挖利用，生态空间呈现去绿化，叶面积指数高的乔木减少，叶面积指数低的灌草面积增加。去绿化也是低能化，高载能的生态空间萎缩，低载能的生态空间扩张。在绿色植被卫星影像图上清晰可见，黄色的低产能的荒漠空间扩张，浅绿色的低产能的草原、灌丛空间扩张，深绿色高产能的森林、湿地空间受挤压而极度萎缩。

生态空间去绿化、低能化的一个直接后果，就是造成生态资源——光、热、水、气、土、矿质营养严重流失。过去，人们只注意到水土流失，其实，光、热、气、矿质等资源也在流失。自然进化的原真性、完整性的生态空间，其生物体系、生态系统、生态过程能够有效转化利用生态资源。掏挖利用过的生态空间，生态窟窿、碳窟窿无法有效转化利用生态资源。生态空间是生态产品库——绿色碳库、绿色水库、绿色能库、绿色基因库。绿色植被是生物体系之根、生态生产之本，含绿量下降，必然意味着生态空间载碳量、载水量、载能量以及载信量全面下降。生态系统退化，也是生态服务能力、生态产品生产力衰退，其基本路径是深绿—浅绿—失绿。反过来，生态系统修复，也就是促进生态服务、生态产品生产，其基本路径必然是绿色回归：失绿—浅绿—深绿。推动生态空间治理，就是促进生态空间绿色革命，增加生态空间含绿量，实现生态空间高能化，全面提升四载力——载碳力、载水力、载能力、载信力，让绿色宝库由干瘪走向丰盈，满载生态服务、生态产品。

首先，实行休养生息。停止掏挖、及时止损、恢复元气。实行天然林禁伐、草原禁牧、野生动物禁食、野生植物禁挖、河流湖泊禁渔、封山育林，以及生态保护地——林地、草地、湿地、荒地，禁止开发利用、建设占用，皆是阻挡人为活动干预，推动自然生态系统恢复元气，实现生态产品恢复性增长的治本之策。在生态空间上施行的各种封禁，其本质就是向生态空间权利人施加了经济权利限制。由此而产生的生态系统服务属于公共生态产品，国家和地方政策要向生态空间权利人支付生态系统服务费——生态效益补偿金。

其次，人工促进修复。自然修复过程需要的经济投资少，且自然修复的生态系统多样性、稳定性、持续性好。但是，自然修复旷日持久，时间成本大，往往是跨代事件，难以有效满足当代人的生态服务、生态产品需求。有研究表明，依靠自然生态力量，完成草原生态系统修复大约需要30年，灌木林生态修复大约需要50年，乔木林生态修复大约需要

100年。没有绿色植物就没有自然生态系统。人工辅助自然修复，就是推行人工植树种草、森林抚育，向生态空间输入必要的物质、能量和信息。国家和地方政府开列造林绿化资金，成为生态空间人工修复最重要的出资人。

第三，推行分区而治。不同生态空间的生态服务价值、生态产品生产能力不同，在空间管制、空间治理措施上也有不同。（1）生态核心区。它是最具生态系统原真性、完整性的生态空间，也是生态产品高产、生态服务高值空间，被划入以国家公园为主体的自然保护地体系，实行法律法规强制保护，并建立专门保护机构负责生态空间管理、生物体系保护、生态系统维护、生态过程监管。其中，自然保护地体系是生态空间核心区。（2）生态管控区。在自然保护地之外，生态保护红线划入的生态功能极重要、生态极脆弱、具有重要生态价值的区域，实行生态保护红线管控措施。核心区+管控区构成生态环境保护底线、自然资源利用上限。（3）生态控制区。生态保护红线之外，紧邻管控区，已有《中华人民共和国森林法》《中华人民共和国草原法》《中华人民共和国湿地保护法》等法律法规规定，实行生态控制措施，包括生态保护红线外的天然林地、公益林地、禁牧草原、自然湿地、自然荒野。（4）林草经济区。生态空间的外层空间，兼具生态产品生产与农产品生产双重功能。包括生态保护红线之外的商品林地、可放牧草地、人工湿地等等，共享区处在农业空间与生态空间交会地带，多是难以集中连片利用的细碎、多样化空间，不具规模经济效益，但具有小而精、精而专、多样化、功能化、特色化发展潜力。

第四，建立生态产品生产经营制度。生态空间、生物体系、生态资源、生态系统、生态过程、生态产品皆具经济价值，皆有权利所有者。中国实行两种公有制：全民所有和集体所有。过去，曾以林业、牧业为发展导向，以林产品、畜产品为生产经营目标，以林学、草学为底层逻辑。如今，治理生态空间，实行分区而治，需要构建起与之相匹配的生态产品生产经营制度。核心区、管控区、控制区是生态空间的主体空间，以生态服务业为发展导向，以生态产品为生产经营目标，以生态学为深层逻辑。要建立生态主体空间林产品、畜产品生产经营活动退出机制，以利于全面建立生态保护修复、生态产品生产经营体系，让森林蓄积、草地产量支持生态产品高产高效、支持生态系统服务高质量发展。林草经济区是生态空间的边缘空间，也是生态空间生产经营林产品、畜产品的主阵地，让林木蓄积转化为材积、草地产量转化为畜产品，让林学、草学的创新成果转化为林业牧业高质量发展的重要驱动力。

第五，发展生态友好型经济。人与自然和谐共生的现代化，表现在农业空间、城镇空间、过道空间，也表现在生态空间。这就是生态空间加载生态友好型经济活动，推行"生态+N"可持续发展模式。其中，生态是生态空间及其生物体系、生态资源、生态系统、生态过程、生态服务、生态产品，"N"是以生态为基础加载的旅游、康养、休闲、民宿、科研、自然教育等，生态是本体，"N"是生态衍生品。当生态转化为生态资产、生态资本时，"N"即是社会资本，"生态+N"也是生态资本+社会资本。生态资本是母体、载体，如同是一艘生态航空母舰，社会资本则是生态航空母舰上的航空器、舰载机。生态是友好型经济发展的母体事业，在"生态+N"发展模式中具有决定意义，经济规律与生态规律交织在一起，经济规律服从生态规律。生态的品质、品味、品位，以及自组织性、过程性、地域性、时序性，决定着"N"的发展路径、发展潜力、发展前景。同时，"N"的精致经营也会回馈生态，推动生态资本增值增益，促进绿水青山向金山银山价值转化。以国家公园为主体的自然保护地体系具有非凡实力，要统筹推进生态母体事业与加载经济高质量发展，以生态母体事业高质量奠定加载经济高质量发展的基础，以加载经济高质量发展促进生态母体事业可持续发展。

第六，维护生态产品生产经营秩序。在生态产品生产过程中，生物体系、生态资源、生态系统存在自然与社会双重风险，并由此构成生态空间安全隐患。比如，外来有害生物入侵的风险，失火、纵火、雷击火的风险，盗猎生物资源、生态资源的风险，侵占生态用地的风险等等，一般而言，防患生产经营风险是生产经营者的责任。但是，生态产品生产经营极为不同，正像生态产品具有极强的外部性一样，生态产品生产经营风险也具有极强的外部性，任何一个生产经营者都无法单独应对风险。各级政府分担风险责任，组织生产经营者共同防范风险。生态产品的外部性是正的外部性、是效益外溢，各级政府提供生态效益补偿，相当于集中统一收购了向外溢出的生态产品。生产经营风险的外部性是负的外部性、是成本外泄，各级政府主导生物灾害防控、森林草原防火、生态资源督查服务，负担了外泄的成本。此外，各级政府出资聘用天保护林员、公益护林员、生态护林员，建设天空地一体化监控系统，服务于生态产品生产经营，实现生态产品生产经营内部成本的外部化。

四、生态产品的增长极限

生态生产力是生态永动机转化利用生态空间生态资源的能力。生态产品增长极限，就是永动机的能力极限。生物体系、生态资源、生态空间，从三个方向决定了生态产品的增长极限。

首先，是生物体系的极限性。植物、动物、微生物一体共生在食物链、生物网上，构成了生物体系。生物体系是有机的生态资源，是生态系统服务的实际生产者。生态空间物种丢失，导致生物体系残缺，有机生态资源不足，继而减损生态系统服务功能，它们已经成为生态生产力的主要限制因素。绿色植物是初级生产者，将无机的生态资源转化为有机的生态资源。推进生态保护修复，就是保护修复生物体系，修补食物链、强化生物网，增加有机的生态资源。绿色植物是一体共生食物链、生物网的起点、端口，也是生态保护修复的第一站。适宜于特定生态空间的物种有限，生物多样性、丰富性有限，有机生态资源有限，决定了生态产品增长的极限。

其次，是无机生态资源的极限性。光热水气土是五大无机生态资源要素。当有机生态资源充足时，无机生态资源就成为生态生产力的限制性因素。五大资源要素组合在一起，决定着生态生产力水平。它们有无穷无尽的组合形式，决定了生态产品生产的多样性，不仅在空间上具有不同组合，在时间上也具有不同组合。万物生长靠太阳。光是最重要的生态资源，但不是越多越好。有的空间阳光充足，超过生物体系生产需要，呈现光富余，甚至出现日灼；有的空间光照不足，不能满足生物体系生产需要，出现光短缺，甚至是白化；有的空间，时而富余、时而短缺。在炎热的夏季，当温度过高时，超过了生物体系生产需要，导致生态产品生产线暂时关停；在寒冷的冬季，因温度过低，生态产品生产线关闭休整。春季是全面启动生态产品生产线的季节，当温度升高过早或过迟时，就会导致生态产品生产线提前开启或延迟开启。水的供给也是一样，不同空间差异很大，同一空间不同时节差异很大，有丰水区、枯水区以及丰水期、枯水期，丰水时超量供应，形成洪水、涝灾，枯水时甚至断供，导致径流干枯、旱灾发生。

在空气中，隐含着生物体系生产所需要的物质，特别是二氧化碳具有施肥效应，其浓度直接影响生态产品生产力。二氧化碳总体富足、局部稀少。土壤是经历千万年生物体系运化之物，又是生物体系生产的生根之地、立足之所，土壤养分富足或是短缺对植物生长至关重要。全部的无机生态资源，呈现千姿百态的组合方式，形成了多样化的生态样式——生物体系、生态系统、生态过程、生态服务。在千姿百态的生态资源组合方式中，总有一个是最小限制因子，就如同木桶理论中的那个短板。

第三，是生态空间的有限性。地球表面有限，一个国家的国土空间也是有限的。经济社会发展、人类文明活动，皆在有限的国土空间上展开。种养业、加工制造业、商贸服务、交通运输，第一、二、三产业发展都需要国土空间支撑。不同生物之间的地盘之争，本质就是生存发展空间竞争。在不同产业之间，也存在国土空间竞争。第二、三产业发展挤压第一产业，第一产业发展挤压元产业。城镇空间扩张挤占农业空间，农业空间扩张挤占生态空间，过道空间在三大主体空间中成长。国土空间的稀缺性，决定了每一个空间都需要高效集约利用，实行"亩产论英雄"。在国土空间规划中专门划出自然生态空间，并实行严格的空间管制，无疑是生态自省、生态自觉、生态自信，是文明发展的重大进步。

生态学常识告诉我们，人们首先掏挖和占据了生物体系、生态资源最具优势的生态产品高产区，并将其转化为农业空间、城镇空间、过道空间。曾经最具有优势的生态产品高产区，大约提供了接近一半的生态产品，在目前已基本丧失了生态产品生产能力。留下来的生态空间原本是生态产品低产空间，且经过长期掏挖进一步低产化，现状生态产能约是原始产能——理论极限产能的一半。以此量化分析，生态产品增长的极限就是实现生态空间生产能力再翻一番。

五、生态空间产权制度分析

生态产品由生态用地所生产，而现行法律法规并无生态用地概念。我国生态保护相关的法律法规中，视森林、草原、湿地为农业用地，荒漠为未利用土地。其实，因生产过程、产品结构与功能上不同，生态用地与农业用地的财产权利性质也有很大不同。

农业用地是直接或间接为农业生产所利用的土地，包括以生产经营农产品为主要用途的耕地、园地、草地、库塘、沟渠以及经营管理用地，且在国土空间规划中划入农业空间的土地。生态用地是以生产生态产品、提供生态服务为主要用途的土地，包括森林、草原、湿地、河流、水库、荒漠以及自然保护区、饮用水源保护区、重要水源涵养区、风景名胜区、森林公园、城市绿化用地、生态公益林以及其他需要生态保护的区域，且在国土空间规划中划入生态空间的土地。目前，自然保护地、生态保护红线内土地，已经明确为生态用地。生态公益林地、禁牧草地、自然湿地、自然荒野，以及与农业共享的商品林地、天然牧草地也应划入生态空间，视为生态用地。

农产品生产是自然参与、人工主导的生产过程。从自然天成的生态用地中开垦出农业用地，自然之物已转化为人工之物。在农业用地上，人工建立起高度简化的生态系统，并向生产过程输入了大量物质、能量和信息。生产前人工整理土地、建造圈舍，生产中种植作物、饲养动物，生产后人工收获、加工、包装、贮藏、运输、销售……劳动、资本、科技高度参与了生产全过程。特别是现代农业，为市场而生产，高强度投入，被称为"科技农业""设施农业"，在生产链全过程各环节已设定了清晰的产权边界。

生态产品生产是人工参与、自然主导的生产过程。生态用地是自然造化，利用自然形成的生物体系、生态资源、生态系统、生态过程、生态产品。生态用地千姿百态、生产物种成千上万、生态资源千变万化、生态系统高度复杂、生态产品顺时流动……人类参与了生态产品生产过程，主要是保护修复、维护管理，属于轻度参与、微量参与，对生态产品生产并不形成实质影响。以现有产权理论，难以形成有效的生态产品生产经营产权制度。必须建立健全覆盖生物体系、生态资源、生态系统、生态产品生产全过程的生态空间产权体系。

生态空间产权不仅包括地面权、地上权，还包含地空权。一般具有四项权利：（1）生态用地产权。生态空间土地为生态用地，应按自然保护地（核心区）、生态保护红线（管控区）、控制区、共享区分别设置权利结构。（2）生物体系产权。植物、动物、微生物一体共生，构成生态系统食物链、生物网，生物体系完整性是生态生产力的重要基础。生物体系如同是生态生产设备体系，一草一木、一鸟一兽皆是生产者。要以促进生物体系完整性为目标，设置生物体系权利结构。（3）生态资源产权。光热水气土等生态资源是生物体系进行生态生产的必备原料，决定着生态产品生产力。生态资源从属生态空间，生态资源产权是生态空间产权体系的重要组成部分。（4）生态产品产权。生态空间的生态碳汇、四季美景、负氧离子、植物精气、动物精灵等，以及生态空间之载碳、载水、载能、载信能力，皆是生态空间权利。各级政府提供的生态效益补偿，本质上是为生态系统服务支付的服务费。全民所有的生态空间为全民提供了生态系统服务，不需要支付服务费，只需要支付生态空间管理、生态系统维护费用。

阅读链接6 　*解放和发展元生产力*

曾经，有人将生产力定义为人类征服和改造自然的能力。如今，越来越多的人更精准地认识到，生产力是在生态生产力基础上人类创造新财富的能力。

地球上原本没有社会生产力，只有生态生产力。地球生物圈之所以天荒地老，就是生态生产力驰而不息的结果。人类的出现，原本就是生态生产力循环演进的结果。无论社会生产力如何腾达辉煌，永远脱离不开生态生产力底垫支撑。从这个意义上说，生态生产力就是初始生产力、元生产力。

生态生产力的生产者是生物及生物体系，其生产要素是自然要素，包括阳光、空气、水、土壤、矿物等，生态生产力所生产出的财富是生态产品和功能，包括自然景观、生态康养以及调节气候、涵养水源、保持水土、防风固沙、固碳释氧、蓄滞洪水、消纳排泄、维护生物多样性。生产者——生物及生物体系，利用自然要素生产生态产品的能力，即是生态生产力或是自然生产力。如今，生态空间最根本的价值就在于具有生态生产力，能够提供支持生命系统健康运行的生态产品和生态服务，为社会生产力发展提供支撑。

人类和人类文明诞生于地球生态系统之中，并以生态系统为发展根基。人类文明之前的地球生物圈，多姿多彩、丰实盈润。然而，人类文明迈出新进程，那些适宜种养业的生态空间逐步转化为农业空间，具有经济效率优势的生态空间永久转化为城镇空间。几经转化，几经苍茫，有幸留存下来的生态空间也遭遇过度索取、绞杀压制，部分已被掏空、干瘪，生物体系崩溃，生态系统失序，自然再生产难以为继，自然要素光阴虚度，生态生产力一落千丈，掉在了"地板上"。如果生态生产力彻底瓦解，人类文明将轰然坍塌。

近200年来，人类社会生产力飞速发展，先后爆发了科技革命、生物革命、食物革命、能源革命、材料革命、信息革命等革命，人类大规模开挖矿藏物质、化石能源等自然资源。在工业化进程前期，城市剥夺乡村，城镇挤压生态，导致生态环境严重超载，以致人们无法辨认大自然的真实模样。进入后工业化时代，城镇空间、农业空间的生产效率大幅跃升，并逐步替代了生态空间向人类提供食材药材、木材薪材的功能。由此，生态空间获得了休养生息、恢复元气的机会，这是浩劫之后的新生、不幸中的万幸。

人类已经占用了足够的城镇空间和农业空间，必须终结占用生态空间的进程。生态再生产是自然再生产，受制于自然规则，必须保有足够的空间规模。现存的生态空间，已经是生态安全底线，决不能再减少。在保障生态空间总量不减少的同时，要不断解放和发展生态生产力，推动生物及生物体系与自然要素耦合匹配，释放潜在的生态生产力，并逐步达到生态峰值。我们的使命——生态空间治理，就是保护、修复、重建生物体系，促进自然再生产，发挥生态系统功能，提升生态生产力，增加生态产品和生态服务供给。坚持人与自然和谐共生，就是要使社会生产力与生态生产力相适应，人类生态足迹与自然生态承载相匹配。生态生产力=生态生产总值（GEP）/生态空间面积，社会生产力=国内生产总值（GDP）/城乡空间面积。人与自然和谐共生，具体体现在生态生产力与社会生产力和谐发展上，这是人类文明可持续发展的必由之路、必然选择。

生态空间是野性空间，也是城镇之外的第三空间。人们要在关注城镇空间、农业空间高质量发展的同时，平衡地、友善地关注第三空间，关注生态空间的野性力量和健康状况。在推动城镇空间高质量发展、高效能治理的同时，兼顾生态空间的发展与治理。三大空间道不同、理相通。提升生态空间生产力，促进生态空间颜值达峰、生态达峰，必将为野生动植物带来生态福利，也为人类带来生态福祉，为人类创造高品质生活，为人类文明可持续发展带来无限光明。

林业发展阶段论

在进入人与森林和谐共生新时代之际，有必要深入分析研究林业发展的代际变化。

一、森林化林业

在人类初始之时，人在森林里生息繁衍，所需资源由森林提供。在遮天蔽日、浩渺深邃的原始森林里，人们熟练地采集植物，娴熟地猎取动物。人类与森林进行默契的合作与顽强的搏击，并从中获得自身生存与发展所需的动植物产品。如果用一个字概括第一代林业的特征，这个字一定是"食"字。人类初始的经济活动，一定是发源于森林中的经济活动，包括林下经济、林上经济。人类初始的发明创造，无疑是在森林中生存、在森林中学习的智慧结晶。这个时代，人类发展的重心在森林。但这一时期，由于生产力低下，对森林破坏微不足道。在祖先的心中，森林如大海，浩瀚无比、凶险无比，但森林资源取之不尽、用之不竭。在这个时代，人类只是大森林的一小部分，灵魂深处敬畏森林，对猛兽怀有恐惧心理。

二、产业化林业

人们从采集植物、狩猎动物的过程中，渐渐地学习栽培作物、驯养动物，并逐渐实现了栽培与饲养的常态化，这个就是农业化过程。经济活动的重心转向农业空间，围绕着作物种植地和动物饲养地定居下来。这个时代，虽然人们继续向森林索取动植物产品，但毕竟栽培替代采集、饲养替代狩猎，农业担当起向人们提供动植物产品的主要角色，森林负担减少。农业化促进了知识和技能加速增长，导致人口规模显著扩大，引发对木材、薪材等森林资源需要的迅速膨胀。由此，以木材、薪材为主的林业兴盛起来。有人做木材、薪材生意，有人贩卖山货特产。无论如何，人类都举起了斧头和锯子，砍向树木，砍向森林，迫使森林从平原向山区退却，从低山向高山退却，从浅山向深山退却。斧头和锯子让郁郁葱葱的森林蜕变为荒山秃岭，由此导致森林赤字。如果也用一个字概括第二代林业的基本特征，这个字一定是"材"字，木材、薪材、食材、药材。在第二代林业时期，林业工作者、林学家与经济学家思考最多的问题是如何增加森林的木材、薪材、食材、药材产出量，采伐是这一时期林业工作者的拿手好戏。在上千年的刀耕火种、毁林造地、伐木取材浪潮中，那些河流中下游、靠近平坦区域的森林消失殆尽，以至于不少人以为这些地方从来就是农田。于是乎，在不少人思想深处，森林与山林成了同义语。随着森林退却，豺狼虎豹也向深山老林退却，几乎到了无处藏身的地步。

三、生态化林业

大约在250年前，人类开启了工业化进程。从工业化先行国家的经验观察，在工业化初始阶段，森林产品需求增加，森林资源压力增大，森林面积呈现出加速减少的趋势。加之，工业迅猛扩张，污染排放增加，出现土壤污染、水体污染、大气污染，水土流失、荒漠化等一系列严重的生态环境问题，需要增加森林面积以修补生态环境窟窿。当工业化进入中后期阶段，科学技术突飞猛进，材料工业和能源工业迅速升级，出现工业产品替代森林产品的大趋势，劳动力向工业转移，人口向城镇迁徙，经济社会发展的重心转向城镇。由此，森林如释重负，从而开启了休养生息之门。工业化所创造的巨大财富以及知识爆炸所创造的高科技，使得国家有能力启动恢复与重建森林的进程。

恢复与重建森林的目的不是获取森林动植物产品，不是为了获取森林中的木材、薪材，而是追求森林所具有的涵养水源、水土保持、防风固沙、净化空气、调节气候以及保持生物多样性等生态价值。由此，森林地盘扩张，绿色面积扩张，实现森林赤字向森林盈余跨越。突出生态价值发展林业，就是第三代林业。第三代林业时期，林业工作者、林学家与生态学家联手，优先考虑的问题是如何发挥森林生态功能，增加森林生态产出。营林造林，包括飞机播种、植树造林、封山育林，是这一时期林业工作重点。如果用一个字概括第三代林业的基本特征，这个字一定是"绿"字，不断掀起植绿行动，植树造林，绿化祖国。中国林业正在做的事情，基本着眼点是发挥森林生态主体功能，加快改善生态环境；基本任务是扩大森林覆盖率，提高森林蓄积量。实施天然林保护工程、退耕还林工程、重点防护林建设工程、京津风沙源治理工程、野生动植物保护和自然保护区建设工程、重点地区速生丰产用材林基地建设工程，都是强力推进第三代林业发展的集中体现。

四、景观化林业

人类文明发展从森林出发，走向田园，走向城镇，走向辉煌。但人毕竟在根本上带有自然属性，人类文明最终将呈现出城市—乡村融合，城市—乡村—森林融合的大趋势。人与森林和谐共生将是人类文明发展的高级阶段。森林走进城市，人群走进森林，人与森林双向走进，相互拥抱，必将开辟人与森林关系的新境界。人们从水泥森林走进绿色森林，欣赏美景、避暑纳凉、探幽览胜，尽情享受林海之美，在与大森林融合中舒缓心情、净化心灵、强健体魄。人们惊喜地发现，森林是构思精妙的天然美术馆、天然体育馆和天然博物馆。豺狼虎豹不再是人们恐惧的对象，而是人们不惜花钱识得庐山真面目的好朋友。其实，在农业时代的中国，人们就有学习构筑和消费园林家园、园林城镇的文化习惯。富裕人家，尤其是豪门大户，其居所多是园林式宅院，在享受财富之利的同时享受自然之美。推而广之，21世纪的知识社会，富裕起来的人们聚集在城镇，共享财富带来的便利，乐意走向自然，走向绿色。发展森林，让森林美景遍布城乡，必然成为21世纪美学发展的新潮流。另一方面看，恢复与重建森林，森林覆盖率和森林蓄积量提升到一定高度，以及城市化达到一定高度，生态需要得到基本满足，人类爱上了森林，羡慕田野生活，开始追求森林的美学价值。到乡村去，到森林去，成为高品位生活的一部分，从而加快了提升林业景观功能的步伐。至此，森林带来的精神利益占据上风。发展森林景观，经营森林景观，这是21世纪林业发展进入新阶段的重要标志。这就是生态美、生活美驱动下的景观化林业，即第四代林业。如果用一个字概括第四代林业的基本特征，这个字一定是"美"字。

森林是陆地生态系统的主体，森林美是生态美、生活美的主体，也将成为21世纪推进森林可持续经营的基本主题。由植绿到植美，富而美，绿而美。美字当头，美化城市，美化乡村，美化祖国。第四代林业时期，林业工作者、林学家与美学家谈心，嘴边说得最多的问题将是如何使森林变得更美丽，如何增加森林的美学价值。林学与美学实现了完美结合，森林美学、森林艺术将成为受人喜爱的交叉学科、新兴学科。中国的国有森林经营由木材经营转向生态经营，进而再度转向森林美经营；国有林场将会整体转化为国家森林公园，进而晋级为服务大众的公营事业机构。更多的居民将工作生活在森林城市、园林社区，处处都将上演人与自然和谐共生的交响乐。

不同时代的林业具有不同的时代背景和时代内涵。21世纪将是林业工作者与林学家、经济学家、生态学家、美学家齐聚一堂的新时代。今天，恢复与重建森林，发展第三代林业即生态化林业，面临着提高森林覆盖率和提高森林蓄积量的双重任务；未来，培育和经营森林，发展第四代林业即景观化林业，面临着优化森林景观结构和提升森林可观赏性的双重任务。在第一代林业基础上发展出第二代林业，在第二代林业的基础上发展出了第三代林业，第三代林业必然孕育发展出第四代林业。由第一代林业上升到第四代林业，这是林业求发展、上台阶，不断迈向新阶段的历史规律。完成好第三代林业的双重任务，一定要为将来第四代林业的双重任务打下坚实基础。森林的构建和更新周期比较长，从现在起就要着眼未来发展景观化林业，统筹规划，不但要按照生态学要求多栽树，而且要按照美学要求栽好树。人无远虑必有近忧，林业工作者要尽快请美学家登堂入室，壮大森林美学家、森林艺术家队伍，提早做好发展景观林业的思想准备、理论准备、组织准备、人才准备和政策准备。

阅读链接7　盛世兴林兴生态

盛世兴林，泽被后世，功在当代，利在千秋。生态文明建设与中华民族永续发展息息相关，与构建人类命运共同体休戚与共。当盛世来临时，人们立足当下，顾及长远，付出更多的财力物力投资自然，投资生态。

所有的投入，其目的只有一个，就是获得投入带来的利益。政府的投入是公众之钱，投入的目的是获得公共产品，主要是要取得生态效益和社会效益。私人的投入，目的完全不同，主要是要获得私人产品，取得直接的经济效益。政府与私人的投入用于不同方向，采取不同方式，这是经济机制高效运作、社会机制高效运作的需要，也是人类社会自古以来天经地义的事情。林业投入属于哪一类，由谁来投资？大家习惯说林业是公益事业和基础产业。我以为，这个说法过于笼统，混淆了大林业内部不同部分在性质上的巨大差别。在大林业之中，有些具有公益事业性质，有些则具有产业性质，两者不能混淆。要把这个问题说清楚，还必须将林业进一步细分。新时代的林业是大林业，是三元林业。所谓三元林业，即生态化林业、景观化林业、产业化林业，这三部分合在一起，即是大林业。

产业化林业，也是小林业。小林业提供的产品是传统林产品，比如苹果、葡萄、柿子、油茶等，这些产出多是食品，所以是基础产业的重要组成部分。小林业虽然也具有生态效益和社会效益，但主要目的是取得经济效益。这些林产品，带有私人性质，具有排他性，一旦甲消费了，这种林产品就会随之减少，必然导致乙不能消费。这种林产品，产权明晰、边界清楚，是完全可以进行市场交换的私人产品，实行"谁投资、谁所有、谁受益"的政策。考虑到小林业的基础性，应当采取适当扶持的政策。

生态化林业是提供生态产品和生态服务的林业。生态产品和生态服务是公共产品，在消费时不具有排他性，甲的消费并不排斥乙的消费，也不会导致生态服务减少。风、沙、水、土、碳、氧等具有流动性，每一个消费者所消费的量难以精确计算，或者说计算成本过高，难以具体实施，事实上也没有人为享受生态服务买单。自然保护地的工作、国有林场的工作，几乎全部是提供生态产品和生态服务的工作。

景观化林业是森林提供的景观服务。这种用于观赏的景观服务，主要为当地居民的消费服务。所谓"身边增绿、身边造景，见缝插绿、处处造景"，所谓"河流绿化、道路绿化以及社区绿化"，都可增加当地居民的幸福感，改善区位发展条件，提高知名度，提升美誉度。由于消费者和消费数量难以计量，景观服务只能界定为地方公共产品，由地方政府买单。

当下，感觉比较困难的是实行产权制度改革之后的分林到户的集体林产权，每家每户的权利义务边界需要科学界定，否则，难以实现权利义务均衡、权利义务对等。只有义务没有权利的产权结构是不稳定的结构。农民守着林子却得不到相应利益，这应当引起高度重视，亟待深入研究并切实予以解决，这是事关林业长远发展的大事情。

　　盛世兴林，不只是一个"兴"，更是三个"兴"。中央政府、地方政府和企业个人要一起增加林业投入。中央政府、地方政府林业投入遵循一般公共产品投入的原则，企业个人林业投入则遵循一般市场法则。中华民族迎来了伟大复兴的盛世，这是兴林治山千载难逢的好时机。要抓住机遇，乘势而上，加快恢复与重建森林，加快恢复与重建生态，为中华民族长远发展、科学发展、和谐发展、永续发展奠定坚实的生态基础。

树经济学

从经济学分析，树是一种产品，一种中间产品。人们将树（无论是幼树、成树，还是古树）作为生产对象和交易对象，从而形成了树的经济链条、产业链条。

人们生产和交易树，并不是终极目的，在形形色色的树生产和树交易的背后，人们所追求的是树生产的三大产品，即树产品、树生态、树景观。

树的产品生产。树生命代谢过程生产出物质产品，形成了经济财富，直接满足了人们的物质消费需要。森林是人类老家，森林养育了人，说到底是树养育了人。人类很早就发现了树的经济价值，首先是树木的果实、叶子、花卉以及液汁的食用药用价值；其次是树的柔软枝条，用以编织生活用具；再次是树的干、枝甚至是根，用以构筑支撑物。树体全部构件是生物质能源，皆是人们生产生活用能的重要来源。人类早期的经济活动就是以树为基础，开发利用树产品的经济活动。

树的生态生产。树是森林的微观基础，也是陆地生态系统的微观基础，树生命代谢过程生产出生态产品，形成生态财富，满足了人们的生态消费需要。树叶是最前卫的生态战士、光合作用最主要的阵地。树叶将太阳能转化为生物能，由此推动树的生长发育过程。这个过程是吸收二氧化碳，蒸腾水分的过程；也是吸碳放氧、净化空气的过程。树的枝叶的集合便是树冠，用来调节气候，防止风沙侵袭。在炎炎夏季，无论城乡，树冠之下的树荫也是树所提供的生态服务。树的干枝支撑着树冠，并向树冠顶部输送水分养料。树的根部也是树的根基，支撑着树的地上部分。树根从土壤提取水分养料，通过树的干枝输送至树的顶部。树高千丈，其功在根。树冠接收天然降水后，由叶子、叶柄、枝条、茎秆，渐次下行至根部，进而渗入土壤，防止水土流失。大地有了树，才避免了赤身裸体，免受风吹雨打，才形成生物多样性和多彩的世界。在生态文明建设中，林业生态建设独树一帜，它是以树木为基础，增加生态生产能力。也就是说，树是生态的纯生产者、净贡献者，这与资源节约、节能减排以及减量化生产与消费有本质不同。

树的景观生产。树是充满生机、富于变化的生命体，这种变化也是树生产的一种景观产品、景观财富，它满足了人们的审美体验需要。树的基本色调是绿色。人们喜欢绿色，因为绿色是和谐色，代表着生机与活力，代表着积极向上的力量。树的花、叶、枝、干呈现不同色彩。随着树的年龄变化、四季变化、地理变化，太阳光照射角度和强弱变化，以及风力风速、降水降雪等变化，树的颜色、姿态发生流变，此谓树之色彩美和流变美。树根、树干、树枝、树梢、树叶、树冠以及树林，或伟岸挺拔、高耸云端，或屈曲虬枝、婀娜多姿，或亭亭玉立、小鸟依人。由此，构建出各种美丽的姿态，此谓树之线条美。"横看成岭侧成峰，远近高低各不同。"树是生长地环境的一部分，树与山、水等地理环境融合统一，此谓树之和谐美。古树名木承载历史文化、人文故事、风俗传承，此谓树之人文美。以树为基础，构建出色彩斑斓、姿态万千、风情万种的美丽世界。

树产品、树生态、树景观，是树生产的三大产品。林业经济是以树的三大产品生产为基础的经济，即由树的三大产品的生产、分配与消费所形成的经济。无论是树产品还是树生态，抑或是树景观，无不以树的生产为起点。从这个意义上说，林业经济就是以树为基础的经济，也可以简单称之为"树经济"。

农业生产是自然再生产与经济再生产交织在一起的活动。一个人本事再大，似乎也不可能让苹果树一年结两次，让小麦一年收获两回，让牛一年生两胎。生产者可以选择苹果、小麦、牛的品种，也可以为生产过程创造更加适宜的条件，但无法改变一年四季的气候变化和生物学基本特性。这些特性是生物在长期进化过程中形成的，自有其内在遗传规律，决定于基因携带的密码。

树的生产，也是自然再生产与经济再生产交织在一起的活动。一方面，树木固有的生命规律在起作用，生根发芽，开花结果，自有其特定遗传规律和密码控制；另一方面，树木的生产经营者，可以选择树木品种并创造更加适宜的生产条件，比如播种、施肥、用药、灌溉、除草、移植等，进而获取预期回报。前半部分是自然再生产，可以将其称之为"自然的树的生产"；后半部分是经济再生产，也可以称其为"人工的树的生产"。为了叙述简便，前者称为"树生产"，后者称为"生产树"。树生产是树自然生长发育的过程，是天之功；生产树则是以树生产为基础的经济过程，是人之功。天之功可以独立于人之功而存在，而人之功不能脱离天之功而存在，两者合力，能够使树的生产更具经济效率。

树可以分为自然的树和人工的树。所谓自然的树，多在荒野之地，在自然力的作用下，自然落子、生根发芽、生长发育、生老病死、生死轮回，是自然生态群落演化。在这个演化过程中，没有人力参与，是自然作用的结果。所谓人工的树，就是人们按照自身需要，向树施加人工影响或者影响树的落子环境、营养环境、物种环境等，促使树朝着人们所需要的方向发展。在这个发展过程中，人工起到重要作用，是人工育林的结果。由于人们对病虫、火情的控制能力越来越强，几乎所有的树都受到了人工作用影响。如果说有所不同，就是影响力的强度和深度有所不同。影响力最大的是人工林，其次是次生林，再次是原始林。人工育林的需求力度越来越大，向树施加的影响越来越强。即自然的树越来越少，人工的树越来越多，这正是人工育林的结果。从这个意义上说，树是自然物，也是浸润人类智慧的社会物。

树木生产与农作物生产有很多相似之处，只不过农作物生产是一年生草本作物的生产，树木生产是多年生木本植物的生产。农作物的经济周期较短，一个经济周期只有几个月时间，即跨年度生产，其生产时间也只有几个月。树木的经济周期较长，时间短的十几年，长的数十年。尤其是树的生态生产和树的景观生产，所经历的经济周期更长。

人工和土地是树木生产最主要的成本，也是人工的树价格最主要的组成部分。人工和土地都具有稀缺性，随着经济社会发展，产业结构快速升级，人工和土地成本上升不可逆转。由此，必然推动人工的树价格持续上涨，这意味着我们不得不为同样数量的树支付更多的金钱，也意味着树的形成成本在上升，树的重置成本在增加。为此，我们要做好理论与政策准备。

树的三大生产，在经济学上存在竞合关系。这是树种特点决定的，也是人们长期选择的结果。物竞天择，物尽其用。如果将树的三大生产各表示为一个圆，即代表产品生产的产品圆、代表生态生产的生态圆、代表景观生产的景观圆。再将这三个圆放在一起观察，其中交叉重叠的部分是三大生产"合"的领域，之外的部分是"竞"的领域。木材生产是一个例外，木材生产与生态生产、景观生产存在矛盾冲突。一旦索得木材，树的生命即告完结，生态生产与景观生产失去载体，随之消失。

树的三大生产，也是树的三大服务。树的三大服务具有不同的制度含义。（1）树的产品生产，也向外部输出生态和景观正能量，但其生产的主产品在使用上具有排他性，一个人的消费将排除另一个人的消费，加之树产品计量比较容易，故产权边界和交易权利清楚，其生产和交易适应于一般市场规则。所以，树的产品生产适宜于由私人主导生产经营，政府予以相应的扶助。（2）树的生态生产，其生态产品生产是一个连续不断的生命活动过程，而且树生态计量成本高，产权边界难以厘清，市场交易结构复杂，导致市场失灵、竞争缺失。

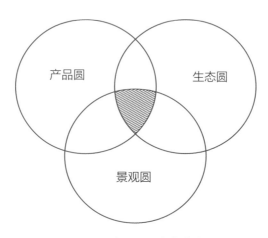

图3-1　树的三大生产关系

因此，树生态常作为公共产品生产，由树的所有者抑或是经营者组织生产，生产者从中获得一定数量的树产品收入，但树生态生产必须由政府买单。因市场失灵，如果政府缺位，树的生态产品生产必将陷于停顿甚至倒退，以致损毁。（3）树的景观生产，其情形还要略微复杂一些。村镇周边、道路两旁、河流两岸是公共走廊，所栽植的树形成了景观林带，也是景观走廊，在消费上不具有排他性，人们尽情获取审美体验，但不会使美景减少，因人群流动性较大，故受益人群难以确定，其景观生产也具有公共产品属性，享受美景的人们也就不需付费。由于景观走廊能够提升地方美誉度，增加地方无形资产，所以由地方组织生产比较适宜。以树景观为基础形成的游览区，比如依托树景观构建的森林公园，表现出一种中间情形，虽然一个人的观赏并不妨碍另一个人的观赏，但排他是有可能的，或者是出于控制树景观区域消费者数量的需要，可以向进入景区的消费者收取一定数量的费用，以部分抵偿基础维修和经营成本。这可以是公营机构主导的树景观生产，也可以是由私营机构主导的树景观生产。无论哪种树景观生产，政府都应当予以与树生态生产相应的扶助。

每一棵树都具有产品生产、生态生产和景观生产的能力，但要作为可交换物，真正实现其经济价值，则需要一定规模。（1）由私人主导的产品生产，不仅对树的数量有一定要求，且需要安排在相对集中连片、水肥条件好的平整土地、缓坡地上，以利于突出树的经济规模与树的标准化。（2）由政府主导的生态生产，也要求树数量、树规模，但更注重因地制宜，突出多样性，形成良好的生态系统性。山坡地、边远山区、生态脆弱区是栽植生态树的主阵地。树的所有者提供了生态产品，但政府要为此买单。（3）由地方主导的景观生产，对树的数量和规模要求不严格，孤植、列植、丛植、群植皆可，但要求树种搭配、色彩丰富、线条优美，随着人们视线和四季变化而姿态万千。景观树多配置在人群集中、人流密集区域的边角地，如城乡居民点周边、道路两旁、渠道河流两岸和风景名胜游览视距区。

正确认识和把握树需求，是美丽中国建设面临的新课题。新时代从根本上改变了原有的工农关系、城乡关系，从以农业为主的经济转向以工业为主的经济，以乡村为主的社会转向以城市为主的社会。这两个转变过程是不断替代树生产的过程，也是产生新的树需求的过程。

新时代树生产的三大替代：（1）电力、煤炭、石油、天然气等非生物质能源进入城镇居民消费领域，大举替代了薪柴需求。在农村，柴灶改造，沼气入户，年轻一代农民习惯了使用新能源，有效替代了树生产的薪材。（2）钢材、水泥、塑料、塑胶、玻璃、化纤等非木材材料，既便宜又轻巧，大举进入城乡建设与居民消费领域，极大地替代了树生产的木材。（3）被束缚在土地上的农民逐步得以解放，先是乡镇企业，后是沿海三资企业，再然后是全域民营企业，迅速崛起的制造业、服务业成为就业主渠道，替代了树产业就业。

新时代树生产的三大需求：（1）城镇格局新变化派生的新需求。农村人口向城镇集中，崛起的大片新城区、社区、居民区，需要树的生产提供生态支撑、景观支撑。不断开通连接城镇、村组的交通干线，织密城镇交通网络，需要栽植行道树以构建生态走廊、景观走廊，需要树的生态生产、景观生产支撑。（2）非生物质能源和非木材材料的大量使用，虽然替代了树生产薪材、木材等产品需要，却派生出了新的树生态生产需要。工业化、城镇化向大气释放了二氧化碳及灰尘，需要树的生态生产予以吸储，需要恢复与重建森林，重现天蓝、地绿、水清的优美生态。（3）工业化、城镇化导致居民收入持续增加，推动食物消费结构升级换代，在吃饱的基础上要吃好，吃出健康，对树的产品生产提出了新要求，特别是对水果、干果生产提出了更高要求。

新时代树经济的三大机遇：（1）水利化、机械化以及种子革命、生物科技革命引发了农业绿色革命。使用化肥、农药、薄膜、大棚、机械，农田基础设施和公共服务大幅度改善，生产效率空前提升，使得耕地需要减少，为退耕还林、增加树生态生产创造了机遇。（2）林木科技突飞猛进，不仅人挪活，树与人一样也能异地安家、异地发展，这已经成为显著的时代特征。林木科技革命奠定了中国恢复与重建森林的技术基础。（3）践行绿水青山就是金山银山理论，俗语说："一绿遮百丑"，各级政府将树木摆在重要位置，形成栽树的竞赛体制，建设美丽中国将创造大力兴林的发展新机遇。

在中间产品生产阶段结束之后，即进入经营性树生产阶段，也就是在建园、造林阶段结束后，进入园艺生产经营阶段。也有一些组织专门经营大树，将大树从乡村或者林场买来，然后卖给园林单位和城镇小区。在买与卖之间，有时短暂假植生产。树的寿命比较长，经济周期也就比较长。在这个周期中，建园、造林阶段比较短，园艺生产经营阶段比较长。尽管每棵树、每座园林都能提供产品生产、生态生产和景观生产，但按照其提供的生产品类型，可细分为以林产品生产为主的产业林，以生态服务为主的生态林和以景观服务为主的景观林，并据此分门别类深化研究。

以林产品生产为主的树，集中连片形成了产业林。产业林生产经营的基本方向是追求经济效益最大化。比如，苹果园、梨园、枣园等，通过科学的生产经营活动，取得一定数量和质量的产品，并在市场交换中获得最大经济效益。发展生态果园，生产生态产品，也是谋求增加产品的交换价值，提升市场竞争力。在产品生产过程中，附带有景观生产，可以将产品生产与景观生产相结合，实行复合经营，组织生产与观光农（林）场，以谋求经济利益最大化。小规模的以产品生产为主的产业林适宜于家庭经营，大规模的以产品生产为主的产业林适宜于企业化经营。真正有意义的树经济学应研究每一产业园的生产周期，以及最优投入与产出之比等经济问题。

以生态服务为主的树，集中连片形成了生态林。生态林生产经营的基本方向是追求生态效益最大化。比如，水土保持林、水源涵养林、防风固沙林、固碳制氧林等，通过科学的生产经营活动，增加生态系统稳定性和生态生产能力，使其更富有生态效益。生态生产是公共产品生产，难以通过市场交换获得报偿，需要公共财政支付费用，加之计量困难，以生态生产为主的生态林适宜于公营机构经营。可以大体根据林区生态林面积，核定编制与收支。在生态生产过程中，附带有产品生产和景观生产，可以将三者结合，实行复合经营。国有林业局同时营建森林公园就是生态生产结合景观生产的复合经营，国有林业局下分设家庭林场，就是生态生产结合产品生产的复合经营。树经济学应当研究树生态生产投入与产出之比以及复合经营配比。当下，比较困难的是实行分林到户后，其中相当一部分是以生态生产为主的生态林，农户得到了生产经营权，却得不到与生态生产相对等的收益。长此以往，集体林权改革成果将大打折扣。必须尽快寻求解决这一现实问题的政策举措。推动林权流转，组建合作林场可能是破解难题、获得突破的一个努力方向。

以景观服务为主的树，集中连片形成了景观林。景观林生产经营的基本方向是追求最美的景观效果，也就是景观效果最大化。景观林生产经营分为两种情况，一种情况是在人流密集、人群集中的公共过道所营建的景观林，景观的消费者多，而景观生产者得不到相应回报，由公营机构组织生产经营活动是一种现实选择。在公营机构下，实行定额包干,承包经营。另一种情况是由私人投资营建的观光庄园、观光农场,抑或是森林人家。景观消费者与景观生产者通过市场交换,计量结算,平衡收支。

树的三大生产派生出树的三大经济以及树的三大经济学,即树的产业经济学、树的生态经济学、树的景观经济学。树的经济学应当分门别类,沿着三大路径向前演进。

树的产业经济学,即研究由树产品的生产、分配和消费所形成的经济学。树产品的产权边界比较清楚,生产者与消费者也是确定的、具体的,市场交易是树产品的基本分配方式,价格机制在其中发挥核心作用。树产品交易过程中,生产者与消费者讨价还价,市场机制运作良好,无形之手效率显著。价格水平由市场决定,供求平衡最终也由市场决定。在信息对称的情况下,树产品的生产经营水平决定着盈利水平。其实,农作物生产是一年生草本作物的经济活动,树产品生产是多年生木本植物的经济活动。与农作物经济相比,树产品生产除周期比较长、投资密度比较小,还需要更多时间成本。其大部分经济原理与种植业基本相同,值得强调的是,不同树种的生物特性各具特色,由于在经济表现上各有千秋,有必要分树种进行林学研究,也有必要分树种开展经济学研究,形成树种经济学,比如,苹果树经济学、核桃树经济学、桑树经济学、茶树经济学等。对比发现,树种经济研究落后于树种技术研究,例如,关于银杏树的技术研究论文比较多,而银杏树的经济研究却不够多。树的产业经济研究已经成为树产业发展的一个薄弱环节。

树的生态经济学,即研究树生态的生产、分配与消费所形成的经济学。树产品是财富,树生态也是财富,即生态财富,也称之为"绿色财富"。树生态财富是由多年生木本植物的生产活动创造的财富,其生产者是清楚的。具体来说,就是各类由政府划定的生态林经营者,包括国有林区的国有林场,集体林区承包到户的家庭林场。但与树产品不同的是,树生态财富的消费具有不确定性,无法确定具体的消费者,也很难计算生态财富的消费量，难以形成有效的交易合约，使得市场交易无法进行。加之，树生态财富涉及基本人权保障，因此树生态实行零付费消费。问题在于，树生态可以零付费消费，却不可能零成本生产。如何实现可持续生产、扩大再生产？

其实，市场失灵之际，正是政府显灵之机。这时，政府这只有形之手填补了无形之手的空缺。政府充当了集团购买者角色，向全体国民购买了树生态，成为生产者与消费者的中介。只不过，政府作为集团购买者具有超级垄断者地位，决定着购买价格，生产者讨价还价的权利缺乏机制保障。从经济学角度分析，公平的解决办法是科学核定生产成本，以生产成本为依据决定购买价格。也就是说，树生态生产成本是树生态经济学研究的中心议题之一。政府也具有选择性偏好，现阶段比较重视增加新的树生态生产面积，以加快形成新的树生态生产能力，而对已有树生态生产能力的挖潜改造重视不够。对集体生态林生产出价偏低，以及支付不到位的问题比较突出。从经济学角度观察生态，首先要区分生态生产者与生态消费者，并建立起生产、分配与消费的机制。这种机制是市场多一点还是政府多一点，那得看人们的知识水准和社会技术。生态生产与消费规律尤其特殊，一般经济学知识不大适宜于生态经济。以树生态生产为基础的树生态经济学研究，目前尚处在初始阶段，若干关键问题的研究亟待深入、亟待突破。

树的景观经济学，即研究由树景观的生产、分配和消费所形成的经济学。树景观由多年生木本植物生产。一年生草本植物也具有景观生产能力，与树景观生产具有相似性，但更多的是空间与地域差别以及经营管理方式的差异。树的景观生产分为人群集中、人流密集的开放区域的景观生产和特定封闭区域的景观生产。开放区域树景观生产关系居民满意率、地方美誉度以及地域名声，各地政府比较重视公路沿线、河流两岸景观走廊和城镇边角地园林景观建设。开放区域的树景观生产，其经济学范式与树生态经济相似，消费者零付费消费，政府购买了树景观生产，充当了生产者与消费者的中介。封闭区域的树景观生产，比如森林公园、植物园等，因管控消费者进入成为可能，收费就成为现实选择，进入景区的门票就是树景观的价格。确定合理的门票价格是树景观经济学研究的重要内容之一。其涉及领域更为宽泛，需要全面研究树景观的生产、分配与消费规律。

生产中间产品的树产业。任何树都有生根发芽，由小到大的过程，这个过程的经济活动就是生产树，也是树产业。生产树，从树种的采集、处理到种子落地、生根发芽、苗圃培育、大田培育，再到起苗、运输、栽植，以及定植后的生产经营管理，无论面积大小，最终要落实到每一棵树上。这是一个以树生命活动为基础的经济过程。各类种子苗木基地就像是一个又一个的树工厂，分别处在生产树的不同环节，制造着不同规格、不同龄级的树。有的组织或个人不从事树的生产，却从事树的经营、树的运输，成为树生产链、产业链的一个组成部分。树的种子、苗木、运输以及土地、人力、技术的成本与价格等，都是树的重要经济要素，构成了树生产经济分析的重要内容。

现实生活中，面对复杂多变的树现象，不少人百思不得其解，原因在于缺少经济学研究的支撑。树木时代是生产树的产业迅速扩张的时代。中国是树业大国强国，在树经济学上理应走在世界前列，引领世界潮流。

阅读链接8 树木新时代

2000多年前，管子曾提出了树谷、树木、树人的概念，并指出了三者之间的关系。《管子·权修》曰："一年之计，莫如树谷；十年之计，莫如树木；终身之计，莫如树人。一树一获者，谷也；一树十获者，木也；一树百获者，人也。"这里所说的"谷"，即谷物，是草本植物，一年生农作物的总称，"木"即多年生木本植物的总称。这里的"树"，其意是种植、栽培、树立、建立，比如树碑立传，颇有建树等。从此以后，"十年树木，百年树人"成为富有深刻哲理的成语。赋予树以栽植、培育、建立之意，足见古人心目中树的地位。

而事实上，树木没能敌得过伐木，这不能不说是一件非常令人遗憾的事情。由于人口持续增长，"民以食为天"，添丁添口添粮食，毁林开荒造良田；"生米做成熟饭"需要薪炭，需要砍树取薪；"居者有其屋"，需要造房子，需要木材，需要砍树取材。2000多年来，一波又一波的人口浪潮，导致一波又一波的伐木浪潮。人们一边伐木一边树木，但"树木"赶不上"伐木"，树减少、森林减少、生态生产减少成为长达2000多年的历史大趋势，这个时期可称之为"伐木时代"。

改革开放以来，中国掀起了工业化新浪潮，能源革命、材料革命、生物革命以前所未有的加速度扑面而来。新能源替代了使用数千年的薪材，新材料替代了使用数千年的木材。这两大替代，极大地缓解了伐木的压力。加之生物革命推动农业革命，耕地生产能力大幅提升，为大面积实施退耕还林政策奠定了基础。20世纪最后10年的中国，"树木"终于战胜了"伐木"，实现了森林面积与森林蓄积量双增长，终结了长达2000多年的伐木时代，跨入了树木时代。

建设美丽中国是引领中国未来发展、全面崛起的新航标，为今后的发展开辟了无限想象空间，也迎来了一个树木的新时代，不仅要体现绿的需要，增加生态生产，满足生态消费新需求，而且要体现美的需要，增加景观生产，满足日益增长的审美需求。中国正处在恢复与重建森林的关键时期，要兼顾绿与美，实现绿而美。要继续深化"绿"，升级绿色区域；要突出加快"美"，给力美丽中国。

天蓝、地绿、水净，谓之生态美。森林美是生态美的重要支撑，是美丽中国的坚实基础。美不美，要从四个维度去看。其一，俯视鸟瞰"生态美"。这是大尺寸、大视野、大印象。坐飞机时俯瞰大地，绿色的深浅一览无余，用数字表示就是森林覆盖率高低。视野中深绿色是森林，浅绿色是草灌，用数字表示就是单位面积森林蓄积量大小。其二，走马观花"景观美"。车行道路或铁路、高速、公路干线、河流水系，观车窗之外、道路两旁，欣赏流动的风景或绿色走廊、景观画廊。其三，栖身居住"园林美"。城乡居民居住地、厂矿企业所在地、旅游消费目的地，建造身边的生态、身边的色彩、身边的景致。其四，郊游野外"森林美"。身处高楼林立的城镇，思念景色美丽的森林。驱车前往美丽清新的森林、多姿多彩的乡村，这些成为了都市人野外郊游、休闲度假的好去处。

陕西元生产力研究

元生产力是生态生产力核心，即植被净初级生产力（Net Primary Production，缩写NPP），指一个自然年度内单位面积上绿色植物光合作用积累有机质除去自养消耗后的净积累量。光合作用为生态系统提供了生命骨架和动力之源。已知的所有生物皆以有机碳为基本构架，绿色植物是有机碳的生产者、提供者。绿色植物转化无机碳为有机碳的能力，已成为衡量生态生产力的关键向量、根本维度，由此奠定了生态系统物质循环和能量流动的上限。

陕西省元生产力是陕西省生态空间，即林地、草地、湿地、荒地上的植被净初级生产力，不包括农业空间、城镇空间的植被生产。在生态空间里，万千生物往来穿梭、织链结网、生生不息，制作出的生态蛋糕在面貌品相、营养成分、数量质量上持续流变。陕西省元生产力代表了陕西省生态空间流变中的植被净初级生产力，也是生态空间生产力、生态蛋糕生产力的关键尺度。

元生产力与生态空间面积乘积即元生产量，亦即生态空间植被初级生产力的总产量，表示一定区域内的生态生产能力，也是数字化的生态蛋糕。对数字生态蛋糕进行切块分析，增加了生态生产力的透视性。

陕西南北狭长，三大地理板块、三大气候带各自分明又融为一体，南部秦巴山脉、北部黄土高原、中部渭河川地，自然生态空间类型多、占比大。陕西省生态空间数据中心提供的数据显示，全省国土空间3.08亿亩，其中生态空间（林地、草地、湿地、荒地）超过2.2亿亩，约占全省空间的71%。在生态空间规模上，黄土高原腹地的陕北两市居全省前列。

若从生态空间在本市面积占比看，陕南三市占据全省前三位。商洛市占比为90%，居全省第一；安康市87.5%，居第二；汉中市84.4%，居第三；延安市81.1%，居第四；宝鸡市74.1%，居第五；榆林市66.8%，居第六；西安市62.6%，居第七；铜川市62.2%，居第八；咸阳市39.5%，居第九；渭南市垫底，占比仅为31.5%。

陕西省是中国版图中心所在，是中华家园中的内园、核心园，人类活动侵入自然生态空间的时间久、强度大，元生产力曾呈现长期下行的总态势。曾经肥沃的低地生态空间已被垦辟转化成为现在的农业空间、城镇空间。有幸保留下来的生态空间也已遭遇了人类空间侵蚀、资源掏挖、栖息地分裂、岛屿化、碎片化引致物种隔离，一些物种灭绝，超过了生态再生能力，打乱了生态演替秩序，致使生物种群小型化、生态系统简单化、生态家底贫瘠化，生态蛋糕品质劣变，已没有洪荒之时的"味道"。进入21世纪，采伐、放牧、猎食被法律禁止，生态空间获得休养生息权利，进而经济反哺生态，推进系统治理，开展保护修复，由此引发了广泛而深刻的绿色革命，促进了生态生产力恢复性增长，走出了元生产力历史性回归上行线。人与自然和谐共享的生态蛋糕向绿向美、越来越大、越来越美。植被净初级生产力是生态系统发展的物质基础，也是生态系统向好的先行指标。

陕西省生态空间数据中心演算结果显示，2022年全省生态空间植被净初级生产力水平为339.7公斤/亩，比2012年的295.7公斤/亩增加44公斤/亩，增长14.9%。全省生态空间植被净初级生产量由2012年的6701.1万吨增加到7697.5万吨，增加996.4万吨，增长14.9%。

2022年各市生态空间元生产力水平分析结果表明，有关中水龙头之称的宝鸡市，已成为全省生态产品第一高产市，即单位面积生态产能是全省最高的市，全市平均453.2公斤/亩。接下来是陕南三市，曾占鳌头的汉中市退居全省第二，为435.2公斤/亩；安康市居第三，为419.9公斤/亩；商洛市居第四，为405.7公斤/亩。其后依次分别是：西安市第五（363公斤/亩）、咸阳市第六（349公斤/亩）、铜川市第七（340.7公斤/亩）、延安市第八（300.9公斤/亩）、渭南市第九（293.1公斤/亩）、榆林市垫底（仅为154.7公斤/亩）。榆林市生态产品亩产仅有宝鸡市生态产品亩产的1/3。

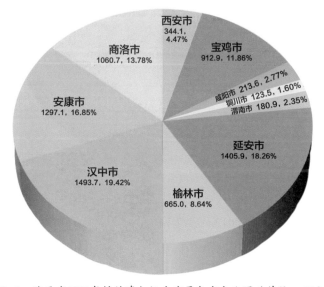

图3-2 陕西省2022年植被净初级生产量各市占比图（单位：万吨）

如图所示，陕西省2022年植被净初级生产量各市占比图分析结果表明，单产和面积均居第二位的汉中市制造了全省最大块的生态蛋糕，稳居陕西生态蛋糕第一市、元生产量第一市，总产量1493.7万吨，为全省总产量贡献了19.42个百分点。面积第一、单产第八的延安市晋升全省第二，总产量1405.9万吨，占全省的18.26%。安康市退居全省第三，总产量1297.1万吨，占全省的16.85%。商洛市居第四，总产量1060.7万吨，占全省的13.78%。其后依次分别为：宝鸡市第五（912.9万吨），占全省的11.86%；榆林市第六（665.0万吨），占全省的8.64%；西安市第七（344.1万吨），占全省的4.47%；咸阳市第八（213.6万吨），占全省的2.77%；渭南市第九（180.9万吨），占全省的2.35%；铜川市第十（123.5万吨），占全省的1.6%。

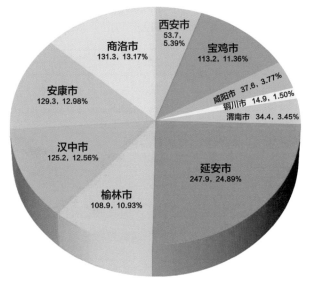

图3-3　陕西省2012—2022年植被净初级生产量增加值各市贡献占比图（单位：万吨）

如图所示，陕西省2012—2022年植被净初级生产量增加值各市贡献占比图分析结果表明，各市对全省生态蛋糕增长均有所贡献，但各市的贡献大小差异很大，在全省生态蛋糕中的份额也随之变化。中国革命圣地、退耕还林策源地——延安市成为全省生态蛋糕增量贡献最大的市，10年增加247.9万吨，为全省生态蛋糕增量贡献了24.89个百分点；商洛市第二，增加131.3万吨，为全省贡献13.17个百分点；安康市第三，增加129.3万吨，为全省贡献12.98个百分点；汉中市第四，增加125.2万吨，为全省贡献12.56个百分点；其后依次是宝鸡市第五，增加113.2万吨，贡献11.36个百分点；榆林市第六，增加108.9万吨，贡献10.93个百分点；西安市第七，增加53.7万吨，贡献5.39个百分点；咸阳市第八，增加37.6万吨，贡献3.77个百分点；渭南市第九，增加34.4万吨，贡献3.45个百分点；铜川市第十，增加14.9万吨，贡献1.5个百分点。延安市贡献值是铜川市的16倍之多。

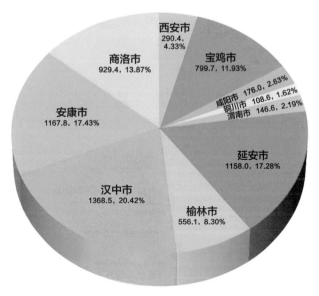

图3-4　陕西省2012年植被净初级生产量各市占比图（单位：万吨）

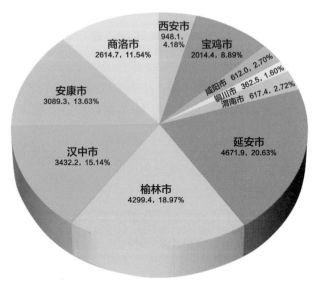

图3-5　陕西省2022年生态空间面积各市占比图（单位：万吨）

　　如陕西省2022年生态空间面积各市占比图所示，在三大区域生态蛋糕越来越大的同时，生态蛋糕的空间布局与结构发生变化，呈现黄河流域绿色崛起的大趋势。陕北榆林、延安两市生态空间合计8971.3万亩，占全省的39.6%；关中西安、宝鸡、咸阳、渭南、铜川五市生态空间合计4554.4万亩，占全省的20.09%；陕南汉中、安康、商洛三市生态空间合计9136.2万亩，占全省的40.31%。

如图3-2和图3-4所示，将陕西省2022年与2012年植被净初级生产量各市占比图相比较可知：2022年，陕北两市提供了2070.9万吨植被净初级生产量，占全省的26.9%，比2012年的1714.1万吨增加356.8万吨，增长20.8%，在全省份额上升了1.32个百分点；关中五市提供了1775万吨的植被净初级生产量，占全省的23.05%，比2012年的1521.3万吨增加了253.7万吨，增长16.67%，在全省份额上升了0.35个百分点；陕南三市提供了3851.5万吨植被净初级生产量，占全省的50.03%，比2012年的3465.7万吨增加385.8万吨，增长11.13%，在全省份额下降了1.72个百分点。2012—2022年全省新增生态蛋糕996.3万吨，陕北贡献36个百分点，关中贡献25个百分点，陕南贡献39个百分点。陕北、关中提供的生态蛋糕占全省生态蛋糕中的份额由2012年的48.28%提高到2022年的49.95%。

生态空间是生态蛋糕制作车间，生态空间绿色革命就是生态蛋糕制造业革命。促进人与自然和谐共生，解放和发展生态生产力永远在路上，生态蛋糕制造业革命永远在路上。数字化生态蛋糕是21世纪生态空间治理的时代特征。面向未来，建设深绿陕西就是持续推进生态蛋糕制造业革命，持续解放和发展生态生产力。要以陕南秦巴山地为基本盘，以关中、陕北黄土高原为先锋阵地，各展其长、各尽其能、各显其美，为把陕西生态蛋糕越做越大而付出更多努力。

陕西生态强县研究

本研究依据两大关键性基础数据，一是锁定生态空间数据，即国土三调林地、草地、湿地、自然荒野数据与林业资源数据对接融合后形成统一的生态空间数据。这是现状数据，非规划数据。二是选用植被初级生产力为生态系统生产核心指标。利用多种卫星遥感数据，反演出生态空间植被净初级生产力。绿色植物是生态系统生产者，是生态系统物质循环和能量流动的起点。绿色植物生产力是生态系统生产力的元生产力。绿色植物的生产成果（NPP），建构了生态系统生物大家庭和谐共生共享的物质和能量基础。

一、生态空间大县

陕西省国土空间大县主要分布于陕北黄土高原、陕南秦巴山脉。在国土空间十大县中，陕北8席、陕南2席。榆林市独占前5席，集中在长城沿线的毛乌素沙地、白于山区域。神木市、定边县以及榆阳区为第一方阵，均超过1000万亩。神木市居第一，1121.1万亩；定边县居第二，1023.2万亩；榆阳区居第三，1021.5万亩；靖边县居第四，745.6万亩；横山区居第五，644.2万亩。延安市占3席，集中在白于山、子午岭。

富县居第六，627.1万亩；志丹县居第七，569.1万亩；吴起县居第八，568.3万亩。安康市在秦巴之央，占据2席；宁陕县居第九，550万亩；汉滨区居第十，546.9万亩。关中腹地的咸阳市杨陵区居一百零一位，仅19.9万亩。

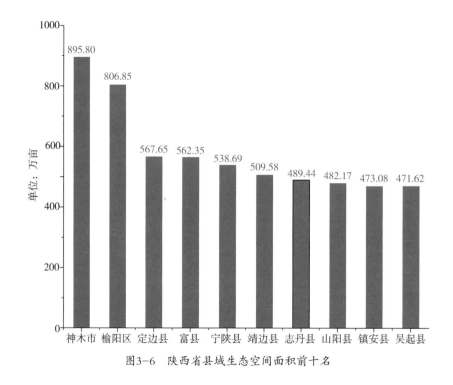

图3-6 陕西省县域生态空间面积前十名

如图所示，生态空间大县格局与国土空间大县格局大体适宜，亦集中在陕北、陕南。全省生态空间十大县合计面积5797.2万亩，占全省生态空间的25.6%。在生态空间十大县中，陕北占7席，陕南占3席。榆林市占4席，神木市第一，895.8万亩；榆阳区第二，806.85万亩；定边县第三，567.65万亩；靖边县第六，509.58万亩。延安市占3席，富县第四，562.35万亩；志丹县第七，489.44万亩；吴起县第十，471.62万亩。商洛市占2席，山阳县第八，482.17万亩；镇安县第九，473.08万亩。安康市占1席，宁陕县排名第五，面积538.69万亩。西安市阎良区生态空间仅2.7万亩，位列一百零一位。

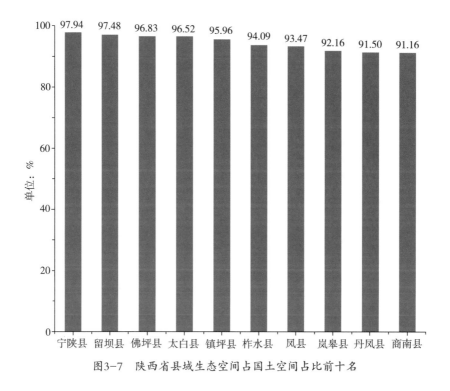

图3-7　陕西省县域生态空间占国土空间占比前十名

如图所示，从生态空间与国土空间占比分析，占比排在全省前十位的县全部集中在秦巴山脉。安康市占3席，宁陕县居全省第一，占比高达97.94%；镇坪县居第五，占比95.96%；岚皋县居第八，占比92.16%。商洛市占3席，柞水县居全省第六，占比94.09%；丹凤县居第九，占比91.50%；商南县居第十，占比91.16%。汉中市2席，留坝县居全省第二，占比97.48%；佛坪县居第三，占比96.83%。宝鸡市占2席，太白县居全省第四，占比96.52%；凤县居第七，占比93.47%。以上十县，均是成色很足的生态县。西安市阎良区位列全省一百零一位，仅占比7.3%。

二、生态生产力强县

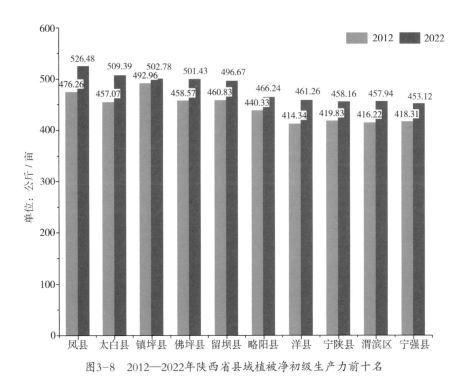

图3-8　2012—2022年陕西省县域植被净初级生产力前十名

全省生态空间生态生产力强县全部分布于秦巴山脉，且集中在汉中、宝鸡、安康三市。2012年到2022年，凤县植被净初级生产力亩产量由476.26公斤增加到526.48公斤，由全省第二晋升为第一；太白县由457.07公斤增加到509.39公斤，由全省第五晋升为第二；镇坪县由492.96公斤增加到502.78公斤，由全省第一退居第三；佛坪县由458.57公斤增加到501.43公斤，保持全省第四；留坝县由460.83公斤增加到496.67公斤，由第三退居第五；略阳县由440.33公斤增加到466.24公斤，保持全省第六；洋县由414.34公斤增加到461.26公斤，由全省第十晋升为第七；宁陕县由419.83公斤增加到458.16公斤，由全省第七退居第八；渭滨区由416.22公斤增加到457.94公斤，保持全省第九；宁强县由418.31公斤增加到453.12公斤，由全省第八退居第十。以上十县，

2012年平均亩产量445.5公斤，是全省平均亩产量的1.5倍；2022年平均亩产量483.3公斤，是全省平均亩产量的1.4倍。在全省垫底的榆林市榆阳区，亩产量由117.9公斤增加到133.8公斤，一直保持在第一百零一位。

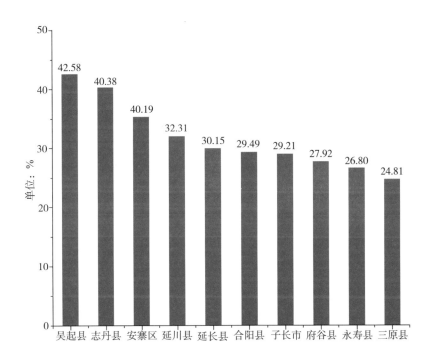

图3-9 2012—2022年陕西省县域植被净初级生产力增长率前十名

全省生态空间生态生产力高成长县全部集中于渭河以北黄土高原。有"全国退耕还林第一市"称谓的延安市，在全省县域生态生产力高增长率排名前10席中独占6席，且集中于延安北六县。吴起县是全国退耕还林第一县，累计退耕111.07万亩，还林202.46万亩，国家投资22.46亿元。如图所示，2012年到2022年，吴起县植被净初级生产力由171.2公斤增加到244.1公斤，亩增长42.58%，居全省第一；吴起县的东邻，志丹县植被净初级生产力由215.7公斤增加到302.8公斤，亩增长40.38%，居全省第二；再往东，安塞区由197.3公斤增加到276.6公斤，亩增长40.19%，居全省第三；延川县由179.8公斤增加到237.9公斤，亩增长32.31%，居全省第四；延长县由204.3公斤增加到265.9公斤，亩增长30.15%，居全省第五；子长市由168.8公斤增加到218.1公斤，亩增长29.21%，居全省第七。陕西最北部的榆林市府谷县由120.7公斤增加到154.4公斤，亩增长27.92%，居全省第八。渭北三县增长进入全省前十，渭南市合阳县由211.6公斤增加到274公斤，亩增长29.49%，居全省第六；咸阳市永寿县由286.2公斤增加到362.9公斤，亩增长26.80%，居全省第九；三原县由257.6公斤增加到321.5公斤，亩增长24.81%，居全省第十。以上十县平均增长率32.38%，比全省平均增长率高出17个百分点。增长率在全省垫底的是镇坪县，位列一百零一位，仅占比1.99%。

结合以上数据，并对2012年到2022年县域生态生产力进位进行分析，永寿县、志丹县并列第一，均前进13位。永寿县由286.2公斤增加到362.9公斤，由70位晋升至48位；志丹县由83位晋升至70位。商南县晋升11位，居全省进位第三，由346.6公斤增加到415.9公斤，由33位晋升至22位。金台区、白河县均晋升10位，并列进位第四，金台区由356.7公斤增加到425公斤，由28位晋升至18位；白河县由340.5公斤增加到408.3公斤，由35位晋升至25位。长武县、彬州市均晋升9位，并列进位第六，长武县由308.8公斤增加到383.7公斤，由48位晋升至39位；彬州市由301.2公斤增加到375.1公斤，由53位晋升至44位。杨陵区由66位晋升至58位，晋升8位，居全省进位第八。岐山县、三原县分别由37位晋升至31位、70位晋升至64位，均晋升6位，并列全省进位第九。汉中市汉台区退位最严重，由22位退至37位，退15位，在全省进位榜单中垫底。

三、生态生产量强县

本研究生态生产量为绿色植被亩产量与生态空间面积的乘积，即生态生产量=生态生产力×生态空间面积。生态生产量就是人与自然和谐共生共享的生态蛋糕。生态生产量十强县，即是生态蛋糕生产十强县、生态综合实力十强县。

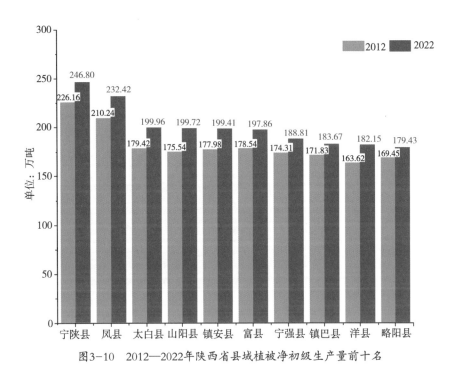

图3-10 2012—2022年陕西省县域植被净初级生产量前十名

如图所示，数据运算结果表明，2012年到2022年，宁陕县生态生产量由226.16万吨增加到246.80万吨，保持了全省第一。凤县由210.24万吨增加到232.42万吨，保持全省第二。从第三至第六名，生态生产量大体在一个数量级上。太白县由179.42万吨增加到199.96万吨，保持全省第三。山阳县由175.54万吨增加到199.72万吨，由全省第六晋升至第四。镇安县由177.98万吨增加到199.41万吨，保持全省第五。富县由178.54万吨增加到197.86万吨，由全省第四退居第六。第七到第十，大体在一个数量级上。宁强县由174.31万吨增加到188.81万吨，保持全省第七。镇巴县由171.83万吨增加到183.67万吨，保持全省第八。洋县由163.62万吨增加到182.15万吨，由全省第十晋级至第九。略阳县由169.45万吨增加到179.43万吨，由全省第九退居第十。以上县域，2022年生态生产量合计2010.2万吨，占全省生态生产量的25.9%。

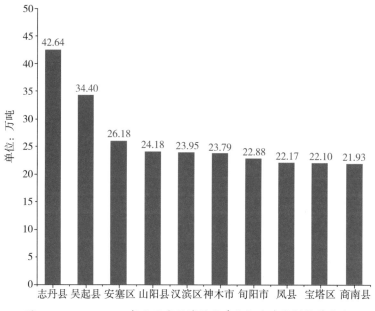

图3-11　2012—2022年陕西省县域植被净初级生产量增量前十名

如图所示，2012—2022年陕西省县域植被净初级生产量增量前十强县分别是：第一名志丹县，增加42.64万吨，占全省增加量的4.58%；第二名吴起县，增加34.4万吨，占全省增加量的3.69%；第三名安塞区，增加26.18万吨，占全省增加量的2.81%；第四名山阳县，增加24.18万吨，占全省增加量的2.6%；第五名汉滨区，增加23.95万吨，占全省增加量的2.57%；第六名神木市，增加23.79万吨，占全省增加量的2.56%；第七名旬阳市，增加22.88万吨，占全省增加量的2.46%；第八名凤县，增加22.17万吨，占全省增加量的2.38%；第九名宝塔区，增加22.1万吨，占全省增加量的2.37%；第十名商南县，增加21.93万吨，占全省增加量的2.36%。以上十县，生态生产量增加合计264.22万吨，占全省增加量931万吨的28.38%。实施退耕还林工程在做大生态蛋糕上发挥了重要作用。全省累计退耕地造林1982.65万亩，累计投资411亿元；以上十县累计退耕地造林567.87万亩，占全省的28.64%，累计投资115.38亿元，占全省的28.07%。

结合以上数据，并对2012年到2022年县域生态生产量进位进行分析，进位第一名志丹县，由第32位晋升至第16位，前进16位；进位第二名神木市，由第28位晋升至第20位，前进8位；并列第三名宝塔区、吴起县，分别由第31位晋升至第26位，由第39位晋升至第32位，均前进7位；第五名延川县，由第60位晋升至第54位，前进6位；第六名商南县，由第27位晋升至第22位，前进5位；安塞区、延长县并列第七，分别由第42位晋升至第38位，由第48位晋升至第44位，均前进4位；镇坪县、岚皋县、勉县、黄龙县皆是退位"冠军"，均退6位。

四、走好深绿之路

研究结果表明，2012—2022年，全省101个县域生态生产力全部呈现了正增长，也就是说，全省101个县域都走在绿色增长路上。在2022年陕西省植被覆盖地图上，显著表现出生态生产力高产区、中产区、低产区。从色相浓淡观察分析，深绿色是高产区，浅绿色是中产区，黄绿相间是低产区。汉江南北、秦巴山区是深绿色，也是陕西省生态高产区，以太白山为中心的秦岭西部绿色最深，也是全省生态"高产区中的高产区"。渭河以北、黄土高原南侧，关山、桥山、黄龙山，在浅绿色中浮现深绿色，也可以挤进全省生态高产区。长城以南，深绿色之外的浅绿色为全省生态中产区。长城以北，毛乌素沙地则是黄绿相间的低产区，其中橘黄色区域是极低产区。生态生产力增长之路就是植被覆盖地图由黄变绿、由浅绿到深绿、因绿而美之路。

绿，不单是一种颜色，而是生态底色、生命本色。生态空间绿色浓度或是含绿量，即植被初级生产力、生态生产力，也是元生产力。含绿量与绿叶指数同义。一片绿叶就是一个大自然精心建造的微型光伏电站、碳捕获中心，生态空间绿叶指数与植被结构密切关联。绿色植被具有层级生产力，层级越多绿叶指数越大，生态生产力越高。草地的层级少、绿叶指数小，其生态生产力不及灌木林，而灌木林又不及乔木林，小乔木林不及大乔木林。一棵大树造就一个独特的生态景观，也是一个独特的生态系统。如同一栋高楼，由低向高，四向伸展，营造出多样化层级空间、栖息生境，大树下有小树，小树下有草丛，多种生物依大树而居，各取所需，结伴而生，差异化发展。"生态高楼"的生产力是"生态茅舍"生产力的十倍百倍。乔木林、灌木林、草丛的不同含绿量代表着不同的生产力。自然生态演替正向过程，就是由草丛到灌木再到乔木的发展过程，演替停滞于哪个阶段取决于发展环境。大树为主的乔木林被摧毁后，将会重启生态系统演化过程，缺少大树是生态硬伤。人们所能做的生态保护修复就是顺应生态系统发展规律，加快绿色植物发展、大树成长，提高生态空间含绿量，推动生态系统正向演化。

陕西开发垦殖历史悠久，原生植被破坏严重，今天的生态景观已远非洪荒之时的样貌。曾经是大树参天、古木森森，现在蜕变为小树当家、寥寥无几。约有30%的国土空间已经被彻底征服，并开辟为农业空间、城镇空间。交通道路只占国土空间的1%，其生态影响却极为深远。有幸保留下来的生态空间，也是被掠夺后的、退化残存的生态系统。21世纪以来，生态生产力增长是生态保护修复的结果，是恢复生态系统元气的关键历史进程。不是所有的山水和农田都可以称它是青山绿水、生态高产田。投资自然，推动生态空间治理，就是建设更多的绿水青山，建成更多的生态高产田。首先是要保护好深绿色的高产田，建立健全以国家公园为主体的自然保护地体系；其次是实行森林草原休养生息，推动浅绿色的中产田向深绿色的高产田升级；再次是加快科学造林绿化进程，促进黄绿相间的低产田向浅绿色中产田、深绿色的高产田迈进。最新数据显示，陕西省规划造林绿化空间约3000万亩，潜力最大的10个县合计1813.6万亩，约占全省造林绿化空间的60%。绿化潜力10个大县均分布在延安、榆林两市。吴起县独居第一方阵，超过300万亩；定边县、横山区、神木市为第二方阵，均超过200万亩；志丹、安塞、靖边、子长、延长、清涧六县为第三方阵，均超过100万亩。这是陕西走向深绿的关键空间。

阅读链接9 林之绩NPP

大家已经非常熟悉GDP，用来衡量国民生产创造的总经济价值，也被视为经济总规模。在某种意义上，GDP较为完整地反映了城镇空间、农业空间创造的经济总价值。

林业部门的主阵地不在城镇空间也不在农业空间，而是在生态空间。生态空间，可以简称为"林业空间"或是"林政空间"。新时代中国林政的管理幅度已经非常宽大，涵盖森林、草原、湿地、荒漠四大陆地生态系统以及自然保护地体系，五大阵地占据全部国土空间的70%以上。

中国林政致力于提高生态系统健康水平，增强生态空间产出能力，其目标愿景的总体指向是增加生态产品生产能力。人与自然和谐共生的现代化不是子虚乌有的理想国，而是有科学数据支持的现实状态。如何科学衡量生态空间产出水平？如何科学核算生态系统提供的生态产品和生态服务能力？长期以来，人们一直在探索，一直在研究。绿色植被生产力是生态系统最初级的生产力，绿色植被的数量和质量决定着生态空间的生产力，决定着生态系统提供生态产品和生态服务的能力。生态学家提出了植被初级生产力概念，又细分为总初级生产力（GPP）和净初级生产力（NPP）。净初级生产力（NPP），其实是总初级生产力（GPP）扣除植被自身呼吸代谢消耗后的剩余部分，也是植物营生之后的盈余，不妨将其称之为"植物盈余"或是"绿色盈余"。生态系统中的动物、微生物所依靠的、利用的、转化的就是植物盈余、绿色盈余。年复一年，绿色盈余支持着生态系统生生不息。

无论是植树造林、种树种草或是国土绿化、退耕还林还草，抑或是生态保护修复、生态空间治理、生态系统管理，林业行政管理部门持之以恒追求的莫过于绿意盎然的景象。

在浩瀚天际，飘移着自然资源卫星，源源不断捕捉着地球表面绿色植被的信息，并将原真数据收集、备份。有不少生态学者通过不同路径解码卫星植被数据，反复演算一个区域、一个国家，甚至是全球NPP总量水平并分析其全球分布规律。有人绘制出了全球NPP增长地图，中国是全球NPP增长中心，陕西是中国NPP增长中心。20余年来，陕西NPP从300克碳/平方米起步，踏稳400迈向500，这无疑是令人非常振奋的科学成果。NPP反映了生态空间再造的实绩，我们已经从生态产品生产上实现了"再造陕西"的目标。

生态学者达成越来越多的共识，NPP是绿色植物光合作用的物质成果，也是生态系统运行的物质基础。NPP代表着绿色植被的数量规模和质量水平，也集中反映了生态保护修复、生态空间治理和生态系统管理的绩效。与净生态系统生产力（NEP）相比，NPP更靠近生态系统的前端，更能反映生态空间治理的绩效。与生态系统生产总值（GEP）相比，NPP不加入计价因素，更直接更客观，更具实践应用价值。进一步把NPP从平方米换算成生态空间总产量，NPP就是生态空间GDP、绿色GDP、林业GDP。科学演算NPP，必将是中国林政发展变革百年大业科学之基。

绿色愚公，驰而不息，向绿而行。持续增长的绿、高质量的绿、美丽的绿，成为我们永远不变的奋斗目标。NPP代表着植被的能级，代表着绿色成果，代表着绿色未来。

第四章

生态空间治理篇

生态空间治理篇阐述了以生态空间生态学、生态空间经济学为基础而形成的治理机制、治理体系、治理能力。生态空间是绿色宝库，生态空间治理的主体任务就是提升绿色宝库价值，提高生态生产力，增加生态产品生产和生态服务供给。山清水秀是生态空间治理的理想境界。以绿治黄，由『浅绿』到『深绿』，皆是生态空间治理的阶段目标。『深绿战略』是生态空间治理的全面部署；林长制，物种保护，生态保护红线，禁伐、禁牧、禁食等政策是治理机制、治理体系；创新驱动、数字赋能、生态绿军是治理方式和能力。

资源·生态·环境

绿水青山，既具有资源价值，又具有生态价值，更具有环境价值。

早先，人在绿水青山中，那时是森林化时代。人在森林里生产生活，从森林中获得灵感，获取石器、木器工具，采集狩猎，获得食物、药物、能源以及建筑材料。

受森林资源再生产约束，采集狩猎是一种不确定、不固定、不稳定的经济活动。一开始，人们在地势平坦、资源丰富的森林里采集狩猎。随着人口增加，一个区域内可供采集狩猎的森林资源越来越少，采集狩猎的成本越来越高，采集狩猎活动变得越来越困难。人们不停转换采集狩猎的场地，就像追随水草丰美的草原一样，在森林里艰辛奔波、来回迁徙。在采集狩猎的过程中，人们不断深化对动植物生活习性的了解，不断摸索栽培植物、驯养动物的方法，学会了早期的植物栽培、动物驯养，种植业、畜牧业登上了人类历史的舞台中心。

农业是人工建立的生态系统，种植的作物和养殖的畜禽是这一生态系统的主要成员。与森林生态相比，人们种养的作物和畜禽种类较少、结构单一。但是，经过人类长期选择和驯化，这些动植物往往具有更高的光合作用效率和饲料报酬率。人们通过播种、施肥、灌溉、除草、饲喂以及防虫治病，使农业生态系统保持了强劲的物质和能量代谢能力。

从此，人类经济活动从采集狩猎的森林化时代跨入种植养殖的农业化时代。从此，人们有了固定居所、婚姻家庭、私有产权，有了村庄部落、头人首领以至部落联盟，并最终形成了早期的国家。农业革命来之不易，艰辛且漫长，中国创造了辉煌灿烂的传统农业文明。

农业化带来的一个直接后果是森林提供动植物产品的功能逐渐为农业所替代。人类越来越多地从农业中得到生活所需要的食物，从森林资源中采集狩猎的食物越来越少。一部分森林被开辟成农田、牧场、村舍，转换成农业用地。在采集狩猎的时代，森林是人类经济活动的中心，人类是森林的一部分，人们漫步森林，拥抱大自然，享受大自然。到种植养殖时代，农业空间成为人们经济活动中心，人们安顿下来，拥有大家庭，享受大社会。农业化引发了森林边缘化、去中心化。

大约200年前，爆发了工业化革命。这是人类第二次产业革命，制造业、建筑业突飞猛进，人类社会面貌为之一新。工业革命对森林资源产生更加广泛、更为深刻的影响。工业化前期，森林中的树木被大量砍伐，大量林地被挤占，主要用于形成工业化积累，提升制造业产能，建造工矿企业、交通设施、居民住宅等。工业化后期，工业产能已具规模，钢筋、水泥、塑料、玻璃、纤维以及石油、天然气、煤炭、核能、电能、风能、太阳能大量进入消费领域，森林资源提供的能源、家居建材改由挖掘窖藏的工业制造业提供。这是森林资源被农业化替代之后的第二次被替代，也是工业化引发的森林边缘化、去中心化。

近50年来，全球范围掀起知识化浪潮，成就了第三次产业革命——信息革命。与前两次产业革命相比，第三次产业革命的影响更加广泛而深远，彻底改变了人类生存和发展方式，从根本上改变了人类社会的面貌。手机成为一个时代的标志，短信、微信、电子书、网上阅读、网上办公，无纸化极大地减少了对森林的依赖。信息革命还推进了生物革命、材料革命、能源革命，提升了农业化、工业化程度，进一步深化了农业化、工业化对森林资源的替代。这种替代更彻底、更深入，这是森林资源第三次被替代，也是森林第三次被边缘化、去中心化。

单位地面上植物光合作用累积的有机物质中所含的能量与照射在同一地面上日光能量的比率称为"光能利用率"。绿色植物的平均光能利用率为0.14%，在运用现代化耕作技术的农田生态系统的光能利用率大约为1.3%。地球生态系统就是依靠这样的光能利用率生产有机物质，维持动物界和人类的生存发展。从光能利用角度看，较之农田生态系统，森林、草原是低效率的，所以才出现开垦草原、毁林造田。与现代制造业、服务业相比，森林生产效率显得更低。这是森林提供食物药物和能源建材等资源功能不断被替代的深层原因。经过三次替代，林业在经济活动中的份额越来越小。必须指出，森林是陆地生态系统的主体，是人类生存与发展的重要生态支持系统。过去，人类是森林的一部分；现在以至将来，人与森林是生命共同体。过去，森林具有无比重要的资源价值；现在以至将来，森林具有无比重要的生态价值、环境价值。

生命系统以及生命支持系统构成了生态系统。森林本身就是一个有动植物生命以及与此相适应的支持系统的森林生态系统。同时，森林、草原、湿地、荒漠、河流、海洋等自然生态系统以及人工创建的农田、村庄、城镇等人工生态系统，都是地球生态系统的重要组成部分。森林是地球之肺，至为关键。森林面积减少，已经导致地球生物多样性减少、荒漠化加剧、水土流失严重、空气质量下降、全球气候变暖、热岛效应显著等一系列生态环境灾难。过去，我们从资源的角度关注森林，关注森林能够为我们带来多少直接的经济利益，我们培育和经营森林以获取森林资源价值；今天，我们从生态环境的角度关注森林，关注森林生态健康，关注森林对地球生态圈健康的影响，培育和经营森林以提升森林的生态价值、环境价值。今天，我们强调森林的重要性，其着眼点是森林具有固碳释氧、调节气候、保持水土、涵养水源、防治荒漠化、保持生物多样性等生态价值、环境价值。人们培育和经营森林的目的已经由获取森林资源价值转变为获取生态价值、环境价值，这是人类发展和利用森林的一个重大变化。过去，人们培育和经营森林以索取森林资源价值为主要目的的产业型森林、资源型森林；现在以至将来，人们培育和经营的森林，则是以索取森林生态价值、环境价值为主要目的的生态型森林、环境型森林。

恢复与重建森林是解决地球生态环境问题的一个重要抓手。原始森林也就是天然森林，是大自然长期演化过程中的杰作，一旦消失，要想恢复原来的面貌无异于痴心妄想。恢复与重建森林，主要依靠天然次生林、人工林。加快森林恢复与重建，一条重要路径就是推进人工营林造林。人工林生态系统没有天然林生态系统那样丰富、厚实、完备，但人工林经过长期自然演替也会近似天然林，终将满足森林生态价值、环境价值的基本需要。

赤字抑或盈余

一、文明古国的"绿色尴尬"

有研究资料显示，在上古时期，也就是原生生态永动机时代，中国的森林覆盖率在60%以上。这是中华文明起源较早的生态基础。之后，随着经济社会发展，原装永动机逐渐被侵蚀，森林资源呈现不断消减的历史大趋势，可以说从炎黄时代开始毁林也一点不为过。大约在3000年前，中国就开启了农业化时代，农耕文明兴起，耕地面积扩张，森林面积缩小。由此，出现了长达3000多年的森林赤字，中国从一个多森林的国家演变为一个少森林的国家。到2200多年前的战国时期，中国的森林覆盖率下降到46%。这一数据一直被刷新，1100多年前的唐代为33%，600年前的明代为26%，到1840年的清朝已降至17%，民国时期为15%，1949年该数据为8.6%。在五千年的中华文明史中，8.6%是森林覆盖率最低的一个数值。这也许是一个历史悠久的东方文明帝国的"绿色尴尬"。

二、导致森林赤字的四大主因

导致森林面积减少的原因很多，但最直接、最根本、最主要的原因是人口增加导致的结果。人口增加直接导致：（1）食物需要增加。食物是人类生存和发展的最基础保障，人口增加必然导致食物需要增加，需要更多的耕地用于谷物生产，毁林开荒是森林减少的最主要原因。（2）能源需要增加。烧饭、取暖都需要廉价的生物质能源支持。人口增加，能源需要增加，人们砍伐树木以获得薪柴。（3）材料需要增加。建造房屋，打造家居以及制作生产工具，需要增加木材供给，人们砍伐树木以获得木材原料。（4）用地需要增加。居民住宅、村庄、城镇、工厂作坊等需要增加建设用地。这些建设用地，或许并非直接来自森林，但最终森林面积会受到影响。当砍伐和占用森林的速度超过森林的再生速度时，必然导致森林面积缩小，两者速度之差就是森林面积缩小的速度。

三、世界各国先后面临森林赤字问题

森林是先天的、自然的，而耕地则是后天的、人工的。绝大部分耕地是在林地垦殖之后形成的。目前，全球每年消失的森林不计其数，这已成为关系人类前途与命运的大问题。

在1492—1900年约400年的时间里，欧洲突破了所在大陆的限制，对全球森林产生了深远的影响。到1850年，约有46.03万平方千米的密林被砍伐，到1910年，又有77.09万平方千米的森林被伐倒。

这是有史以来森林砍伐最严重的时期之一。加拿大、新西兰、南非和澳大利亚经历了类似的进程，拓荒者在森林中为自己和家人劈砍出了一条活路。到20世纪初，澳大利亚东南部有近40万平方千米的森林和疏林被开垦出来。

1860—1950年，虽然不知其毁林方式，但南亚和东南亚有21.6万平方千米的森林和6.2万平方千米的次生林或疏林被毁，用作农田。

这种情况在中欧的俄罗斯混交林区尤为明显，在1700—1914年，该地有6.7万平方千米的林区被毁林开荒。①

时至今日，森林过度采伐，森林赤字不断增加的故事还在上演。在经济全球化时代，随着国际分工日益深化，一些发展中国家的森林面积因木材国际贸易而急剧减少。发展中国家生产力落后，可参与国际贸易的制造业产品比较少，大多以农产品、林产品为主，以资源型产业为主。它们通过木材等资源型贸易换取发达国家的制造业产品以及技术产品和知识服务。在此种机制下，一边是发展中国家的森林赤字，一边是发达国家的森林盈余。

四、中国创造了森林奇迹

1950年以后，中国人口大爆发。内地总人口从1954年的6亿到2005年突破了13亿。按照以往惯例，近60年的人口大爆发，必然对森林资源形成巨大的生态压力。但是，这一时期，在全球森林面积缩小的情况下，中国却在一步一步减少森林赤字，并逐步转向森林盈余，森林覆盖率实现了由降转升、止降回升，实现了森林资源与经济社会的同步发展，这是中国创造的森林奇迹。中国人工造林速度世界第一，中国人工造林保存面积世界第一，中国人工林占到世界人工林面积的1/3。人工造林是中国森林账户的主要进账，这是中国体制优势下的森林表现。1950—1970年，森林有破坏有建设，建设赢得些许优势，森林面积略微增长，森林账户基本持平；1980年之后，中国进入大规模森林建设时期，森林账户进账颇丰，并彻底终结了森林赤字，大步走向森林盈余的时代。中国森林覆盖率由1992年的13.92%提升到2010年的20.36%，直至2022年的24.02%。

---

① ［美］威廉·H.麦克尼尔，［美］约翰·R.麦克尼尔等编著：《世界环境史》，王玉山译，中信出版集团2020年版，第70、72页。

五、从赤字到盈余的"八大革命性变化"

"八大革命"叠加在一起，推动中国森林"扭亏增盈"，实现森林赤字向森林盈余的历史性跨越。（1）农业革命。杂交水稻、杂交玉米、杂交油菜等推动的种子革命，化肥、农药、薄膜、大棚以及农业机械的大量使用，农田水利基础设施和公共服务大幅度改善，使得农业生产效率空前提升，单位耕地面积农作物产量大幅度增加，为森林休养生息、退耕还林、恢复重建奠定了坚实基础。（2）能源革命。电力、煤炭、石油、天然气等能源消费进入家庭，大量替代传统的薪柴需求，有效减轻了森林压力。（3）材料革命。钢材、水泥、塑料、塑胶、玻璃、化纤等材料，既便宜又轻巧，大举进入消费领域，再加上多媒体技术革命，建筑、办公、家居的木材需要得到有效抑制。（4）生育革命。20世纪70年代，我国开始实行计划生育政策，有效遏制了人口过快增长的势头。1960—1970年每5年增加1亿人口，后来每7—8年增加1亿人口，再后来每10年增加1亿人口。目前，已经到达人口峰值，之后将缓慢下降。（5）就业革命。改革开放后，曾被束缚在土地上的农民逐步得以解放。先是本土乡镇企业，然后是东南沿海外资企业，再然后是全域覆盖的民营企业，迅速崛起的制造业、服务业吸收利用农村富余劳动力，非农产业成为农村居民收入的主要来源。农村青壮劳动力、新生劳动力不再山上挖地、土里刨食。（6）城市革命。1950年初期中国城市化率为10%左右，1980年初期为20%左右，2000年超过35%，目前城市化率已经超过了60%。这是全球范围内最为波澜壮阔的人口迁徙画卷。中国乡村人口，特别是林区人口呈现出持续快速减少的趋势。（7）林技革命。过去人常讲"树挪死、人挪活"。蓬勃兴起的城市化让我们一再见证了"人挪活"的实例。但是"树挪死"似乎不够精确、不够鲜活了。人们惊喜地看到，在大量农村人口进城的同时，"森林进城"也成为鲜亮的时代特征。这是林业科技革命的巨大威力，特别是种子苗木技术革命，奠定了中国人工林面积世界第一的技术基础。（8）林政革命。1956年，毛泽东号召"绿化祖国""实行大地园林化"。改革开放后，林业新政密集出台。1978年，启动"三北"防护林工程；1979年，明确每年3月12日为植树节；1981年，倡议全民义务植树；1982年，国务院设立全国绿化委员会；1984年，颁布《中华人民共和国森林法》；1988年，颁布《中华人民共和国野生动物保护法》；1989年，长江中上游防护林体系建设工程启动；1999年，退耕还林工程启动；2000年，环北京地区防沙治沙工程启动；2002年，正式颁布《中华人民共和国防沙治沙法》；2008年，掀起新一轮集体林权制度改革等等。全国范围已形成植树造林、保护修复生态的竞赛之势，中国构筑起建设美丽中国的体制优势。

六、森林盈余是高质量发展的重要生态支撑

今后一个时期是建设人与自然和谐共生现代化的关键历史时期。预计最迟到2050年，中国国际影响力将大为提高。持续的经济增长，必然大幅度提升国民收入，大幅度提升国家物质消费能力，必然要求生态系统具有更强劲、更旺盛的承载能力，必然要求山更青、水更绿、天更蓝，生态环境更美。实现森林盈余将成为中国高质量发展的生态支撑，也是实施可持续发展战略的重要支点。要继续保持和发挥好体制优势，预计最迟到2040年，中国森林覆盖率将达到26%以上，相当于恢复到明朝时期水平。在往后更长时间，随着中国人口规模下降，相信能够腾出更多国土空间支持森林恢复重建。

七、恢复重建森林的"双重战略任务"

在世界各大国中，中国是森林资源短缺的国家。可以说，森林资本是中国最稀缺的资本，森林服务是中国最急迫的生态服务。美国森林覆

盖率为33%，德国为30%，法国为27%，日本为67%，俄罗斯为45%，巴西为57%，印度为23%，加拿大为44%。中国人均森林面积不足全球人均量的1/4，人均森林蓄积量不足全球人均量的1/6。从单位面积看，中国每公顷森林蓄积量为85立方米，仅为欧洲的40%。全球平均每公顷森林蓄积量为110立方米，德国高达268立方米。中国现有森林植被碳储量仅相当于潜在碳储量的44%。中国人均森林面积和蓄积量均排在世界120位之后。森林资源总量不足、质量不高是我们面临的双重压力。今后一个时期，我们既面临增加森林资源总量的任务，又面临提升森林资源质量的任务。一方面，要扩大绿色区域，能栽树的地方都栽树，能绿起来的地方先绿起来，努力将森林覆盖率提升到世界平均水平；另一方面，要科学经营森林，让浅绿变深绿，使森林能够带来更多生态效益、社会效益和经济效益。

举生态空间之治

加快生态空间治理体系和治理能力现代化，是坚持和完善生态文明制度体系的必然要求，也是国家治理体系和治理能力现代化的重要组成部分。

过去，森林、湿地、荒漠化治理归林业部门，草原归农业部门，风景名胜区归住建部门，地质公园、地质遗迹归国土部门，自然保护区归环保部门。生态空间治理各自为政，呈现条块化、碎片化的特点。2018年新一轮机构改革后，陆地生态空间治理集中在新组建的林业部门，在治理上碎片化的空间从体制上被"缝合"了起来。由此，也带来了从顶层设计生态空间治理体系、治理机制、治理能力的新需求。

新一轮机构改革后，有的沿袭"林业"之名，有的改换"林草"字样。无论是林业或是林草，皆名不副实，不能反映机构改革后新的职能状况。原有的林业概念体系与当下生态文明话语体系脱轨脱节，需要创新性、独特性的自我塑造。中国传统文化讲究名正言顺，因词不达意必然引起诸多尴尬。当下的林业部门是新时代林业部门，过去曾是一"业"——林业，现在合成为一个国土空间——自然生态空间。从一"业"到一个空间，是第一个历史性变化；第二个历史性变化，即过去是林业行业管理，现在合成为生态空间治理，这两个合成是"两大飞跃""两大变局"。目前正处在新旧思想碰撞期、新旧规制变轨期、新旧动能转换期，也是生态空间治理关键期。

本书在《生态空间治理陕西方案》中提出，一个空间——生态空间，五大阵地——林地、草原、湿地、荒（沙）地、自然保护地，六条战线——生态保护、生态修复、生态重建、生态富民、生态服务、生态安全，对应着生态空间治理体系；而其中的五项保障——智能保障、人文保障、资金保障、制度保障、组织保障，则对应着生态空间治理能力。

创新生态空间理论，丰富生态空间实践，建立健全生态空间治理体系，加快生态空间治理能力现代化，是新时代生态文明建设面临的一系列重大课题之一。新组建的林业部门，在已"缝合"的生态空间上，是新的阵地、新的战场、新的战线、新的保障，好比是在一张白纸上绘制宏伟的生态蓝图。从治理目标到治理体系、治理机制，再到治理能力现代化，都有崭新的要求。相关法律已经着手制定，这无疑是生态空间治理法治化迈出的重要一步。自然保护地、天然林、天然草原、天然湿地，是生态保护红线划定的永久生态空间，也是生态空间的精华所在，生态空间治理的核心所在，国家生态安全的根本所在，必须实行最严格的保护制度。自然保护地核心区原则上禁止人为活动，即准无人区。通过推进自然保护地法治化，必将加快自然生态空间治理法治化进程。

迄今为止，我们还不能精确定位生态空间治理的总目标。目前，也只给出一个抽象性的、模糊性的目标：生态空间高颜值，"美丽"是生态空间治理的目标。高颜值可以理解为治理生态空间升级的过程，目标就是"美丽中国"。对生态空间治理的政策目标，一时还难以达成共同认知，需要推进深度思考、深入研究。假以时日，一定能在这一牵引生态空间治理工作实践的大问题上取得新突破。

生态空间、农业空间、城镇空间紧密一体，功能互补。生态空间是根脉，深深扎根于地下，坚定支撑着树干和树冠，然而却最不容易引起注意。因此，生态空间也是人们最不熟悉的一个国土空间。生态空间知识创新、概念认知、理论建构、治理规制，皆是破茧成蝶之态。面对新情况新使命，我们不仅存在本领恐慌，而且存在知识恐慌。在思想和思维方式上，习惯了把生态空间与农业空间、城镇空间不加区别，由此产生的思想产品或是思维产品自然存在着严重的质量问题。如果把生态空间与农业空间同等对待，必然推导出要像经营农业空间一样经略生态空间，要像种植农作物一样植树种草，这显然是"盲人骑瞎马"，走偏了方向跑错了路。因为思维导图固化，已经严重影响到生态空间治理的深度、广度和精度。

生态空间理论创新，必然伴随着一套创新的话语体系和一系列创新的实践活动。生态空间治理实践，就是在生态空间理论指导下的具体实践。天下难事，最怕"认真"二字。难与不难，唯看为与不为。我们不能穿新鞋走老路，要与时俱进，在思想观念、思维方式、知识结构上自我修炼，自我更新，自我升级。用敏锐的思想、超前的思维、扎实的理论确保心中有数、行动有力。

生态空间政策分析

生态空间承载自然生态系统，支撑生态永动机，以生产生态产品、提供生态服务为主体功能。植被是生态之芯，植被净初级生产力（NPP）代表着绿色生产力，是生态空间生产力的主体。生态空间治理就是修复、维护、管理自然生态系统，持续增强绿色生产力。

一、绿色植树与绿色生产力

绿色生产力与植被净初级生产力（NPP）同义，是总初级生产力（GPP）扣除植被自身呼吸代谢消耗后的剩余部分，是植物营生之后的盈余，称之为"绿色植物盈余"，简称"绿色盈余"。自然生态系统中的动物微生物所依靠的、利用的、转化的，就是绿色盈余。年复一年，四季轮回，绿色盈余支持着生态系统生生不息，是生态系统的基础食物。如果没有绿色盈余，意味着自然生态系统物质和能量枯竭、断供。绿色生产力是元生产力，也是生态系统元动力。这就是"林草兴则生态兴""生态兴则文明兴"科学论断蕴含的生态真谛。

绿色植物的叶子是光合作用的器官，一片片向光伸展开来的叶子在光能的驱动下，吸收空气中的二氧化碳合成碳水化合物，并释放出氧气。从这种意义上说，生态空间伸展的无数叶片是无数绿色捕碳器、绿色制氧机，由此成为地球碳氧平衡的维持者、推动者。

迄今为止，地球上已知的生物皆是碳基生物，有机碳构成了生物体生命架构的基础。绿色植物叶片的光合作用生成有机碳，是构成生命有机碳的唯一来源。绿色植物是自然界的生产者——合成了有机碳，被称为"植被总生产力（GPP）"；同时，植物也在消费——自身呼吸消耗一部分有机碳。植被总生产力减去植物自身消费后，即植被净初级生产力（NPP），也即绿色盈余。生态系统中的其他生物——动物、微生物，皆是建立在绿色生产力基础上的异养生物，皆是掠食者、消费者，不断吸收利用着绿色盈余。无论是人们认为的益虫还是害虫，它们以植物为食，同时又是其他动物、微生物的食物。生态系统生产力的规模量级，取决于绿色盈余的规模量级。在陆地生态系统中，森林生态系统生产力最高，湿地生态系统次之，草原生态系统再次之，荒漠生态系统生产力最低。

在没有人工干预的情况下，自然生态系统持续演化，绿色生产力、生态系统生产力相对稳定、自我平衡、安全有序、健康高效，表现出绿色生产力峰值和生态系统生产力峰值。人类诞生于自然生态系统，是碳架构生命，一直从生态系统获得生存发展所需要的物质和能量。

人类学会制造和使用工具，不断提升肌肉的力量，成为生物界最强的角色。一个又一个的生物体，无一例外地向人类俯首称臣。早期，人类以采集狩猎营生，在与其他动物分享绿色盈余过程中获得了越来越多的份额；到后来，人类索性栽培植物、饲养动物，开辟出农田、牧场，驱动农业革命，把自然生态系统成功改造为人工生态系统，独享农业空间上的绿色盈余；再后来，人类开发利用煤炭、石油、天然气等化石能源，掀起了工业革命和信息革命新浪潮。比农业化能级更高的工业化、城镇化进一步促使人口膨胀，城镇空间、农业空间再度扩张，过度放牧、过度开垦、过度采伐，生态空间受到重度挤压、掏挖，生态系统功能大为折损，出现了非常严重的生态窟窿、碳窟窿，甚至是大面积生态系统崩溃，导致严重的水土流失、水旱交替、风沙灾害、物种灭绝……

人类的出现彻底颠覆了自然生态系统原有的秩序，击破了生物圈的原真性、协同性和完整性，致使生态空间岛屿化、碎片化。工业化、城市化使人类文明遭遇空前的绿色危机、生态灾难。要走上可持续发展之路，必须树立生态文明理念，坚持人与自然和谐共生，践行与自然的空间约定。中国式生态文明，在国土空间中为自然生态专门规划出国土空间，无疑是生态自觉、生态自信的重要标志。生态空间是绿色空间、根空间，具有基础性、战略性作用。推进生态保护修复，就是发展绿色生产力的根本大计。推进国土绿化，实行"以绿治黄""奋进深绿"，就是发展绿色生产力的战略部署。全面推行林长制，实施"三北"防护林、退耕还林还草、天然林保护工程，接续实施全国重要区域生态示范保护和修复重大工程规划，就是发展绿色生产力的重大举措。

二、绿色生产力的空间架构

光热水气土是决定地球生物圈绿色生产力的五大要素。地球表面光热水气土资源禀赋差异，决定了绿色生产力的空间架构。海洋、陆地，热带、温带、寒带，平原、丘陵、高山，森林、草原、湿地、荒漠乃大自然鬼斧神工、浑然天成之作。一般而言，受光热水气土资源支配，从低纬度到高纬度，绿色生产力渐次降低；从低海拔到高海拔，绿色生产力渐次降低，从热带雨林到温带森林，到灌丛草原再到戈壁荒漠，绿色生产力渐次降低，荒漠土地的绿色生产力接近于零。绿色生产力的高产空间与低产空间自有规律。比如，陕西省南北狭长，从南向北，从低纬度到高纬度，从高积温到低积温，从1500毫米降水到不足400毫米降水，绿色生产力呈现渐次降低的大趋势。依五大资源禀赋，陕西绿色生产力的高产空间集中在秦巴山区，低产空间集中于毛乌素沙地，长城以北六县区（榆林市定边县、靖边县、府谷县、横山区、榆阳区，神木市）排在全省后列。

绿色生产力与绿色植物的叶片面积有着极为密切的关联。单位面积上的绿色叶片面积，阔叶林大于针叶林，乔木林大于灌木林，灌木林大于草原，草原大于荒漠，这是不同生态类型绿色生产力差异的根源。在光热水气土五大要素没有限制的情况下，大自然倾向于向绿色生产力高的一方发展演进，从裸地上生长出植物，从草丛中生发出灌丛，从灌丛中演化出乔木，单一的乔木林演变为复杂的森林，绿色生产力逐步向上提升至生态空间的上限。这是一个漫长的发展演化过程，人们看到当下的生态实景，只是生态系统发展演化过程中某一个阶段的即时呈现，也是绿色生产力的即时呈现。它可进行量化数据化，其路径是把多个卫星遥感图像数据按照特定模型反演推算。比对陕西省卫星遥感植被图与植被净生产力分布图清晰可见，绿色的深浅对应着绿色生产力的高低。连成一体的大片绿色区域集中在秦巴山地，而黄绿相间的区域集中在长城以北毛乌素沙地。在连续变化的植被覆盖图上，无论是由黄变绿的区域还是由浅绿到深绿的区域，都直观真实地反映了绿色生产力发展变化的图景。

　　具有原真性的自然生态系统，绿色生产力具有稳定性，多年来平均数是一个常值。在年度之间，光热水气波动变化，绿色生产力也会随之波动变化。年度值波动变化的中心线即绿色生产力的原真常值，可以把这一原真常值视作绿色生产力的上限——绿色生产力峰值。人们不断掏挖甚至掏空生态系统物质能量，在生态系统中形成大大小小的生态窟窿、碳窟窿，导致绿色植被盖度下降，绿色生产力衰减，年度波动变化偏离原真常值，意味着生态系统退化，原本的高产空间退化为后天的低产空间。

　　生态保护修复就是修补生态窟窿、碳窟窿，校正偏离原真常值的绿色生产力，让下行至低位的绿色生产力上行至高位。生态保护修复的潜力与偏离原真常值程度和时间密切相关，偏离原真常值幅度越大，回归常值的潜力越大，偏离原真常值的时间越长，回归常值的难度越大、时间越久。不少空间偏离原真常值由来已久，低位下行经年累月，保护修复绝非一朝一夕之功。绿色生产力是生态系统生产力之母，在生态系统生产力恢复回归峰值之前，绿色生产力必然要先恢复回归原真常值。植树种草、造林绿化是推动绿色生产力回归的跨代工程，需要绿色愚公朝夕逐梦，向绿而行，久久为功。

三、保护与修复的时空格局

改革开放以来，中国启动实施大规模生态建设工程，最先启动的是"三北"防护林体系建设工程，在自然生态脆弱的北疆营造绿色长城。1998年长江、嫩江暴发大洪水，暴露了普遍存在的生态窟窿。国家启动实施天然林资源保护工程、退耕还林还草工程，全力修补生态窟窿。推行分林而治方略，划定国家公益林，落实生态补偿。历经数十年，投资上万亿，为全球生态空间治理贡献了中国方案。全国森林覆盖率、草原植被盖度恢复性增长，绿色生产力向原真常值回归取得重要进展，国家生态安全骨架基本构筑。黄土高原成为全球绿色生产力增长中心，陕北成为黄土高原绿色生产力增长中心。陕西成为全国退耕还林大省、天然林大省、防护林大省、公益林大省。绿色生产力持续恢复性增长，为野生动植物提供了更好的生境、更多的食物，促进了大熊猫、金丝猴、朱鹮、羚牛、华北豹、褐马鸡种群复壮。

进入"十四五"，国家坚持新发展理念，推进山水林田湖草沙系统治理。以大江大河大山为骨架，突出对国家重大战略的生态支撑，统筹考虑生态系统的完整性、地理单元的连续性和经济社会发展的可持续性，提出森林、草原、湿地、荒漠、河流、湖泊、海洋等自然生态系统保护和修复主要目标、总体布局、重点任务、重大工程和政策举措，统一构建并实施《全国重要生态系统保护和修复重大工程规划（2021—2035年）》。这是今后一个时期全国重要生态系统保护和修复重大工程的指导性规划，是编制和实施有关重大工程建设规划的主要依据。

同一时期，按照自然生态系统类型，国家先后出台了森林、湿地、草原保护修复制度方案或具体意见。天然林是森林之芯，群落最稳定、生物多样性最丰富，需要用最严格制度、最严密法治保护修复天然林。2019年中共中央办公厅、国务院办公厅印发《天然林保护修复制度方案》，建立全面保护、系统恢复、用途管控、权责明确的天然林保护修复制度体系，维护天然林生态系统的原真性、完整性，确保天然林面积逐步增加、质量持续提高、功能稳步提升。到21世纪中叶，全面建成以天然林为主体的健康稳定、布局合理、功能完备的森林生态系统。

湿地是地球之肾，在涵养水源、净化水质、蓄滞洪水、调节气候和维护生物多样性等方面具有重要功能。早在2016年国务院办公厅就印发了《湿地保护修复制度方案》，将湿地划分为国家重要湿地、地方重要湿地和一般湿地，实行名录管理。建立湿地保护修复制度，全面保护湿地，修复退化湿地，维护湿地生物多样性，严格湿地用途监管，实行湿地面积总量管控，确保湿地面积不减少，促使湿地功能全面提升。

草原是地球的肌肤，是与森林、湿地并驾齐驱的陆地生态系统。长期以来，草原生态保护修复明显滞后，草原资源底数不清、科技支撑不足、监督能力不强，恢复草原生态系统生产力依然面临严峻形势。2021年印发《国务院办公厅关于加强草原保护修复的若干意见》，以推进草原治理体系和治理能力现代化为主线，全面建立健全草原保护修复制度体系，加强草原保护管理，遏制草原生态退化趋势，推进草原生态保护修复，持续改善草原生态系统功能，促进草原合理利用，推动草原绿色发展。到21世纪中叶，草原生态系统实现良性循环，形成人与草原和谐共生新格局，彰显美丽中国草原风景线。

国土空间规划把自然生态功能特别重要，必须实行强制性严格保护的生态空间划入生态保护红线范围。生态保护红线范围分为核心保护区、生态管控区。核心保护区就是各类自然保护地范围，即自然保护地。生态管控区是自然保护地外的保护范围，即红线管控区。中共中央办公厅、国务院办公厅《关于划定并严守生态保护红线的若干意见》规定："生态保护红线原则上按禁止开发区域的要求进行管理……因国家重大基础设施、重大民生保障项目建设等需要调整的，由省级政府组织论证，提出调整方案，经环境保护部、国家发展改革委会同有关部门审核后，报国务院批准。"在生态保护红线之外的生态空间即生态控制区，以生态保护与修复为主体功能，原则上应保留原貌、强化生态保育和生态建设，限制开发建设。在不降低生态功能，不破坏生态系统且符合空间准入、强度控制和风貌管控要求的前提下，可进行适度开发利用和结构布局调整。

地球表面具有独特性、唯一性，在生态系统中的各空间也具有独特性、唯一性，空间与空间互联互通，为生态系统提供连通性、协同性与完整性的物理环境，支持着绿色生产力。为了避免与生态位概念混淆，把空间在生态系统中的位置称之为"空间位"。在实用生态场景中，空间位可指地块、斑块。每一空间位至少携带着三重生态空间治理信息：区位信息——自然保护地、红线管控区或是一般控制区；系统信息——森林、草原、湿地、荒漠；权属信息——国有、集体，确认空间位的意义在于确定保护修复的优先序列。事实上，现行法律制度已经规定了明确的空间位保护优先序列和修复优先序列。在某种意义上，生态空间政策就是空间位政策，生态空间治理就是空间位治理。生态保护修复、生态系统管理、生态剥离与生态还原都要锁定空间位，科学施策，精准施治。

四、与农业共享的生态空间

在生态空间内的生态控制区仍以生态功能为主，包括生态保护红线外的生态公益林、天然林、天然草地、禁牧草地、自然湿地、自然荒野等。在生态控制区外，是兼具生态保护修复与经济社会发展双重功能的"双料角色"，即生态空间与农业空间重合的林草经济空间。比如，森林生态系统中的商品林、草原生态系统中的牧草地、湿地生态系统中捕捞作业的河湖库塘。经人类长期经营利用，人与自然已经紧紧捆绑在一起，成为和谐共生的生命共同体。农业生产经营活动已经嵌入生态空间，这也是农业大学设立林学专业、林业曾归属农口部门的内在逻辑。

仔细推敲，在生态空间与农业空间重合的林草经济空间，生产经营强度有所不同，有的生产经营活动强度不大，对自然生态过程干预较小；有的生产经营强度较大，对自然生态过程影响很大。比如，商品林中的核桃、冬枣、花椒、油茶、板栗等经济林，自然生产与经济生产紧密交织在一起。从整地、铺膜、植株、嫁接到施肥、用药、灌溉，再到拉枝、修剪、整形，经济林田间作业规范化、标准化、产业化成为现代产业链、供应链的一个生产车间。一旦减少人工干预，经济生产力大幅度衰退。生产经营活动深度干预的经济林草，更多具有人工生态系统特征和农业功能属性。经济林草是生态空间中典型的粮库、钱库，也是经营产业化、全链条现代化的一大重点领域。

用材林是商品林中的一大类，以木材生产为主要方向。从生产经营活动看，当立木定植后，树木生长、材积增长是随年龄增加而增长的过程，短则十年，长则几十年，特别是以培育大径材为目标的国家储备林，往往需要数十年甚至更长时间。其间，以自然再生产为主，需要多年自然累积，相辅之的是适度的人工干预。与商品林中按年度生产的经济林相比，用材林是轻度的人工干预，也是轻度的经济再生产，更多的是年复一年的自然再生产。从国土空间属性上看，经济林更靠近农业空间，而用材林更靠近生态空间。经济林是商品林中的劳动密集型产业，而用材林则是自然密集型产业。在劳动力价格走高的情势下，自然资源状况好、绿色生产力高的区域，发展用材林优势凸显。缺少"栋梁之材"是当今中国林业的硬伤，要采取更加优惠的扶持政策，持续推动国家储备林体系高质量发展。

绿色生产力发展过程，也是绿色碳库增汇扩容的过程。无论是生态空间中的自然保护地，还是红线管控区，抑或是生态控制区、林草经济区，无论是森林、草原还是湿地、荒漠，凡是绿色生产力恢复性增长，均可带动绿色碳库增汇扩容。然而，有自然过程带动的绿色碳库增汇扩容分为自然过程带动的和人工经营活动带动的，不是所有的绿色碳库增汇扩容都可成为碳汇交易，只有人工经营部分才成为市场交易的标的物。同理，不是所有的森林蓄积都是材积，甚至大部分森林蓄积都无法转化为材积。比如，自然保护地的森林，无论蓄积多少都支持着保护地生态系统功能，维护着生物多样性。同样，风景名胜区的森林蓄积支持着森林风景资源。城市园林蓄积、乡村景观蓄积以及其他生态公益林蓄积都难以有效转化为木材生产的材积。只有在商品林地以用材为目的经营的蓄积才能有效转化为材积。这就是新时代森林分类经营、分林而治的原因。总体而言，生态空间是面向大众提供具有公共属性的产品和服务的空间，林草经济区则是面向市场提供私人属性产品和服务的空间，一定要把准空间定位，把脉经营活动，这也是科学绿化包含的深层逻辑。

林草经济区要兼顾绿色生产力和社会生产力，均衡处理生态保护修复与经济高质量发展的关系，要在确保生态系统稳定健康的同时，切实有效提高生产经营水平和社会经济效益。立足于商品林地开展科学经营，规划建设绿色碳库，储碳储林。引入绿色金融和绿色发展模式，推动国有银行、国有企业、国有林场合作，联合打造双储林场国家储备林体系，储林储碳。无论是储林还是储碳，都是超长周期的生产经营活动，都是在利用经年累月的自然再生产，都是在发展绿色生产力，都需要得到生态空间政策的优惠扶持。

五、剥离与还原的边缘空间

洪荒时代，地球生物圈原真协同完整，天地万物，浑然天成，自然法则精巧运作，生态系统因无序而秩序井然，因无界而顺其自然。从混沌的大自然中，人类发展农业、工业、商贸服务，循序渐进，大自然被掠夺使用，逐步剥离。起初，只在平原低地从事采集狩猎，逐步种植养殖、加工贸易、开辟空间，从平原到丘陵形成农业空间、城镇空间。后来，深入丘陵山区密林茂草，从森林、草原、湿地边缘伸入腹地，交通道路、输水渠道、输油气管线、电力通信网线等纵横交错，以线状、星状空间支撑农业、城镇空间现代化。山地、高原生态空间复杂多样、又较为脆弱，原本不具有经济规模效应，不适宜产业开发，人工空间扩张导致生态空间岛屿化、碎片化，砍柴伐木、放牧牛羊，致使天然森林草原破败，曾经浑然天成的自然生态千疮百孔、漏洞百出，自愈修复困难重重，形成了边缘空间的边缘种群。

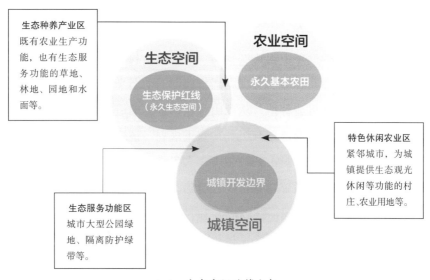

生态种养产业区
既有农业生产功能，也有生态服务功能的草地、林地、园地和水面等。

生态空间

农业空间

生态保护红线
（永久生态空间）

永久基本农田

特色休闲农业区
紧邻城市，为城镇提供生态观光休闲等功能的村庄、农业用地等。

城镇开发边界

城镇空间

生态服务功能区
城市大型公园绿地、隔离防护绿带等。

4-1 生态空间政策分析

人类社会生产力与自然绿色生产力是两大博弈力量，在无休止地抗争、妥协、退让。边缘空间是生态空间、农业空间、城镇空间的交汇空间，也是两大力量博弈的前沿空间。绿色生产力就是还原生态，把自然生态系统中的物质、能量、信息扩散到被剥离的空间上，倾力恢复天然植被，再现森林、草原、湿地，恢复生态系统生产力。从双方力量消长对比看，人类的力量持续增长，占据了越来越多的空间。人类不得不主动调整社会生产力，放弃无节制开发对生态空间的掠夺、侵蚀，反过来又借助绿色生产力重建崩塌的生态空间，修补生态窟窿、碳窟窿，修复受损的生态系统，促使利用不当的农业空间、城镇空间重返生态空间。人们主动而为，维持生态空间、农业空间、城镇空间的动态均衡，构建文明新形态。

21世纪人与自然的关系正在进行深度调整，把自然法则与社会法则、经济法则融为一体，实践人与自然和谐共生的理念。随着科技进步、经济社会发展，剥离与还原的博弈仍在继续，国土空间利用结构也在深度置换、优化调整。新时代走中国式现代化道路，在顶层设计上率先突破，主动把经济社会发展控制在农业空间、城镇空间，为自然规划出专属的生态空间。在一定意义上，设立自然保护地、划定生态保护红线，规划生态空间都是中国式反剥离、促还原、利修复的空间政策。

面向未来，空间和谐，实现剥离与还原的动态平衡，科学选择待造林地、新造林地和再造林地，从荒山荒坡、宜林地造林拓展为规划造林绿化空间，从多项工程计划升级到"双重规划"精准上图落地，从有限管护措施到封山育林、封山禁牧制度，人工助力自然还原，促使边缘空间向稳定健康的生态系统转变是大势所趋。

严格控制生态空间剥离已成为新时代的重要特征。2017年发布的《自然生态空间用途管制办法（试行）》规定，严格控制生态空间开发利用活动，实行空间准入和用途转用许可制度，确保生态空间不减少，生态功能不降低。生态控制区原则上按限制开发区管控，制定准入条件，明确允许、限制、禁止的产业和项目类型清单。2019年新修订的《中华人民共和国森林法》规定，实行占用林地总量控制、占用林地审核审批的林地用途管制制度。空间位越重要，剥离管控越严格。生态空间剥离已经进入制度协同一体、程序协调一致、数据动态同步的系统治理新阶段。

发展绿色生产力，推动生态还原是新时代的显著特征。2022年，《自然资源部 国家林业和草原局关于在国土空间规划中明确造林绿化空间的通知》规定，以国土三调为底版，进一步明确造林绿化空间科学选择方式。2021年《国务院办公厅关于科学绿化的指导意见》明确，一般灌木林地、林地、未成林造林地和退化林地是再造林的主战场，人工造林、飞播造林、封山育林、补植补造、森林抚育、退化林修复相结合，逐步消除生态窟窿、碳窟窿。进入"十四五"，已经开启"新造林地+再造林地"国土增绿新模式。新一轮退耕还林还草总体方案要求25度以上坡耕地、陡坡梯田、重要水源地15—25度坡耕地、严重沙化耕地和严重污染耕地纳入退耕还林还草范围，为边缘空间还原生态空间提供制度保障。

边缘空间是空间位转换、结构优化、协调均衡的热点空间，也是生态剥离与生态还原易于消长的关键空间。持续推动绿色生产力发展，要严格控制生态剥离，遵循空间用途管制政策，严守生态保护红线，实行空间准入和用途转用许可制度；科学编制空间保护利用规划，优化空间布局，合理拓展双储林、能源林用地，保障国家重点建设、基础性公益性设施及改善民生建设项目用地，形成与经济社会高质量发展相适应的空间保护利用格局。要科学推进生态还原，以森林"一张图"与国土三调融合成果为基础，实行差别化、精细化管理，利用无人机与激光雷达、AI技术全面把握生态空间动态变化，建立以卫星影像为主、实地督查为辅的剥离地智慧监督管理体系，科学选择待造林地、精准设计新造林地和再造林地、保护培育未成林造林地，建设生态廊道、修复生物体系、还原生态系统，永葆生态空间生机活力。

六、生态加载的友好型经济

生态空间治理的主体任务是推进生态保护修复，发展绿色生产力，增加生态产品和增强生产能力。在生态系统主体功能基础上，可以加载生态旅游、生态康养、生态休闲、自然教育、科学探秘等生态友好型经济。与生态空间内的农业活动有所不同，生态友好型经济与生态系统是一种"加载""悬浮"的关系，不直接参与生态系统运行，对生态系统功能没有实质性影响，且不减损生态产品的提供能力。在生态空间嵌入和加载生态友好型经济是有效提升生态系统价值的现实选择，也是实现人与自然和谐共生的根本出路。

生态旅游就是"逛生态空间，赏自然风光"。生态旅游活动有两个关键字"逛"与"赏"，生态空间、自然风光、旅游设施都是客观存在，只有逛客、赏客进场，才是真正的生态旅游。进入生态旅游的是三有人群：有好身体、有闲暇时间、有支付能力。生态旅游活动多发生在自然公园，分布广、数量多、景观丰富、距离适中的是森林公园、湿地公园；路程远、景观异质性大的是地质公园、沙漠公园、草原公园。每一处自然公园都是生态空间，都有独特的风景资源，并经过大量投资建设了旅行导图、漫游步道、观光索道、观景平台、安全服务等基础设施。生态游客逛公园、赏美景、陶冶情操，来时好心情、去时心情好，纵然有微量足迹驻留，但对生态系统生产力的影响轻微，只要科学规划、精细管理，一定能实现可持续发展。

生态康养是"驻生态佳境，享自然疗愈"。健康调理需求是生态康养的根本。工商业、服务业人群久居城镇，因身体不适而成为亚健康人群，需要融入生态空间静心疗养以恢复健康。生态康养之地必是自然生态空间佳境——气候适宜、水质优良、自然风景优美、植物精气充足。生态康养是科学消费生态佳境。所谓"科学消费"，就是在生态康养理论指导下进行一系列生态康养活动。其中，最为关键的活动即生态浴，沐浴阳光、吸收负氧离子和植物精气，让身体、心志与生态佳境融为一体。与生态旅游有所不同，生态康养需要驻留，接受康养师指导。生态休闲与生态康养是业态相近的双胞胎姊妹。生态休闲是于生态空间体验慢生活。久居城镇的居民，忙里偷闲，置身山林，居上等民宿，过短暂慢生活。目前流行的民宿经济是生态休闲的重要形式。

自然教育是"以自然说自然"。随着种植业、养殖业、加工制造业、商品贸易服务、网络信息产业的持续升级、转型发展，经济链接越来越长，人工创建的物理环境越来越多，城镇空间、农业空间的自然成分越来越少，生产生活与生态空间的距离越来越远，出现了人与大自然疏离之势。人的生命源于自然，人与自然是生命共同体。了解自然、探秘自然、亲近自然、回归自然，不仅是成年人的梦想，也是城乡青少年的愿望。自然教育就是青少年的自然课不在人工建造的室内，而在户外的生态空间。以国家公园为主体的自然保护地体系是大自然的博物馆，也是理想的自然课堂。国家的自然保护地具有自然科普、自然教育功能，拥有原真性的自然生态系统，设有规范的自然课堂，配有专业的自然教师，与青少年组织、中小学校联合开展自然教育，立足自然生态空间，向来访者讲述生态原理、自然规律。

总体而言，嵌入生态空间里、加载在生态系统上的生态友好型经济属于生态服务型经济，主要是满足消费者自我保健、自我发展、自我实现的需求。这些都是在较低层次需求满足后产生的较高层次的需求，意味着更高的发展阶段、更高的消费水平、更高的服务能力。新时代中国正在迈向社会主义现代化强国，高质量发展生态友好型经济必将为高品质生活提供重要支持。

与此同时，要加强生态系统承载力研究，以承载力确定加载力，合理加载、科学加载，走出生态友好型经济可持续发展之路。切忌因超负荷加载损害生态生产力，导致生态永动机失速失灵，引发新的生态灾害，自断友好型经济发展前程。

生态生产力是生态空间政策的试金石。要始终坚持基于生产力的生态空间政策，夯基垒台、立柱架梁、厚植厚积、系统集成，建立健全生态空间治理机制，持续推动兴林草兴生态事业蓬勃发展，为生态兴民族兴激发澎湃的绿色元动力。

生态空间绿色革命

20世纪以来，中国主动调整人与自然的关系，先后在两大国土空间上掀起了两场具有世界影响力的绿色革命。这两场绿色革命为中国经济腾飞、中华民族伟大复兴提供了绿色动力。

一场是发生在农业空间上的绿色革命，以生物技术革命为核心，灌溉、机械、化肥、农药、薄膜等工业革命成果在农业上被广泛应用，提高作物产量，食物供给大幅度增长。这场绿色革命发生在农业空间，因而也称之为"农业绿色革命"或者"农业革命"。

另一场是发生在生态空间上的绿色革命，也可称为"生态永动机革命"。当代的中国人已经分享了生态空间绿色革命的生态福利。然而，对发生在生态空间上的绿色革命——生态生产力革命，一直缺少必要的理论解构，也鲜被人提及，依然是生态政策理论的空白。

由政府主导的六大生态保护修复工程成就了中国生态空间绿色革命的宏阔景象。

"三北"防护林体系建设工程　这是全球持续时间最长、最具雄心的生态治理工程。1979年国家正式启动"三北"（东北、华北、西北）防护林体系建设工程，构筑祖国北疆绿色长城。"三北"地区分布着八大沙漠、四大沙地和广袤的戈壁，是全球最缺少绿色的区域之一。"三北"防护林体系建设工程就是在全球植被稀缺的生态空间上掀起的绿色革命，以绿治黄，减缓荒漠化、沙化和水土流失进程。"三北"防护林体系东起黑龙江宾县，西至新疆的乌孜别里山口，北抵北部边境，南沿到海河、永定河、汾河、渭河、洮河下游、喀喇昆仑山，包括13个省、自治区、直辖市的559个县（旗、区、市），总面积406.9万平方公里，占中国陆地面积的42.4%。从1979年到2050年，历时71年，分三个阶段八期工程，规划造林5.35亿亩。通过人工造林、飞播造林、封山封沙、育林育草等途径，营造防风固沙林、水土保持林、农田防护林、牧场防护林以及薪炭林和经济林等，形成乔、灌、草，带、片、网结合的防护林体系。到2050年，"三北"地区森林覆盖率由1979年的5.05%提高到15.95%。

长江流域防护林体系建设工程　1986年，第七个五年计划明确提出，积极营造长江中上游水源涵养林和水土保持林。中国在1989年启动了长江流域防护林体系建设一期工程，规划造林任务648.4万公顷。二期工程（2001—2010年）建设范围扩大到长江、淮河、钱塘江流域，涉及17个省（市）的1035个县（市、区），规划造林任务687.72万公顷。三期工程（2011—2020年）规划造林任务为530.21万公顷。

天然林资源保护工程　天然林是自然生态空间的精华所在。1998年8月，国家做出长江上游、黄河上中游天然林禁伐、限伐决定，2000年天然林保护工程正式实施。2000—2010年为天保一期，2011—2020年为天保二期。2014年4月1日起，在长江上游、黄河上中游停伐基础上，黑龙江森工集团和大兴安岭林业集团全面停止木材商业性采伐。2015年4月1日起，内蒙古、吉林、长白山森工集团全面停止木材商业性采伐，河北省也纳入了停伐范围。2016年，全国天然商品林采伐全面停止，实现了全面保护天然林的历史性转折。目前，涉及26个省（区、市）和新疆生产建设兵团的国有天然林及江西、福建等16个省（区）的集体和个人所有天然商品林全部纳入保护范围。2019年，中共中央办公厅、国务院办公厅《天然林保护修复制度方案》指出："到2020年，1.3亿公顷天然乔木林和0.68亿公顷天然灌木林地、未成林封育地、疏林地得到有效管护……到2035年，天然林保有量稳定在2亿公顷左右，质量实现根本好转，天然林生态系统得到有效恢复，生物多样性得到科学保护，生态承载力显著提高，为美丽中国目标基本实现提供有力支撑。到本世纪中叶，全面建成以天然林为主体的健康稳定、布局合理、功能完备的森林生态系统，满足人民群众对优质生态产品、优美生态环境和丰富林产品的需求，为全面建成社会主义现代化强国打下坚实的生态基础。"

退耕还林还草工程　让过度开垦利用的耕地重新回归森林，重新回归草原，重新回归湿地，恢复与重建自然生态空间。1999年，四川、陕西、甘肃3省开展退耕还林试点。2000年，《国务院关于进一步做好退耕还林还草试点工作的若干意见》发布。2002年，《国务院关于进一步完善退耕还林政策措施的若干意见》发布，明确"凡是水土流失严重和粮食产量低而不稳的坡耕地和沙化耕地，应按国家批准的规划实施退耕还林。"同年，国务院发布《退耕还林条例》，标志着退耕还林工程全面启动。2014年，国家做出了实施新一轮退耕还林还草的决定。20年来，实施两轮退耕还林还草工程，涉及25个省区和新疆生产建设兵团的2435个县（含县级单位），实施退耕还林还草3666万公顷。其中，增加林地3344万公顷，占人工林面积7866万公顷的42.5%，增加人工草地33.4万公顷，占人工草地面积1466万公顷的2.2%，工程区森林覆盖率提高4个多百分点。按照2016年现价评估，全国退耕还林当年产生的生态效益总价值量为1.38万亿元。

京津风沙源治理工程　这是缩小版、加厚版的"小三北"工程。2000年春季，我国北方连续12次发生较大浮尘、扬沙和沙尘暴天气，多次影响首都，为50年来所罕见。国家立刻开展京津风沙源治理工程。2002年启动一期工程，工程区西起内蒙古达尔罕茂明安联合旗（简称"达茂旗"），东至内蒙古阿鲁科尔沁旗，南起山西代县，北至内蒙古东乌珠穆沁旗，涉及北京、天津、河北、山西及内蒙古等五省（区、市）75个县（旗）。工程区面积45.8万平方公里，沙化土地面积10.12

万平方公里。2012年，国务院通过《京津风沙源治理二期工程规划（2013—2022年）》，工程区增加了陕西，合计6个省（区、市）138个县（旗、市、区），加强林草植被保护和建设，提高现有植被质量和覆盖率，加强重点区域沙化土地治理，遏制局部区域流沙侵蚀，稳步推进易地搬迁37.04万人。

野生动植物保护及自然保护区建设工程 《全国野生动植物保护及自然保护区建设工程总体规划》的发布，开启了中国野生动植物保护和自然保护区建设新纪元。工程内容包括野生动植物保护、自然保护区建设、湿地保护和基因保存。重点开展物种拯救工程、生态系统保护工程、湿地保护和合理利用示范工程、种质基因保存工程等。规划指出，到2010年，90%的国家重点保护野生动植物和90%的典型生态系统类型得到有效保护；全国自然保护区达到1800个，其中国家级自然保护区数量达到220个，自然保护区面积占国土面积的16.14%左右，初步形成较为完善的自然保护区网络；制定全国湿地保护和可持续利用规划，建设94个国家湿地保护与合理利用示范区。到2030年，60%的国家重点保护野生动植物种数量得到恢复和增加，95%的典型生态系统类型得到有效保护；自然保护区总数达到2000个，其中国家级自然保护区280个，自然保护区面积占国土面积的16.8%，形成完整的自然保护区保护管理体系；在全国建设76个国家湿地保护与合理利用示范区，建立健全全国湿地保护和合理利用的机制，基本控制天然湿地破坏性开发，遏制天然湿地下降趋势。到2050年，85%的国家重点保护野生动植物种数量得到恢复和增加；自然保护区达2500个，其中国家级自然保护区350个，自然保护区总面积占国土面积的18%，建成具有中国特色的自然保护区保护、管理、建设体系，成为世界自然保护区管理的先进国家；建立比较完善的湿地保护、管理与合理利用的法律、政策和监测体系，恢复一批天然湿地，在全国完成100个国家湿地保护与合理利用示范区。

2019年中共中央办公厅、国务院办公厅《关于建立以国家公园为主体的自然保护地体系的指导意见》指出："到2020年，提出国家公园及各类自然保护地总体布局和发展规划，完成国家公园体制试点，设立一批国家公园，完成自然保护地勘界立标并与生态保护红线衔接，制定自然保护地内建设项目负面清单，构建统一的自然保护地分类分级管理体制。到2025年，健全国家公园体制，完成自然保护地整合归并优化，完善自然保护地体系的法律法规、管理和监督制度，提升自然生态空间承载力，初步建成以国家公园为主体的自然保护地体系。到2035年，显著提高自然保护地管理效能和生态产品供给能力，自然保护地规模和管理达到世界先进水平，全面建成中国特色自然保护地体系。自然保护地占陆域国土面积的18%以上。"

20世纪以来，中国把农业空间、城镇空间取得的科学成就和积累的物质成果用于回馈生态空间，加速推动复育森林、复育草原、复育湿地进程。由森林垦辟的农地，恢复与重建森林生态系统；由草原垦辟的农地，恢复与重建草原生态系统；由湿地垦辟的耕地，复育为湿地生态系统。

绿色"一张图"，不仅仅代表着绿色的扩展，还代表着人与自然关系的重大调整，代表着人与自然再平衡取得的重大成果，代表着生态新时代的先声。

现在，不少人都在说，植树增绿、复育森林的空间已经不大了。的确，与过去比，植树增绿的空间确实小了很多。然而，大小从来都是相对的。就陕西而言，增绿空间也有大小之分。比如，秦岭之央的宁陕县森林覆盖率达到96%，显然增绿空间不大。不仅是宁陕县，秦岭腹心的佛坪、留坝、太白等县皆已广披森林，增绿空间也不大。绿色空间增长的潜力在哪里？不少人只是根据印象推理说，秦巴山区增绿潜力小，黄土高原增绿潜力大，长江流域增绿潜力小，黄河流域增绿潜力大；大体而论，未来国土空间增绿计划中，黄土高原依然是重点。

森林是国土空间中的绿色空间，也可称之为"显绿空间"，即森林覆盖率是森林面积（显绿空间）占国土空间的比率，也可称之为"显绿指数"。过去，我们已经知晓各市县的显绿空间、显绿指数；现在，我们关注国土空间中潜藏着的森林绿色空间，也可称之为"潜绿空间"。

在理论上，森林面积（显绿空间）是郁闭度0.2以上的乔木林地、竹林地与国家特别规定的灌木林地之和。与显绿空间对应的潜绿空间，包括了稀疏林地、未成林造林地、宜林地、退耕还林地等，一一相加即可计算出潜绿空间，判读出潜藏着的增绿空间绝对值。植树增绿，无不存在于潜藏的增绿空间，特别是国家工程造林应当向增绿空间大的市县倾斜。在计算出潜绿空间后，就可以计算出潜绿指数。潜绿指数=潜绿空间÷国土空间。潜绿指数的数值大小，代表着一个区域的森林增绿潜力。

潜绿空间、潜绿指数承载着未来植树增绿、复育森林的历史重任，指引着国家工程造林、地方项目造林、企业参与造林、义务植树造林，它指引着绿色空间扩张的方向。要在推动显绿空间提质增效的同时，更多地关注潜绿空间，推动潜绿空间转型升级为显绿空间。

生态空间法学原理

秦岭是中国中央水塔、中华民族祖脉，也是大自然赐予中国长盛不衰的高质量的生态永动机。因此，中国秦岭生态永动机的结构、原理，也是中国生态空间治理法学研究的高级样本。

中华民族经略秦岭已有数千年历史。在经历数千年之后，人类古典文明所在的北纬30—40度黄金地带，曾经浩瀚繁茂的森林，大多已经荡然无存。然而，只有中国秦岭是一个例外。中国秦岭创造了北纬30—40度的绿色奇迹。如今的大秦岭，依然是美丽的中国芯，是中国绿色宝库、中国人的中央公园。

在历经数千年经略后，中国秦岭依然能够保有生物多样性和生态系统完整性、原真性，根本原因就在于秦岭有着极强的自我保护能力和完备的自我保护机制。集中起来，可以概括为以下四个方面。

首先是拒止机制。秦岭是巍峨挺拔、危崖高耸、绵延逶迤、横贯东西、统领南北、泽被天下的巨大山系。无论是从哪个方向，进山抑或是出山皆非易事。秦岭是典型的褶皱断层山脉，遍布密集的褶皱、隆起、断层，正是它们形成了千变万变的小生境，多样性的小生境生成了生物多样性。而且，褶皱系数越高，生境越复杂，生物多样性越丰富。与此同时，褶皱、隆起、断层在一定程度上也阻止了外来力量，包括人类力量的进入。特别是秦岭关中弯，从海拔500米左右拔地而起，在水平距离20公里内，拔高2000—3000米，如同在平原上矗立的一道绝壁，阻止了南下或是北上的人群。所以，才有"夫南山，天下之阻也""蜀道之难，难于上青天"。也正是因为人类认为的"阻""难"，为秦岭留住"绿色宝库"的美名立下了首功。

其次是惩戒机制。在猎枪发明以前，人类依靠身体力量，并没能成为站在秦岭生态系统食物链顶端的动物。在人少兽多的时代，鲁莽进入秦岭的人，必然要面临蚊蝇攻击、虫蛇毒杀，或者猛兽袭击的威胁，有可能被自动整合而进入秦岭食物链系统，并成为秦岭生态系统的有机组成部分。这让进入者心存敬畏，不敢恣意妄为。这种惩戒，对人类而言，显然是精神与肉体的双重惩戒。在人类心灵深处，秦岭是难以逾越的鸿沟、神秘莫测的生境，不可冒犯。

再次是驱离机制。秦岭主峰太白山，海拔3771.2米。太白山基本于10月进入冬季，极端最低气温零下50摄氏度。它的四周，由高山到低山，由腹心到边缘，陆续进入冰雪世界。冰雪封山之后，在秦岭里会形成一个又一个寒冷的孤岛。在冰封之前，上山的人群都会提前撤离。由此，秦岭以自然的力量还自己以宁静，整整一个冬季，秦岭的中高山地带都进入了寂静的世界。当春暖花开之时，与之相伴而来的还有暴雨、山洪、滑坡、塌陷、泥石流……这些被人们视之为灾害，其实也是自然现象，它是秦岭生态系统向人类发出的驱逐警告。

第四是自主修复机制。这种修复能力，曾经很有效很强大。秦岭的底部是野生动植物的家园，部分区域已经被人类永久侵占；秦岭的顶部是尚且健在的秦岭生态根脉。野生植物的种子是"飞行高手"，蜂、鸟、风都是野生植物种子飞行的帮手。野生动物也会紧随野生植物的脚步，找到适合栖息的家园。已经被人类侵占的地盘，当人类放手还给秦岭时，秦岭就一定能够用顶部的生态资源，年复一年修复失去的家园，恢复曾经的生机活力。

人类已经获得了超级强大的力量。秦岭所具有的四种保护机制，已被人类一一突破。纵然有的也只是局部的突破，但对秦岭生态系统造成的影响却是具有全局性的。如今，秦岭已经不是人少而兽多，而是人多而兽少。人多了，原始的、本真的、优美的生态环境更成为稀缺品、奢侈品。

在早期的历史中，人类使用肌肉的力量，力量比较弱小；而且人类自身也较为贫穷。因为贫穷，人们进山索取山货或者借道秦岭，对秦岭生态系统造成了一定程度的影响，主要是破坏了浅山的植被，犹如是损害山的"肌肤"，如同是"疥癣"，这即是"穷破坏"。秦岭依靠自身的力量，假以时日，便可以将这种破坏予以修复。即便如此，古人也讲究要遵循四时，不可过度索取，竭泽而渔，可称之为"穷保护"。后来，人类利用自身以外的力量，也逐渐富裕起来，不再满足于仅仅向秦岭索取山林资源，而是觊觎秦岭山中的矿藏资源，觊觎秦岭深处的森林美景，觊觎城镇没有的一切，于是，对秦岭的破坏由浅山走向深山，由山的"肌肤"走向山的"骨血"，这就是"富破坏"。由此，秦岭遭受的是挫骨扬灰之痛，秦岭生态系统走向崩溃的边缘，仅仅依靠自身的力量，已经无法修复。穷保护对应着穷破坏，更多时候是借助伦理道德。对于富破坏，需要实行富保护，也就是在伦理道德的基础上，启动法律保护机制，实现以德治山与依法治山相结合。

过去，人是生态系统的产出，也是生态系统的最大受益者。现在，因人的过度贪婪、过度索取，已成为生态系统的威胁。生态环境保护之所以成为一个重要议题，在根本上是因为人类在无限使用自己的超级能力，这种能力超越了生态系统的自我保护能力，危及生态系统安全。因此，生态保护就是人类主动控制自己的能力。

首先，人类要自觉自醒，控制自己的欲望。人类过度使用自己的力量，毁掉的不仅是自然，也是自己的家园。人类要控制自己的力量，使之与生态系统自我保护能力相适应，使生态系统能够实现自我调节、自我修复。其次，控制人类自身力量，防止贪欲膨胀、行为失控，以法律的强制力为保障，实行法律保护机制。再次，人类要用已经掌握的科技力量，推进生态保护修复事业的发展。

陕西秦岭是中国秦岭的腹心。《陕西省秦岭生态环境保护条例》是一部肩负保护中央水塔、中华祖脉使命的地方性法规，开创了绿水青山就是金山银山的生动法律实践，也为全面依法保护中国秦岭开了先河。

依法保护生态系统，需坚持"法法秦岭"的基本原则。前面一个"法"，是指法律法规、法律实践活动；后面一个"法"是受制于，是尊重遵循，是学习效法。这里的秦岭即是秦岭生态系统的自我保护机制。法法秦岭，也就是要尊重秦岭，顺应秦岭，把秦岭的自我保护机制转换为法律规范、法律条文。

第一是拒止。在自然拒止机制的基础上，建立法律拒止机制。高海拔地区、主梁及重要支脉、自然保护地等为生态根脉所系，也是秦岭生态修复的根基所在，是极重要保护区，形成"海拔+园区+廊道"连片保护模式，实行准国家公园体制，采取特别保护措施，禁止人类力量自由进入；极重要保护区下一圈层是重要保护区，严格限制人类经济活动；重要保护区之下的圈层是一般保护区，应当精准制定负面清单，阻止不当进入。

第二是惩戒。在自然惩戒机制的基础上，建立法律惩戒机制。对生态"原住民"以及合法进入者，应当实行法律约束，形成行为戒律，使之不得随意而为，促其成为生态环境的保护者而不是破坏者。陡坡地种植应当采取水土保持措施，不得开挖山体、侵占河道建构设施，不得向河道直排污水、倾倒垃圾，禁止非法捕猎野生动物或引入外来物种，禁止在封山育林区、封山禁牧区从事开垦、采石、取土、挖根、割漆、放牧等行为以及严禁采伐天然林等。所有的违法行为都应依法受到惩处，决不能失之于宽，产生"破窗效应"。

第三是驱离。在自然驱离机制基础上，建立法律驱离机制。这是法律保护中最严厉的手段。要依法拆除违法建筑，关闭违法开采企业等。已经进入的矿产资源开发企业、小水电工程，严重影响生态系统功能完整性的、法律规定退出的，一定要限期退出。

第四是修复。在自然修复机制基础上建立法律修复机制。过度开垦的耕地，不当开挖的矿山，拆除违法建筑留下来的印记，自然修复旷日持久甚至希望渺茫。因此，需要采取人工措施，利用现代科技手段，加快治理修复步伐。鼓励各种社会力量大力参与秦岭生态修复，帮助野生动植物建起新的家园。

秦岭具有独特性、唯一性，保护秦岭生态系统的完整性、原真性，人类需要控制自己的欲望，控制自己的力量，把自我保护机制与法律保护机制结合起来，把以德治山与依法治山结合起来，让"两种机制""两种治理"共同发力，相得益彰，永葆秦岭生机活力。

阅读链接10　褶皱之美

陆地由低地平原、高地山脉组成。高地山脉是地层褶皱、隆起、断层，也是折叠的平原。低地平原是摊平了的高地山脉，也是延展了的高地山脉。低地平原是河尾所在，高地山脉是河源、水塔所在，也是流域生态系统的根脉所在。人类需要低地平原，也需要高地山脉。

自古以来，人们歌咏低地平原的辽阔壮美。更多的时候，人们用诗歌赞美高地山脉的巍峨壮丽。中国是一个多山的国家，向来不乏歌咏大山的作品。秦岭是和合南北的中央山脉、泽被天下的中央水塔、长盛不衰的中华祖脉、天然的"国家版本馆"，自然是历代诗人反复咏叹的对象。《小雅·节南山》中有"节彼南山，维石岩岩""节彼南山，有实其猗"的诗句。唐代是诗歌时代，唐长安城在秦岭脚下，秦岭在诗人眼里、在诗人心里，也在唐代诗歌里。唐代诗人从多个角度展示他们心目中的秦岭。"太乙近天都，连山接海隅""南山塞天地，日月石上生""石拥百泉合，云破千峰开"……每每读到这些或激扬豪迈或低沉厚重的文字，我都会有一种莫名的感动。雄心霸气的唐太宗李世民，在考察秦岭防务后，即兴写下《望终南山》："重峦俯渭水，碧嶂插遥天。出红扶岭日，入翠贮岩烟。叠松朝若夜，复岫阙疑全。对此恬千虑，无劳访九仙。"在一代帝王心中，秦岭之美，可见一斑。

秦岭之美，皆源于鬼斧神工的"褶皱"。一般而言，地层在形成时是平的，经过漫长的地壳运动，坚硬的地层岩石继续保留着"平的"面目，而松软的地层岩石会隆起抬升，扭曲变形并表现为褶曲、褶皱。当地壳运动施加的压力进一步增大，地层岩石的弯曲就会超过岩石塑性，于是，地层岩石褶皱发生断裂，即出现了岩石断块，也称"断层山"。受挤压强烈的山脉，一定是在褶皱基础上出现强烈断层、断块的山脉。显然，秦岭微板块是松软的地层岩石，在遭受地壳运动挤压后，即扭曲变形为密集而强烈的褶皱。秦岭是强烈褶皱山，且是伴有强烈断层断块的山脉。秦岭的连山接海、磅礴逶迤，在本质上就是强烈褶皱-断层的杰作。

褶皱-断层，表面上看起来支离破碎。然而，秦岭褶皱-断层与黄土高原的支离破碎有着本质不同。秦岭的支离破碎本质上是地层岩石褶皱-断层，后经雨水冲刷，地表被剥蚀切割，呈现多样化的地形地貌。黄土高原本质是平的，经过雨水冲刷而形成了支离破碎的地形地貌，其强度远不及秦岭褶皱-断层，两者的成因不同，营造的生态环境也有极大不同。

秦岭的褶皱-断层，经历了数亿年绵长的地质过程。秦岭原本是一片汪洋，即秦岭洋。那时，秦岭洋与古地中海连接在一起，是地球上最为辽阔的海洋的一部分。秦岭洋的北部是华北地块、南部是扬子地块，南北两大地块相向而行，挤压碰撞，引起了秦岭微板块地层岩石的扭曲变形，开始了轰轰烈烈的秦岭造山运动。大约4亿年以前秦岭北部即上升为陆地，3.75亿年前秦岭南部隆起并露出海面，2.3亿年前秦岭整体抬升，1.95亿年前秦岭完全告别了海洋，显露出雄伟的身姿。之后，印度次大陆远道而来，伸进了亚欧古大陆地层下部，不断伸展腾挪挤压，于是青藏高原迅猛崛起并引发秦岭褶皱断裂，出现断层断块，呈现出褶皱-断层架构，并最终构造出大秦岭的格局。

只不过人们所看到的秦岭外表并非原始的褶皱，而是经过自然剥蚀后的面貌。自然剥蚀是风化物从生成地剥离的一种自然现象。剥蚀力即地表径流、地下水、冰川以及风的力量。不同的剥蚀力产生不同的剥蚀作用并形成不同的剥蚀地貌景观。剥蚀力不仅改变了地表岩石相貌，也改造了地表的形态。原本的褶皱–断层，在剥蚀力的作用下，更加陡峭或被夷为平面。原本高低起伏的峰峦经过剥蚀作用可能变为波状丘陵，甚至是被夷为平地。

在地球陆地表面，高地山脉与低地平原互为背景、错落有致。河流塑造的低地平原自古就是人类栖息的理想之地。人类文明之先，低地平原并不是田畴沃野，而是郁郁葱葱的森林。人类文明起航后，开垦耕地，发展农作，森林退却。人们常说，文明源自森林。然而，文明并不是源自高地山脉褶皱里的森林，而是源自低地平原上的森林。人类文明走出森林襁褓后，代替低地森林的是阡陌道路、集镇村庄、厂矿企业、城市街区以至网络空间。

秦岭山脉与渭河、洛河交错的平原地带即中华民族的先民们最早活动的区域，是保育中华文明的摇篮。从旧石器时代到新石器时代，再到铜器时代、铁器时代，这里都是中华民族最绚丽的舞台中心。这里有212万年前的上陈遗址、100万年前的公王岭遗址、65万年前的陈家窝遗址，密集分布着仰韶文化、龙山文化遗址；这里是华胥故里、羲皇故里、神农故里、轩辕故里，是三皇五帝的本部、夏商周三代的大本营、秦汉隋唐四大王朝帝都之所在。

高地山脉、褶皱断层，向来是野生动植物的栖息之所。在大山之中，每一个褶皱就是一个居住小区或是生态小区。生态小区几乎与生境单元同义，它可专指某一群落的特定生活场所，而生境单元泛指生活区域类型。在大部分情况下，褶皱–断层营造了多样化的生境单元。不同的褶皱强度、深度、密度意味着不同的生态空间结构、生境单元、生态系统，也就是不同程度的生物多样性。

迄今为止，人类对褶皱–断层的生态影响尚缺乏科学认知。对褶皱–断层的强度、深度、密度研究，尚属盲区。其实，我们可以将反映褶皱–断层强度、深度、密度的指标简称为"平面缩短系数"或"褶皱系数（Z）"，将山体的投影面积假设为T，山体的表面面积假设为B，那么，就可列出一个计算褶皱系数的公式：$Z=B/T$。褶皱系数（Z）的大小即山脉表面面积与投影面积的相对大小，直观反映了褶皱–断层的强烈、深刻和复杂程度。从褶皱系数（Z）数值可以直观判断曾是多大的平面经褶皱–断层后形成的山脉，也可直观推断山脉所能够提供生境单元的丰富程度。

目前，尚缺少褶皱系数的科学计算。根据经验综合分析判断，低地平原的褶皱系数大约为1，丘陵地带的褶皱系数大于1，低海拔山脉的褶皱系数大于丘陵地带的褶皱系数，海拔2000米以上高山的褶皱系数要大于低山的褶皱系数。大秦岭是中华芯脉，陕西秦岭是大秦岭的腹腰地带，特别是秦岭主峰太白山一带，出现海拔超过3000米的高山群，这里是秦岭褶皱–断层最强烈、最深刻、最复杂的区域，也是秦岭褶皱系数最高的区域、秦岭生境单元最丰富的区域。大秦岭是中国生物多样性生态功能区，陕西秦岭是大秦岭生物多样性最丰富区域，这里密集分布着秦岭大熊猫、朱鹮、羚牛、金丝猴等国宝级动植物，这里被称为"野性天堂""四宝乐园""生物基因库"。

按照方位，在空间结构上将大秦岭分为四大板块，即东北板块——秦岭板块、西北板块——西倾山板块、西南板块——岷山板块、东南板块——大巴山板块，秦岭的四大板块在褶皱强度上存在明显差异。从卫星影像资料分析，大秦岭的西北板块——走上青藏高原的西倾山，地势平坦，褶皱并不明显，且因处在高海拔地带，呈现出高低起伏的草原植被地貌。秦岭、岷山、大巴山三大板块，凭着强烈而深峻的褶皱，铸造了多样化的生态空间、生境单元、生态系统。秦岭板块褶皱系数最大的区域在陕西，岷山板块褶皱系数最大的区域在四川，大巴山板块褶皱系数最大的区域在湖北，这是大秦岭中三个生物多样性最丰富的地区。

秦岭具有N个褶皱，曾经是"天下之阻也"。N个褶皱，意味着N

个相对独立的空间结构、N个相对独立的生境单元。N个空间结构，即空间的千褶百皱；N个生境单元，即生境的千姿百态，由此造就了复杂多样的秦岭生态系统。保护秦岭生态环境，就是保护多样化的秦岭生境单元，保护多样化的秦岭生态系统。

生态特区管理

自然保护地体系承载了高质量的生态永动机，也是实行特别管理的生态特区。

自然保护地首先是生态空间，其次是实行特别保护的生态空间。这一特别的生态空间承载着重要的自然生态系统、自然资源、自然遗迹、自然景观以及文化价值，由各级政府依法依规划定和治理。设立自然保护地的目的就是守护自然生态，保育自然资源，维护生物多样性与地质地貌景观多样性，稳定自然生物体系，提高生态系统服务功能，为人与自然和谐共生、经济社会永续发展提供国土空间保障。

无论是称"公园"或者是"区"，所有的自然保护地都是生态空间中特殊的一部分。按生态价值和保护强度，自然保护地分为三大类，完整构成中国特色自然保护地体系。（1）国家公园。这是崭新的一类自然保护地，适应于保护中国顶级生态空间的体制机制，也是生态价值最高的自然空间。国家公园在设立之时，就已经整合优化了同一自然生态空间上各类保护地。国家公园以保护具有国家代表性的自然生态系统为主要目的，是自然资源科学保护和合理利用的自然生态空间。总之，国家公园是中国自然生态系统中最重要、自然景观最独特、自然遗产最精华、生物多样性最富集，具有全球价值、国家象征、国民认同度高的生态空间。（2）自然保护区。自然保护区是中国起步最早的一类自然保护地，也是规模最大的自然保护空间。自然保护区保护典型的自然生态系统、珍稀濒危野生动植物天然分布空间、有特殊意义的自然遗迹，确保主要保护对象安全，维持和恢复珍稀濒危野生动植物种群数量及栖息环境。（3）自然公园。自然公园是最能亲近、游玩的自然保护空间，保护重要的自然生态系统、自然遗迹、自然景观，具有生态、观赏、文化和科学价值，是可永续利用的生态空间。其包括森林公园、地质公园、海洋公园、湿地公园、沙漠公园、风景名胜区等各类自然公园。

中国现代自然保护事业兴起于20世纪60年代。1956年建立了广东鼎湖山自然保护区，这是中国生态文明建设的标志性事件。经过60多年努力，全国已建立数量众多、类型丰富、功能多样的自然保护地体系，在维护生物多样性、保护自然遗产、改善生态环境和确保国家生态安全方面发挥着重要作用。目前，全国各类自然保护地1.18万处，自然保护地面积占国土面积的18%以上。但是，各类自然保护地在设立时序、级别、部门以及适用法律、科技含量上皆有很大差异，出现重叠设置、多头管理、边界不清、权责不明、功能区划不精准，甚至部分自然保护地无法落界，保护与发展矛盾突出等诸多问题。所以，针对自然保护地体系存在的问题，2019年中共中央办公厅、国务院办公厅印发的《关于建立以国家公园为主体的自然保护地体系的指导意见》指出，要建成中国特色的以国家公园为主体的自然保护地体系。

中共中央办公厅、国务院办公厅印发的《建立国家公园体制总体方案》明确指出："国家公园是指由国家批准设立并主导管理，边界清晰，以保护具有国家代表性的大面积自然生态系统为主要目的，实现自然资源科学保护和合理利用的特定陆地或海洋区域。"可见，国家公园是国家批准设立的、实行特殊保护的生态空间。在这个特别的生态空间上，以"自然生态系统原真性、完整性保护为基础，以实现国家所有、全民共享、世代传承为目标，理顺管理体制，创新运营机制，健全法治保障，强化监督管理，构建统一规范高效的中国特色国家公园体制"。

在方案出台之前，国家发改委、财政部、生态环境部、农业农村部等13个部门达成共识，联合印发《建立国家公园体制试点方案》，锁定了试点目标。在试点区域国家级自然保护区、国家级风景名胜区、世界文化自然遗产、国家森林公园、国家地质公园等交叉重叠、多头管理的碎片化问题得到基本解决，形成统一、规范、高效的管理体制和资金保障机制。自然资源资产产权归属更加明确，统筹保护和利用取得重要成效，形成可复制、可推广的保护管理模式。推行国家公园体制的本质就是设立生态特区，国家公园就是自然生态空间治理体系中的特别治理区，实行特别的治理结构、治理机制和治理手段。

生态特区是人类经济社会活动之外的自然生态系统，生态特区内部就是政策设定的无人区。生态特区之"特"，就在自然生态系统上。自然生态系统的最大特征有二：其一，具有自然性、系统性，这就是自然生态系统；其二，能够自组织、自运作，这就是生态机制。生态系统和生态机制，都值得人类尊重、模仿、学习。人类的力量可能破坏自然生态系统，损害生态机制。因此，国家公园的治理目标就是防止人类力量对自然生态系统的破坏，维护自然生态系统原始的自组织自运作机制。从这个意义上来说，国家公园治理核心就是在人类经济社会活动与自然生态系统之间划出鸿沟，并由此而拒止人类力量侵犯生态特区，拦阻人类活动进入生态特区。国家公园边界内外属于两个世界、两套机制，拒止、拦阻人类活动跨越鸿沟、越过边界，这便是边界治理、鸿沟管理。国家公园管理机构在各边界设置管护站——生态哨所，派驻管护人员——生态哨兵。在某种程度上，生态哨兵是国家公园的前哨力量，生态哨兵的技能反映了生态特区的治理能力。

自然保护区建设和管理，遵循《中华人民共和国自然保护区条例》。自然保护区是"对有代表性的自然生态系统、珍稀濒危野生动植物物种的天然集中分布区、有特殊意义的自然遗迹等保护对象所在的陆地、陆地水体或者海域，依法划出一定面积予以特殊保护和管理的区域"。由此可见，自然保护区原本就是法律上予以特殊保护和管理的生态特区。国家公园是精华版和升级版的国家级自然保护区，是比国家级自然保护区保护级别更高、保护措施更严格的生态特区。

　　如今，设立生态特区是人与自然的再平衡，也是中国生态空间治理、中国式生态文明体制建设的创新之举。

碳源与碳汇

碳在地球上主要有四种存在形式，分为四个颜色的碳库。（1）黑色碳库，即黑碳，封存于岩石圈的碳，主要以碳酸盐、石油、煤炭、天然气等形式存在。（2）灰色碳库，即灰碳，存在于大气中，以二氧化碳和一氧化碳的形式存在。（3）蓝色碳库，即蓝碳，存在于海洋水体中。（4）绿色碳库，即绿碳，存在于陆地生态系统。绿碳、蓝碳、灰碳是可逆、可循环之碳，绿碳变灰碳，灰碳也可变回绿碳，蓝碳变灰碳，灰碳也可变回蓝碳。然而，石油、煤炭、天然气等黑碳在大量转变为灰碳，而灰碳无法变回黑碳，这是人类现代化进程中地球碳危机的根源所在。

地球所有的生命都参与了碳循环，绿色植物是无机界与有机界物质和能量转化的枢纽，生命之碳来源于绿色植物光合作用，绿色植物光合作用的能力是生态系统的元生产力。绿色植物具有叶绿体，叶绿体是光合作用的场所。在可见光照射下，经过光反应，光能转化为化学能，再经过化学能作用的暗反应，CO_2和水转化为有机物。这一过程，利用了光能，固定了CO_2，释放了氧气。光合作用——一个重要的生理化学反应，捕获CO_2，收贮了碳，释放了氧，也即通常所说的固碳释氧。于是，绿色植物是氧的生产者、CO_2的捕获者、碳的收贮者（也即碳汇）、氧的释放者。

　　与此同时，存在另一个同样重要但作用相反的生理化学反应，即呼吸作用。在生物体内的有机物，经过细胞内的氧化分解，最终又生成了CO_2或其他物质并将能量释放出来。呼吸作用就其功能本质而言，与光合作用恰好相反，利用了生物能，消耗了氧气，释放了CO_2。这一生理生化反应是所有生命过程中的共性活动。也就是说，所有生物皆是氧的消耗者，CO_2的排放者（也即碳源）。

　　大体也可以这样说，所有的植物既进行光合作用也进行呼吸作用，因此植物与环境的氧、CO_2交换具有双向性。植物既是氧的生产者也是氧的消耗者，既是CO_2的收贮者（碳汇）也是CO_2的排放者（碳源）。所有的动物因其只进行呼吸作用而不进行光合作用，全部是氧的消耗者而非氧的生产者，也是CO_2的排放者（碳源）而非CO_2的收贮者（碳汇）。如今，全球人口和人们饲养的畜禽规模非常庞大，仅人和人们饲养的畜禽呼吸就是一个不可小觑的碳源。

　　通过光合作用，绿色植物将捕获的CO_2收贮在枝叶、茎根、花果、籽实中。在一定程度上，一个植物体的全部重量代表着其固碳成果。然而，这不是最终碳汇成果。随后，在碳汇与碳源之间，还将发生着跳跃与摇摆。

　　一年分四季，一岁一枯荣。一年生植物，其绚丽而短暂的生命在当年即宣告结束。其难能可贵的固碳成果，一部分于当年作为人、动物、微生物的食物，经氧化分解排放；一部分用作燃料经燃烧排放；还有最稳定的一部分，即存在于土壤里的植物根部，其保有年限比较长。有关研究资料显示，一年生植物所固之碳在20年之内几乎全部重返大气。如果以20年为时间尺度，一年生植物的碳汇与碳源能力相等。这就是一年生植物的碳平衡，也是一年生植物的固碳真相。从这个意义上讲，依靠一年生植物增加陆地生物碳汇能力，无异于痴心妄想。因此，以种养为基础的农业，也不具备增加碳汇的能力。何况，如果考虑到在传统农业中的毁林垦殖，在现代农业中的使用化石能源和化工产品，农业则是一以贯之的碳源，名副其实的碳排放大户。在人口压力下，人类面临增加食物生产与减少农业碳排放的双重挑战。在畜产品供应链上的温室气体排放占全球总排放的1/7。发展低碳农业，特别是发展低碳畜牧业，再造畜牧产业链刻不容缓。

树是多年生木本植物，一般寿命在半个世纪以上，百年之寿比较常见，千年之寿也不新鲜。在树木生命存续期间，年复一年、四季轮回，花开花谢、果成果落，并先后成为人、动物、微生物的美食。这些当年的碳汇成果随之而去，只有部分复归原位。然而，在树的根部、枝干，树的碳汇成绩与时俱进，日积月累，越积越多，越累越大。生长的每一棵树，其碳收贮量（碳汇）大致相当于其生长量，其碳排放量（碳源）大致相当于其消耗量。生长量大于消耗量，碳汇胜于碳源，形成碳汇盈余，也即净碳汇。反之，当树的生长量小于消耗量，碳汇少于碳源，形成碳源盈余，也即净碳源。

当树的生命走到了尽头，也就终结了其碳汇使命。在其身后，无论时间长短，无一例外都要回归自然，成为碳源。与一年生植物相比，树的寿命足够长，人们可以通过人工栽植、时间运筹和科学经营，更好地发挥树的碳汇功能，抑制树的碳源功能。

树汇集在一起便形成了森林，森林是一个巨大的陆地生态系统。人的总汇是人类，人类是一个巨大的陆地社会系统。人类社会寄生在生态系统之中，人类社会是寄生物，生态系统是寄主。人类文明是一种寄生在生态系统中的文明，也可以称之为"寄生的文明"。人类是寄生物，也是智慧动物。人类寄生的性质分为两类：一类是你中有我的交互寄生，一类是你死我活的捕食寄生。如果是后者，人们便会急功近利、涸泽而渔、杀鸡取卵，终将鱼死网破，注定了"文明之先是森林，文明过后是荒漠"的悲惨命运。人们已经隐约意识到，在人类历史上曾经辉煌一时的古文明之所以悄然消失，只留下供后人考古的印记，大多与森林生态系统毁灭密切相关。如果人类与森林交互依存，人们就会与生态系统共同繁荣。人类不仅是智慧动物，也是讲伦理、讲道德的生物。在经历多次生态灾难之后，终将清醒地意识到：人类社会这个寄生物与地球生态这个寄主是一个生命共同体。作为寄生物的人类，要善待作为寄主的生态，一荣俱荣、一损俱损。在21世纪，人类终将觉醒，并最终选择与生态系统交互寄生的方式，既考虑自身需要又考虑寄主安全，既依靠寄主、利用寄主，又保护寄主，走上人与自然交互双赢、文明与生态交相辉映的可持续发展之路。

人类文明的足迹，也是碳足迹。人类文明诞生以来，从来没有停止砍伐树木。时至今日，地球之上、阳光之下，每天都有原本茂盛的林木成片倒下，全球森林面积仍在大幅度减少。7000多年以来，大气中CO_2浓度缓慢上升，大部分是砍伐原始森林的后果。200多年以来，大气中CO_2浓度急剧上升，其中大部分来自石油、煤炭、天然气等地质碳的开发利用。CO_2浓度急剧上升，全球变暖已经成为21世纪人类面临的前所未有的生态危机、环境灾难。亡羊补牢，未为迟也。抑制CO_2浓度过快上升的势头，保卫生态环境，是21世纪人类生存与发展的共同利益，也是共同责任。

人类没有灵丹妙药，当下对环境保护真正能够奏效的办法，大概只有两条：即减少碳源和增加碳汇，也就是减少碳排放，增加碳收储。在人类可期待的时间之内，绿碳、蓝碳、灰碳是可逆、可循环之碳。然而，石油、煤炭、天然气等黑碳在大量转变为灰碳后，无法变回黑碳，这是人类现代化进程中地球碳危机的根源所在。减少CO_2，在根本上是减少大气中的灰碳，因为黑碳转变成灰碳是当下灰碳增加的主要因素。那么减少灰碳的主要路径，当务之急和立竿见影之策，也必然是减少由黑碳利用导致的碳排放，即推动节能减排，抑制黑碳向灰碳转化，这就是四碳循环论。为此，人类必须从根本上构建新的经济与社会发展机制，旷日持久地开展低碳运动，突出发展低碳经济——低碳农业、低碳工业、低碳服务业以及推动低碳生活——建设资源节约型、环境友好型社会。每个人都是生态恶化的受害者，同时也是生态恶化的施害者。

灰碳中的一部分曾经是绿碳，也是曾经的树和森林。由于人为活动，树减少，森林减少，绿碳减少，导致了灰碳增加。这不是无稽之谈，而是有史可考、有据可查的。人类文明露出一线曙光之际，地球陆地广披绿装，森林面积在76亿公顷以上，森林覆盖率超过了50%。大约1万年前，森林面积减少到62亿公顷，森林覆盖率仍超过了42%。直到19世纪，全球森林面积还在55亿公顷以上，欧洲、美洲、亚洲、非洲依然到处是森林美景。进入20世纪，人类社会发展好像是安装了加速器，全球森林面积以每分钟38公顷的速度消失，森林覆盖率只剩下文明之初的一半。古代中国，森林覆盖率超过55%；进入20世纪50年代，中国森林覆盖率跌入历史最低点，只剩下不足10%。

物质不灭，质量永恒。消失的树、消失的森林，也就是消失的绿碳，其中绝大部分转化为灰碳。绿碳降低了、减少了，绿碳碳库出现了亏空、赤字，而灰碳增加了、过剩了。灰碳过剩，始于绿碳超排，加剧于黑碳超排。人类大规模砍伐树木，森林面积大幅度减少，不仅导致绿碳减少、绿碳赤字，而且带来水土流失、气候异常、物种灭绝等一系列生态苦果。人类必须采取有效措施，将如今的灰碳、曾经的绿碳重新固定在绿色植物上，充实绿碳碳库，实现绿碳碳库由赤字向盈余转型。这个有效措施便是植树造林，加快恢复与重建森林的步伐，再现昔日繁茂森林的荣光。拥有浩瀚的森林，人类便可拥有更高级的文明。

海洋之碳也即蓝碳，其量级远胜于绿碳量级。人类也已大体知道海洋生物捕获与封存碳的机理。如果能够让海洋更多收贮灰碳，增加海洋碳汇，扩张蓝碳碳库，必将使人类拥有更广阔的发展空间和更从容的发展时间。然而，人类缺少增加海洋碳汇、蓝色碳汇的有效办法，况且人们还要面对海洋酸化，吸收灰碳能力降低的严峻挑战。归根结底，要在守护好现有绿色碳汇成果的基础上多植树，加快恢复与重建森林的步伐。与此同时，要推进森林科学经营，让有限的森林英姿勃发、欣欣向荣，不断增加单位面积森林蓄积量，进而发挥出更高的碳汇效应。要防止森林资源盛极而衰、死气沉沉，继而由碳汇向碳源的逆转。

人类文明与生态空间休戚与共、息息相关。大自然中的每一株植物都有将灰碳化作绿碳的魔法，为人类开辟出绿色发展的自然生态空间。捕获并贮存CO_2的能力是21世纪人类文明发展至为关键的能力。

阅读链接11　　生态哲思：0与1

很早之前，听闻一个用数字"1"和"0"表达的生活哲学。大意是，人生无数重要的东西，比如房子、车子、票子、情感、事业、地位、尊严、婚姻、家庭等都是"0"，唯有健康是"1"。拥有健康后，排在后边的"0"才会被一一赋值。

在生态空间上，绿色植物为"1"，各种动物、微生物是"0"。一生二，二生三，三生万物。在自然生态空间里，绿色植物是生产者，是万千生物世界开天辟地的"一"。民以食为天，植物以天地为食，顶天立地，经天纬地。绿色植物把天然的无机物转化为有机物，为动物、微生物生产制造出食物。动物、微生物是有机食物的消费者、分解者和还原者，如果没有生产，消费、分解、还原就无从谈起。多样化生物池、多样化生物体系、多样化生态系统，根源于多样化绿色植物。经管生态空间，维护生物多样性，根本是保护恢复绿色植物"1"。

在生态系统功能中，绿色植物的捕碳能力为"1"，调节气候、保持水土、涵养水源、蓄滞洪水、固碳释氧、防风固沙、净化空气和水质、维护生物多样性以及生态旅游、自然观光、森林康养、科学探秘等生态功能是"0"。绿色植物的叶绿体就是大自然造化的生物捕碳器，每一株植物都是一名捕碳工作者。以绿色植物为基础，动物、微生物共同建构了生物池。绿色植物具有的捕碳力，提升并维持生物池碳基水准。当生物池碳基之水退却，意味着其他生态功能失去载体，随之灰飞烟灭。生态空间中增加生态产品生产，提升生态服务功能，根本是扩大空间的绿色植物覆盖，增强绿色植物捕碳能力"1"。

在生态宝库中，绿色碳库为"1"，绿色氧库、绿色水库、生物基因库、生物能源库、天然食药库皆是"0"。这是因为，所有的生物都是绿色碳基生物。绿色碳基源自绿色植物，源自绿色植物神奇的光合作用。通过光合作用，绿色植物捕获空气中CO_2，合成碳水化合物。由此，完成灰碳无机物（CO_2）向绿碳有机物（碳水化合物）的重大飞跃。碳水化合物是光合作用制造的产品，是自然界最为普遍、最具生物功能的有机化合物。碳水化合物是生物池的碳基，DNA就是神奇的有机碳链，大千世界无不以多种多样的有机碳链为支点。建设生态宝库，根本是建设绿色碳库"1"。

在人与自然关系中，自然生态为"1"，人类文明是以"1"为根的"0"。人是绿色碳基生物，人的生命以绿色植物的光合作用为根基。人是生物池中之物，永远不可能脱离生物池而独立存在、独自发展。人与自然是生命共同体，人类发展以自然为根。人类经济社会深度介入生物池——自然生态空间，过度提取生态产能，森林草原土壤养分流失，导致自然生态资源衰退、系统崩溃、循环裂变，也意味着自然之根溃烂，人与自然生命共同体结构性解体，为广袤的生态空间补充土壤养分是根本不可能完成的任务。人类发展失去自然生态之根，人类文明之花终将是昙花一现。

在三大国土空间格局中，生态空间是"1"，农业空间、城镇空间是"0"。自然生态是先天的，人类文明是后生的。自然生态是人类文明的母体，人类文明深度嵌入母体之中。自然生态是"本"，人类从自然生态中发展出农业、加工业、制造业、服务业，逐渐分化出生态空间、农业空间、城镇空间。然而，三大国土空间是密不可分的生命共同体。农业空间、城镇空间犹如树干、树冠，生态空间则如同树根，根深方能叶茂。经管生态空间，提升生态产能就是厚植农业空间、城镇空间发展的生态根脉。

"0"与"1"的关系告诉我们，"1"是基础、是根本，一定要在做牢"1"上下功夫。以"1"为基础，为"0"赋能赋值、扩能增值，推动万物并育、和谐共生。一个人，保有身体健康就保有生存本钱，就保有梦想和希望；人与自然是生命共同体，唯有地球健康、自然生态健康，才保有人类文明根壮脉旺，保有人类光明前景……维护生态健康是全人类的共同使命。

绿色碳库内在机制

地球生物圈面临的碳危机，在本质上是人类活动改变了原来的碳循环格局，挤占自然生态空间，丧失贮存绿碳能力，扩大农业和城镇空间，加速排放黑碳，导致了灰碳浓度增加，加剧了地球温室效应。

碳是生命之基，所有的生命都参与了地球碳循环。生物大分子以碳为骨架，如果没有碳，生命就无以成形。生命之碳，源于绿色植物。绿色植物的特异之处就是能够进行光合作用，从空气中捕获二氧化碳（灰碳）并转化为葡萄糖（绿碳），再经生化作用合成碳水化合物（绿碳）。生物链就是绿碳链，植物绿碳经由食物链传递，转化为动物体内碳水化合物（绿碳）。与光合作用对应的是呼吸作用，动植物通过呼吸作用把一部分绿碳重新转化为二氧化碳并释放进入大气（灰碳），另一部分则构成生物机体在机体内贮存（绿碳）。动植物死后，通过微生物分解作用，尸体中的部分有机碳（绿碳）成为二氧化碳（灰碳）排入大气，一部分动植物残体在微生物分解之前即被沉积物所掩埋（封存）而成为有机沉积物。经过漫长的年代，有机沉积物在热能和压力作用下转变成矿物燃料——煤、石油和天然气等（黑碳）。在风化过程中或作为燃料燃烧时，黑碳氧化成为二氧化碳排入大气。

不同绿色植物的光合效率不同，捕获碳的能力也就不同，简称"捕碳能力"。陆地绿色植物光合作用捕获的碳，一部分贮存下来成为绿碳，一部分经呼吸作用又重新释放为灰碳。因此，光合作用捕获的碳是毛固碳，贮存碳是净固碳，贮存碳的量等于捕获碳与释放碳之差。

　　有资料显示，森林空间在全球碳循环中发挥着重要作用。全球陆地绿碳总贮量1834亿吨，包括地上生物绿碳与地下土壤绿碳两部分，其中地上绿碳约占总贮量的30%，土壤绿碳约占70%。可见，土壤是最大碳库。如果按空间分，森林是最大的绿碳空间，森林绿碳贮量1410亿吨，占全球绿碳总贮量的76.7%。在森林地上绿碳贮量483亿吨，占全球地上绿碳总贮量的86%；森林土壤绿碳贮量927亿吨，占全球土壤绿碳总贮量的73%。森林绿碳中，土壤碳占比最大，寒冷地带为80%以上，温带为60%以上，热带为50%以上。全球森林土壤绿碳占森林绿碳总量的65.7%。森林固碳能力与森林发展阶段密切相关，成长中的中幼林空间是净固碳空间，光合作用固碳量大于呼吸作用放碳量，二者之差即为净固碳。成熟林或过熟林空间也是实现了固碳能力顶级的碳达峰空间，且光合作用固碳量与呼吸作用排碳量大体持平，二者之差近于零。绿色碳库碳达峰也意味着碳库库容饱和，也可以叫碳饱和。中国森林以幼龄林、中龄林居多，再加上进一步植绿增绿，生态空间浅绿变深绿，绿色碳库总库容尚有再翻一番的潜力。据森林生态效益监测与评估首席科学家王兵及其团队研究，2018年中国森林吸收二氧化碳15.91亿吨，约相当于对冲了当年人工排放二氧化碳量101.7亿吨的七分之一。

　　我国是多草原的国家，草原占国土空间的40%以上，草原生物量占全国生物量的10%以上，草原土壤碳储量占全国土壤总碳储量的30%以上。可见，草原绿碳主要储存于草原土壤中，是植被层的十多倍。有研究指出，草原固碳经济成本约200元/吨，不到森林固碳成本450元/吨的一半。中国草原利用历史悠久，但草原生态保护修复起步较晚，草原绿色碳库空虚，实现草原碳饱和的增效扩容潜力大。

　　湿地是天然或人工、长久或暂时的沼泽地、泥炭地或水域地带。无论是沼泽、湖泊、河流、滨海等自然湿地，还是保护野生动物栖息地、野生植物原生地等人工湿地，湿地空间都具有封存未被分解的有机物质（绿碳）功能，因而成为绿色碳库的重要组成部分。泥炭地储存了30%的陆地碳。

生态空间就是绿色碳库、绿碳空间。陕西2.2亿亩生态空间也是2.2亿亩绿碳空间、2.2亿亩绿色碳库。同时，现在的绿碳空间还是浅绿色空间、低效率空间，生物量少、土壤瘠薄，即绿色碳库不充实，增容潜力巨大。我们的历史性任务就是要全面建立与绿碳空间治理、绿色碳库建设相适应的政策理论体系和政策制度框架，引领生态空间生态产能革命，加快绿色碳库由亏空向饱和升级转型。这便是基于自然生态空间的碳中和解决方案。

我国力争2030年前实现碳达峰，2060年前实现碳中和。由此，必将带来一场旷日持久的以"碳革命"为引领的生态文明建设。碳政治是当今世界国际政治的重要组成部分。与净排碳的农业空间、城镇空间不同，生态空间是绿碳空间、绿色碳库。在未实现碳饱和之前，生态空间都是净固碳空间。实施绿色降碳、治理绿碳空间、丰盈绿色碳库、助力碳中和，是顺应时代潮流，重置生态文明话语权，提升制度供给能力的现实路径。绿色碳库建设要突出碳库库容增长潜力大的空间，把重点放在推进国土绿化上，放在生态空间提质增效上。进军深绿色，开启生态空间绿色革命新征程，就是实施绿色降碳，就是治理绿碳空间，就是建设绿色碳库。

生态空间是绿色宝库——绿色碳库、绿色氧库、绿色水库、生物能源库和生物基因库，其中绿色碳库具有决定性影响，具有全球意义，最能体现生态文明建设的使命担当。目前，绿碳空间、绿色碳库远未实现碳饱和。未来生态空间颜值达峰、产能达峰的过程，就是生态空间碳汇达峰、碳饱和的过程。这是应时而生，经得起时间和实践检验的普遍适应的绿色理念。

生态空间就是绿碳空间、绿色碳库。生态产能提升与绿色碳库增储如同一个硬币的两面。实施深绿战略，奋进深绿之路，就是增绿储碳，让生态空间成为"双碳"战略的净贡献者。生态空间治理已经进入增绿储碳引领战略方向的新阶段。

以增绿储碳引领治理生态空间，建设绿色碳库，必须首先搞清楚一组关键词——碳捕获、碳排放、碳流失、碳移除、碳储存、碳泄漏、净储碳，从而科学建构出生态空间绿色碳链、绿色碳库逻辑闭环。

碳捕获　绿色植物通过光合作用，从空气中捕获二氧化碳，生化合成碳水化合物，由此开启了生生不息的生态链、食物链。生命成形于碳，活力于碳。所有生物是碳基生物，生态链、食物链也是有机碳链。所有生态系统生命活力皆发端于碳捕获，发展于有机碳链。每一植物叶片，都是一个绿色捕碳器，而生态空间碳捕获量则取决于叶片数量和捕碳效能。

碳排放　在进行光合作用时，绿色植物捕获二氧化碳，固定碳、释放氧，让生命接续发展，并由此展开了配套的生态系统服务——调节气候、保持水土、涵养水源、防风固沙、维持生物多样性……同时，植物也进行与光合作用相逆反的呼吸作用，吸入氧气释放二氧化碳。以植物为食的动物、微生物吸入氧气，呼出二氧化碳。当森林草原有机物积累而达燃点时即可燃烧，也向空气中排放二氧化碳。

碳流失　自然生态系统是开放生态空间，地表植物凋落物和动物尸体碎屑在风力水力作用下，伴随着水土流失从一个空间流动到另一个空间，即生态空间碳流失。没有外流水土的生态空间，不会发生碳流失现象，这是泥炭湿地形成的外部条件之一，也是化石能源形成的环境成因。

碳移除　人们处于不同目的而经营生态空间，有人获取木材薪材，有人获取食物药物，有人放牧牛羊，所取之物皆是绿碳。绿碳从生态空间移出，进入生产生活场域，此即碳移除。碳移除是人类活动导致的结果，如果没有人类经营活动，自然不会发生碳移除。

碳储存　碳捕获–碳排放–碳流失–碳移除=碳储存。由此可见，通过光合作用绿色植物捕获的碳量，部分离开了生态空间。扣减碳排放、

碳流失、碳移除之后，由生态空间锁定留存起来的绿碳，才是碳汇的最终物质成果——碳储存。

向生态空间投资，建设绿色碳库，维护绿色碳链，就是千方百计、多措并举、综合施治，增强碳捕获，控制碳排放，防止碳流失，减少碳移除，增加碳储存。考虑到空间的连通性并便于计量，宏大的陆地生态系统碳储存可暂不计入碳流失和碳移除。

碳泄漏　向生态空间投资，建设绿色碳库，维护绿色碳库，需要大量的人力物力。而投入的人力物力在形成和使用过程中，已经向空气排放了二氧化碳，这就是碳泄漏。

净储碳　碳泄漏不可避免，但可奉行节能减排政策，尽力减少碳泄漏。在绿色碳库碳储量中减去碳泄漏，才是绿色碳库建设的最终物质成果——净储碳。

"七碳"之说粗略建立了一个关于绿色碳库的逻辑思维框架。生态学也是绿色碳科学，维护科学性就来不得半点马虎。现在，绿色碳科学和绿色碳库建设尚处于起始阶段，若要达到精细思考、精确计量和精准施治的阶段，尚需时日。

绿色碳库建设原理

  绿色植物生长、生产的过程就是储存太阳能、储存碳、储存水的过程。绿色植物本能地储存太阳能、储存碳、储存水。以绿色植物为主角、以生态功能为主体的生态空间，就是绿色宝库——绿色碳库、绿色氧库、绿色水库、生物基因库和生物能源库。

  既然太阳能、二氧化碳、水是绿色植物的食物，那么，食物供给的数量与质量、充足性与可食性就深刻影响着绿色植物生长状态和生产能力。空气中二氧化碳浓度增加会带来施肥效应，促进植物生长，增加植物生产。然而，长久以来，空气中二氧化碳的浓度数量上稳定、质量上匀质，对光合作用效率并不形成决定性影响。光合作用需要在一定温度条件下完成，温度、光照和水分是三大决定性力量。在自然地理条件下，形成温度、光照、水分多样化组合方式，并由此带来多样化的森林、草原、湿地、荒漠、戈壁、冰山等地形地貌以及春夏秋冬、四季轮回。

  绿色植物是植食性动物的食物，植食性动物又是肉食性动物的食物。总之，生物体系中的食物链就是生物能源链、绿色碳链和绿色水链。植物、动物最终都是微生物的食物，经过微生物分解还原出二氧化碳和水，这是一个生态大循环。在这个大循环中，存在着交叉利用和时间延滞。大循环的起点是绿色植物捕获食物：太阳能、二氧化碳、水，在生产转化了一部分的同时又释放了一部分能量。生产转化的一部分，就是绿色植物生命体储存下来的植物能、绿色碳、生物水。单就绿色碳而言，一部分永久储存于木质部和根系，一部分暂时储存于植物叶片。植物叶片被植食性动物采食后，一部分被转化排放，一部分生成动物的躯体。冬季来临，叶片枯萎凋谢落入泥土，连同落入泥土的动物尸体一并成为微生物的食物。然而，在有限的时间和特定温度下，微生物并不能吃进和排放落入泥土的所有绿碳，未被吃进和排放的绿碳最终成为储存于土壤或深入湿地的有机碳，即土壤绿碳、湿地绿碳。可见，绿色碳库大体由两大部分构成，即储存于生物体的绿碳和储存于土壤的绿碳，包括储存于湿地的绿碳。这两大部分，又可以分出不同类型，森林、草原、湿地、沙漠，不同生态系统差别很大。有资料显示，地球陆地生态系统中的绿碳，大约30%储存于地上生物体中，约70%储存于地下土壤中。

生态循环是碳循环，生态平衡是碳平衡。生物体系是绿碳体系，生存竞争是绿碳竞争。在碳平衡生态系统中，捕碳量、储碳量、排碳量三者之间的关系可以用公式表示，即：捕碳量=储碳量+排碳量。人类经济社会发展深度介入生态空间，从自然生态系统掠夺索取食材药材、木材薪材，从而干扰了大自然碳秩序，破坏了原来的碳平衡，扰乱了碳捕获、碳排放、碳储存关系，导致自然生态系统捕碳力下降，排碳力上升，绿色碳库亏空、干瘪。

以森林、草原、湿地、沙漠为主体的生态空间占据全球陆地面积的70%以上。保护修复自然生态系统就是恢复绿碳空间秩序，重建绿色碳库平衡，这是解决全球碳危机的必然要求，特别是发展中国家，森林草原残败，生态产能亏空，重建绿色碳库储碳潜力巨大。那种认为绿碳是气候中性碳的观点是静止的偏狭的观点，是因为没有看到绿碳空间被掏空后的本质，也没有看到由生态亏空转向生态饱和所蕴藏的巨大储碳潜力。建设绿色碳库，实现绿碳空间碳饱和、生态饱和，基于自然生态空间的科学方案，就是深度调整人与自然生态空间的关系，科学把控"两增一减"，即增加捕碳力、增加储碳力，减少排碳力。

首先，要增加捕碳力，复现捕碳饱和。捕碳力是生态空间基础生产能力，决定着生态空间碳循环的规模量级。生态产能建设、绿色碳库建设关键是增加捕碳设备，提升捕碳能力。经过长期的自然系统演化，生态系统尽其所能，生态空间长满了绿色植物，也是铺满了绿色光伏板、生物捕碳器，实现了绿色饱和。这时，生态空间捕碳能力最优化最大化，亦即捕碳饱和。后来，人类经济社会发展大规模接入自然生态空间，砍伐木材、伐薪烧炭、放牧牛羊、过度开垦，在曾经绿色饱和空间中撕裂出缝隙，出现绿色流失，直至黄土裸露，曾经的捕碳饱和也转变为捕碳空虚，甚至完全丧失捕碳能力，即捕碳归零。现在就是要倒过来，修复损伤的生态系统，大规模推进国土绿化，持续实施退耕还林还草还湿，模仿自然，科学安置生物捕碳器，系统保护天然林，加快退化林提质增效，促进生态空间绿色革命，分阶段实现由黄转绿、由浅绿转深绿、由绿而美。当生态空间实现山清水秀目标时，即复现了绿色饱和、捕碳饱和。这是需要数代人上百年时间完成的生态使命、绿碳使命。

其次，要减少排碳力，实现绿色排碳。生态空间碳排放由两部分组成，即自然生态过程中的碳排放，也叫自然碳排放、绿色碳排放。经济社会发展介入生态空间，向自然索取，干预自然碳循环导致人工碳排放。比如森林草原火灾导致的碳排放，伐薪烧炭、放牧牛羊导致的碳排放，非法侵占森林、草原、湿地导致的碳排放等。这就像是猴子掰苞谷，边掰边丢，边生产边流失，边建设边破坏，最后一无所有。要加强绿碳空间治理，防御人为的碳排放、碳流失。要切实做好森林草原防火、有害生物防治，要严格执行封山育林、封山禁牧，严格禁止食用野生动物，禁止天然林商业性采伐，要打击乱砍滥伐、乱捕乱猎以及非法侵占生态空间资源的行为，极限压减人工碳排放，力求绿色碳库排放无限接近绿色碳排放。

最后，要增加储碳力，实现储碳饱和。从理论上讲，当实现绿色碳库捕碳饱和及实现绿色排碳之时，也是实现储碳饱和之际。也就是说，实现绿色碳库储碳饱和，关键是要在复现绿色饱和、捕碳饱和和实现绿色排碳上下功夫。目前，与达到绿色碳库碳饱和状态还有很大距离。湿地是一个例外，它是重要的储碳空间，在绿色碳库捕碳能力建设上并不重要，但在储碳能力建设上却非同寻常。要切实保护好湿地空间，减少人为碳排放，恢复湿地储碳能力，充实湿地碳库。

自然生态空间是绿色碳基空间，多姿多彩的生命以不同形式构建"碳三力"，参与碳循环。在某种意义上，绿色饱和、捕碳饱和、储碳饱和代表的绿色碳库碳饱和也意味着绿色氧库、绿色水库、生物能源库和生物基因库饱和，代表着特定生态空间最大规模量级的生态产能。生态空间绿色革命就是绿色碳库革命，治理生态空间就是建设绿色碳库。绿色碳库建设是天地一体化生态建设，是促进绿碳饱和工程，是以碳饱和助力碳中和实践。碳饱和引领绿色碳库建设，引领生态空间治理和生态产能提升；碳饱和是生态空间的极致状态，也是建设美丽中国的理想目标，是新时代生态文明建设的历史使命。

禁食的效应

在人类看来，我们已经成功征服了动物、植物，比动植物低级的第三种生物——微生物，自然不在话下。然而，正是这不起眼的微生物，却一再发威，令人不寒而栗。

2020年2月24日，第十三届全国人民代表大会常务委员会第十六次会议通过《全国人民代表大会常务委员会关于全面禁止非法野生动物交易、革除滥食野生动物陋习、切实保障人民群众生命健康安全的决定》。这一规定指出：全面禁止食用陆生野生动物。野生动物不能吃，已成为"舌尖上的法律"。至此，全面禁止食用陆生野生动物，已是普遍性法律规定。法网恢恢，疏而不漏。任何人、任何时候、任何地点食用任何陆生野生动物都是违法行为，必然受到法律严惩。在这里，不食用陆生野生动物就是守住了法律底线，就是为防范公共卫生风险做贡献。从地球生物圈战争的角度看，这有点像是"避免战争宣言"。人们已经强烈意识到，这种战"疫"是难以承受之重。只有高挂免战牌，才能避免重蹈覆辙，拯救人类也拯救自然。

过去，为了保护野生动物，无数人奔走呼吁：拒食野味。如今，全面禁止食用陆生野生动物成为国家法律。这次不是为了野生动物，而是为了人类自己，是人类的自我拯救。禁止食用陆生野生动物，禁止以食用为目的猎捕、交易、运输在野外环境自然生长繁殖的陆生野生动物，这两个"禁止"堪称"人类千年未有之大事件"，也是人与野生动物关系的一次重大调整，人与自然关系的一次再平衡，必将带来广泛而深刻的社会影响和生态变迁。在生态学上，有一个地球生物圈生态平衡理论，病毒虽不是完整的生命，但它是地球生物圈的一部分，并且在维护生物多样性上发挥着重要的作用。人类与其共处的过程中，必将加深对地球生物圈深层进化机制的认知，进一步发现人与自然的新内涵，加速开启人与自然再平衡的新时代，制定实施新型生态文明政策工具和治理举措。

野生动物是人类亲密的邻居。人类与野生动物休戚与共，同在地球生物圈，共享生态食物链。在人类到来之前，野生动物家族就是地球生物圈的"原住民"，早就取得了地球生物圈的永久居住证。人类诞生之后，野生动物毫不吝啬，给予人类以食物。一开始，人类采集狩猎，与野生动物在竞争合作中分享生物圈、食物网。后来，人类逐步走上栽培作物、饲养畜禽之路。从某种意义上说，人类栽培作物、饲养畜禽的那一刻，就已经改变了地球生物圈的生态机制，这也是地球生物圈危机的根源。人类不满足于地球生物圈的自然生态生产，开始砍伐森林，开辟农田牧场，创建人工、半人工生态系统，建设人类家园。在此之前，地球生物圈只有一个家园——野生动物家园。如今，地球生物圈出现了两大家园——人类家园和野生动物家园。人类的家园是新生的家园，是田园、社区，是乡村、城市，是农业空间、城镇空间；野生动物的家园是原生态的荒野，是自然而然的生态空间。地球生物圈面临的最大问题，依然是人类家园一天天扩张，而野生动物的家园不断受到挤压。

人类是异养生物，体内没有叶绿素和光合作用运作的那一套酶，不可能直接利用阳光、水和无机物来生产蛋白质、脂肪和碳水化合物。人类必须食用其他生物，从那里吸收蛋白质、脂肪和碳水化合物以及氨基酸和维生素。人类要摄入的全部食物直接源自生物圈的食物链。地球生物圈万物互联互通、互相依靠，人类不能特立独行。人类的发展不应该成为生物圈的终结力量，要怀有感恩之心，要学习与野生动物做友善和谐的邻居，而不是做贪得无厌、毫无怜悯之心的超级掠食者。未来的地球生态系统，依然是植物、动物、微生物三元循环往复。在地球生物圈中，植物是生产者、动物是消费者、微生物是分解者，三位一体，同等重要。人类种植的作物、饲养的畜禽数量异常庞大，但人类永远不可能独霸生物圈，更无可能独占生物圈。人类不是万能的，但人类必须在维护地球生态系统，即动物、植物、微生物之间的力量均衡中有所作为。

生命在地球上已经存续了38亿年，从来没有任何单一物种能够凭一己之力而改变生物圈的结构。自从有了人类，这一切都发生了变化。然而，地球生物圈不能只有人而没有野生动物，不能只有人类家园而没有野生动物家园。这就要求具有智慧的人类不能杀鸡取卵，要有生存之道，遵守生态法则，深度调整人与自然关系。我们要尊重自然、敬畏生命，就要从尊重野生动物、敬畏野生动物、保护野生动物开始，就要从尊重野生动物家园、保护自然生态空间做起。我们与野生动物，风月同天，世代为邻。

野生动物最大的特点，就是一个"野"字。"野"对应着"家"，野生动物对应着家养畜禽。"野生"与"家养"是两个规则体系、两种机制原理，一个是自然天成、物竞天择，一个是文明生成、经济法则。不能把"家养"的规则生搬硬套在"野生"上，不能把城镇空间、农业空间上的规则生搬硬套于生态空间上。保护野生动物，就是保护野生动物的野性，就是要根据自然天成的生态机制，遵循自然法则，而不是应用文明生成、人为设计的经济法则。为此，我们展开了一系列组合配套的"国家动作"。在国土空间规划中明确划定野生动物自由栖息的乐园——生态空间，严格保护野生动物重要的栖息地——国家公园、自然保护区、自然公园，保障野生动物的家园不受人类侵犯，从法律上规定陆生野生动物不再是人类的口中食、盘中餐。这标志着人与自然再平衡的法律体系正在形成，这是人类文明在21世纪迈出的一大步，这就是新时代的中国生态文明。

民以食为天，绿色植物以天地为食，顶天立地，经天纬地。仔细想想，过去启动实施的禁止天然林商业性采伐、封山禁牧以及退耕还林还草还湿、"三北"防护林工程建设以及建立自然保护地体系、划定生态保护红线、在国土中规划出生态空间，都是人与自然关系再发现之后推进人与自然再平衡的机制。

禁牧的理由

　　不止一次，听人讲述放牧的理由，除了生计上的还有生态上的。一时间很困惑，我弄不清其中的道理。须知，不是因为人类放牧才有草原，而是因为有草原人类才放牧。也就是说，与放牧相比，草原存在的时间更为久远。放牧之前的草原也就是原始的草原，其植被更茂盛更完整，生态系统功能更健全，生物多样性也更丰富。人类放牧有一个不断增加强度的过程。一开始草原上人口稀少、放牧强度较小，对草原生态系统干扰也不大。随着人口增加，放牧的强度增加，生物多样性减损，草原生态系统也随之发生重大变化，至"风吹草低见牛羊"时，草原上已经只有牛和羊了。这样的草原生态景观，远不是原生的草原生态系统，而是原本的草原生物体系瓦解后形成的半自然半人工生物体系。

　　如果想要恢复本真的草原，显然是不切实际的想法，或者说，这是一条不可逆的路。但是，如果放任放牧，必将在生态恶化、草原退化甚至草原消失、土地沙化、荒漠化的道路上越走越远，最终不可收拾。草原沙化、草兔鼠害其实就是过度放牧导致植被破坏、生态失衡的恶果。有没有合理放牧、科学放牧的办法？有。在理论上，就像合理采伐、科学采伐，可持续利用森林资源一样。然而，在实践上走不通。中国的法律规定森林草原属于国家或集体所有，牛羊采食草原上的草资源姓"公"，采食进入牛羊的胃袋里的草资源姓"私"。这是低成本的私有化，也是恣意践踏草原资源的私有化。人们普遍追求短期利益最大化，名义上公有的草原，实际上演变成为私有的、一部分人的利益场，这就是颇具特色的公地悲剧。

在前工业化时代，放牧的牛羊主要是满足放牧族群的需要。星星点点的放牧族群，自给自足地生活在一望无际的草原上。这一时期因放牧的强度较小，人群—牛羊—草场尚能世代和谐、生生不息。这种自给自足式的放牧改变了草原生物体系结构，但草原物质和能量并未流失。进入工业化时代，人口向城市集中，城市成为牛羊肉的消费中心。草原上放牧的牛羊不再是简单地为了满足牧人族群繁衍的需要，而是进入城市，满足聚集在城市的消费者的需要。进入城市的牛羊产品经城市居民采食消化，经马桶进入下水道，永远也无法重回草原。牛羊进城的本质是草原生物进城、草原物质进城，也是草原"血脉"进城。一而再、再而三，年复一年，草原失"草"失"血"，原本单一贫瘠的草原生态系统雪上加霜。人类巧妙的"乾坤大挪移"，却是草原无法承受的"生命之重"。一直听人述说，啃食草原的牛羊就是草原的生态杀手。我倒觉得，啃食草原的牛羊更像是延伸变形的人类嘴巴。它如同锋利的刀锯，经年累月在草原伐草，在森林伐木。

与森林、湿地一起，草原已被划入生态空间。保护草原、修复草原、重建草原生态系统是必由之路。我们不能堵住人的嘴巴，阻挡城市居民食用牧区的牛羊肉，阻断牧区的牛羊肉输送至城市的经济利益链条。我们能够做的就是从源头上实行封山禁牧，就是在草原地带、草原森林过渡地带禁止放牧。它关系草原生物体系安全，关系永续发展的生态根脉。

有人说禁止放牧难度太大。那么，禁止天然林商业性采伐难不难？禁止食用陆生野生动物难不难？1998年，长江流域暴发特大洪水，痛定思痛，决定全流域禁止天然林商业性采伐，今日之绿水青山，从二十年前的禁伐令中受益良多。就在最近，新冠疫情暴发，国家已经通过立法形式做出决定，禁止食用陆生野生动物，加之禁止商业性采伐，这"两个禁止"，必将带来人与野生动物关系的重大调整，实现人与自然生态再平衡。

延安以北是森林草原过渡地带和草原地带，因农作与放牧系统的过度发育导致严重的风沙危害、水土流失、生物体系单调、生态功能衰败。在黄河峡谷沿岸，植被和土壤被一并清洗、岩石裸露、童山濯濯，原本的生态系统彻底瓦解。我们下定决心退耕还林还草，恢复与重建生态，并已通过地方立法实施封山禁牧。禁牧与禁伐、禁食三位一体，必然是黄河流域生态空间治理之关键举措。特别是草原禁牧，必然是人与草原关系的重大调整，必将带来人与草原生态的再平衡。

禁止放牧，实则是草原版的禁伐——禁止伐草、伐苗。禁止放牧与禁止采伐、禁止食用野生动物一样，都是人与自然再平衡机制，可谓"三条战线""三大力量"，共同谱写中国生态文明故事的壮丽篇章。

社区的林业

改革开放以来，中国经济高速发展，在国土空间上呈现出沿海—内地、中心—边缘结构，沿海、城镇是发展中心，乡村是发展边缘。今后一个时期构建双循环发展大格局，必将要求调整沿海—内地、中心—边缘发展结构，走向均衡发展之路。与过去相比较，作为边缘的乡村将获得更多发展机会，社区林业也将迎来发展新机遇。

社区一词由英文Community翻译而来。"社"字，《周礼》云"二十五家为社，各树其土所宜之木""社为地主而尊天亲地"，意为"每二十五户人家立一个祭拜土地神的社坛，并在各个社坛的土地上栽植所适宜生长的树木"。《说文解字》中"社"代表土地之主、土地之神，具有浓厚乡土气息。当前，"社区"一词被广泛认同的解释为"一定数量的人口、一定范围的地域、一定规模的设施、一定特征的文化、一定类型的组织，是聚居在一定地域范围内的人们所组成的社会生活共同体"。在城镇，社区是社区居民委员会，是城市街道、建制镇之下的管理机构，属于群众自治组织。在农村，社区是村民委员会。农村社区与城镇社区有很大差别，全国人大常委会分别制定了《中华人民共和国城市居民委员会组织法》和《中华人民共和国村民委员会组织法》。《中华人民共和国土地管理法》规定："城市市区土地属于国家所有。

农村和城市郊区的土地，除由法律规定属于国家所有的以外，属于农民集体所有；宅基地和自留地、自留山，均属农民集体所有。"党的十六届六中全会强调：全面开展城市社区建设，积极推进农村社区建设，健全新型社区管理和服务体制，把社区建设成为管理有序、服务完善、文明祥和的社会生活共同体。"村改居"是城镇化发展的具体表现，也是公共服务向农村社区的延伸，更是农民共享发展成果的必然要求。

社区林业是发生在社区范围内的公益林生态系统修复、生态系统维护以及生态产品、生态环境服务和商品林经济开发、生产经营活动。森林是水库、碳库、钱库、粮库。森林宝库在乡村、在社区。在森林宝库中，社区集中统一管理水库、碳库、生物基因库，而农户更多的是经营钱库、食库、药库。"上面千条线，下面一根针。"社区林业有宏观层面与微观层面之分。在宏观层面上，社区林业是国家林政体系进入乡村社区后形成的社区林政体系，也就是政策法规"千条线"带来的落实体系。在微观层面上，是社区林政体系落实落地的实践活动，是"一根针"织出的社区图案，形成了特色的社区林政、林务、林业组合。现代林业终究以社区林业现代化为根基。事实上，在城镇社区，亦有林政、林务、林业，比如社区绿化美化、绿地公园、休闲广场等。本文着重探讨乡村社区林业，也可以称之为"村社林业"。

社区林业具有社区基础性、公共性，是社区生生不息、永续发展的根形态，社区林业强调居民参与。"林业"并非一"业"，而是森林生态、园林景观、果林经济集成的大林业。森林提供了固碳释氧、防风固沙、涵养水源等生态环境服务，是社区生态林业、环境林业；园林景观为居民提供生态产品、景观服务，带来了审美福利，是社区生活林业；果林经济是生产树木果实，带来物质利益、经济收入，是社区生产林业。社区林业是基层林业，具有共有、共享、共建、共管、共赢的特征。共有——社区林业以农村集体经济组织所有制为载体，社区居民共有；共享——社区林业提供的生态环境服务固碳释氧、涵养水源、水土保持、防风固沙等生态环境服务具有外溢性、非排他性，属社区公共物品，社区居民共享；共建——国家、社区、农户共建社区森林生态系统；共管——国家、社区、农户共管森林生态系统，镇村林长、镇村护林站、天保护林员、生态护林员，以及防火护林员形成社区护林体系；共赢——国家、社区、农户各得其利、各享其益。公益林由国家出资给予生态效益补偿，商品林发展林产亦可吸引资本发展生态旅游、林间民宿，实现绿水青山向金山银山价值转化。

生态兴则社区兴、乡村兴。《中国森林资源报告2014—2018》显示，社区林地占全国林地的62%以上。社区林地、森林、林木是社区的根基，是森林生态修复的前沿，是美丽乡村的底色，也是美丽中国的根基。

因利用方向不同，林地分为公益林、商品林。公益林突出生态效益，商品林注重经济效益。集体林权制度改革后，集体林、公益林、商品林全部承包到户（即社区居民）。公益林产出公共效益、公共产品，大部分公益林因此而陷入"三不管"状态。然而，规模化、体系化、连通性、稳定性是公益林发挥生态系统功能的基础，需要建立与之相适应的公益林管理机制体制。

陕西省林地1.87亿亩。其中社区林地1.34亿亩，占全省林地71.7%。全省公益林1.39亿亩，其中社区公益林0.9亿亩，占全省公益林地67%。全省70%以上林地在社区，社区林地2/3以上是公益林，社区林业以生态公益林为主体。有关资料显示，国土绿化的主要增长空间也在社区集体林地。高质量发展社区林业，关系乡村居民增收，关系社区生态环境和美丽乡村建设。

一般而言，林区居民点在坡下沟底，森林在坡面山顶，山顶坡面林广，坡下沟底林少。山顶坡面森林生态系统为坡下沟底社区发展提供了生态环境服务、多样化食物和经济发展机会。森林生态系统是社区生命支持系统，与社区是生命共同体。乡村振兴的未来在林，社区林业种类繁多，包括种养业、林产加工业以及森林旅游、森林康养、自然教育等，具有拓展性、带动性、特色化、高附加值化。发展社区林业是乡村振兴的重要发展方向。乡村振兴的路径在林，由小康到富足，以林为依托，林文旅融合发展。社区之源在林，社区如泉眼，森林如泉眼之水。依托森林发展林下种养殖、森林旅游、森林康养等产业，规划好、建设好生活林业，规模化、专业化生产林业，提高林产附加值，带动餐饮、住宿等产业发展，形成社区发展、村民增收的乡村振兴产业链、产业群。

进入新阶段，社区林业进入转型升级机遇期、窗口期。要以社区为单元、以森林为依托，把多功能林业、多样化使命融为一体，总体规划、科学布局，保护优先、适度开发，实现资源永续利用、经济持续发展。

坚持保护优先，发展社区生态林业。因计量计价困难，市场机制失效失灵，生态林业存在缺规、少管、乱经营的问题。厚植乡村振兴底色，高质量发展社区生态林业有如下要求。一是落实落细林长之治。全面推行林长制是打通生态林业"最后一公里"的制度设计，是落实社区管护责任的规章制度。推动林长制在社区高效能运转，是高质量发展社区生态林业的重中之重。要一社一策，严格落实"县级林长包乡镇、乡镇林长包社区、社区林长包山头地块"要求，制定科学合理、务实高效的林长制细则，压实社区责任。二是发展新型社区林场。坚持县政府统筹，组建社区林场或多个社区联合组建新型林场，负责管护社区公益林。社区天保护林员、生态护林员负责日常管护、森林防火安全巡查等工作，吸纳社区居民参与林场森林抚育、造林绿化项目建设，聘请林业有害生物防控技术员指导林场职工、社区居民开展林业有害生物防控工作。三是发展"国有+社区"林场。发挥国有林场优势，组建"国有+社区"林场。国有林场主要负责公益林经营设计、管护指导，社区居民参与管护，林场收益按一定比例分成。

坚持"一区一品"，发展社区生活林业。城镇居民走进乡村、回归自然，体验乡村恬静生活，观赏美丽自然风光的渴望愈发强烈。社区生活林业发展迎来重要机遇，综合考量社区生态环境优势和民俗文化特色，打造具有优势和特色的社区品牌。引导、鼓励社区居民发展餐饮、民宿、家庭农（林）场等多样化产业，发展社区旅游经济。

坚持规模经营，发展社区生产林业。"特色优质、绿色健康"是新时代大众消费新浪潮，这正是社区生产林业所具有的特点。它是新时代大众消费主要产品之一，市场大、前景广。要适地适业，规模发展，提升经济价值。一是发展多种经营。鼓励、引导社区居民或引进民营资本，成立合作社，科学发展林下种养殖、森林旅游、森林康养、自然教育、生态文化园。创办林产品加工企业，推动林产品从初级到高级转变，提高林产品附加值，社区居民以多种方式参与其中，按照一定比例与企业分成。二是发展双储林场。以国家储备林建设工程为主体，吸纳社会资本出资，建设储林储碳的双储林场，组织社区居民参与林场建设及管护。

坚持本土特色，发展社区美丽林业。以提供景观生产为主的树木集中连片种植，形成景观林。景观林以美为中心，服务于美丽经济。一是利用天然森林风景建构森林公园，资源供所有人直接经营或委托经营或承包经营。二是利用公共过道营建树景观走廊以及社区园林景观，多由地方政府或社区投资，带有公共产品属性，公营机构负责生产经营活动，实行定额包干经营。三是私人投资营建观光庄园、观光农场或是森林人家。景观消费者与景观生产者可通过市场交换、计量结算、平衡收支，也可以是权利所有人自愿选择的其他经营方式。

生态空间实践篇

第五章

陕西居中国地理『C位』，是中华文明重要发祥地，是中华生态家园的内园、老园、核心园。中国大地原点在陕西，北京时间在陕西，秦岭之芯、黄河之芯在陕西。陕西是中国芯，也是中华文明长盛不衰的生态永动机。陕西生态空间占全省国土空间的72%。陕西深入践行绿水青山就是金山银山的理念，深度调整人与自然关系，告别人类『单向独赢』旧路，推进生态空间理论向治理实践转化，大胆探索投资自然、经营生态方略，走人与自然互馈共赢新路。实施深绿战略，建设深绿陕西，持续推动生态空间生产力革命，增强生态产品生产供给能力，在做大做强生态蛋糕的基础上，探索推动生态价值转化增值之路，为人与自然和谐共生的美丽中国做出『芯』贡献。

生态空间治理陕西方案

2018年国家机构改革后，新组建的林业部门不再是一"业"，而是一个国土空间——生态空间，专心致志保护修复生态永动机。

一、生态空间五大阵地

陕西生态空间，包括林地、草地、湿地、荒（沙）地、自然保护地，合在一起，共同构成生态空间"五大阵地"。

林地　林地是面积最大也是最重要的阵地。全省林地1.87亿亩，占国土空间61%。全省森林面积1.42亿亩，森林蓄积量5.67亿立方米。天然林承载了生态空间最稳定的群落、最完备的生态功能、最丰富的生物多样性，是陕西生态空间的"绿宝石"。全省天然林面积约占森林面积的2/3，主要分布于秦岭巴山，是国家级战略水源地。陕西森林，特别是黄河流域的森林以集体林居多、国有林较少，以纯林居多、混交林较少，以阔叶林居多、针叶林较少，以中幼林居多、成林较少，大部分森林处在演替的初级阶段，森林生态系统正在恢复当中，森林生态服务功能有待提升。

草地　全省草地约3300万亩，约占国土空间10%，主要分布在榆林、延安，其中天然草地占96%。草原生态系统是防止沙化、荒漠化的前沿阵地，在维护黄河流域、黄土高原核心地带生态安全中具有重要作用。进入21世纪以来，通过封山禁牧、建立沙化土地封禁保护区、实施退耕还林还草工程，草原生态系统逐步得以恢复，将草原监管职责由农业部门划转到林业部门，标志着草原是生态空间，是自然生态资源。

湿地　全省湿地约465万亩，占国土空间1.49%。全省建立湿地生态系统和湿地野生动物类型自然保护区16处，其中国家级7处、省级9处，国家湿地公园43处，湿地保护率39%。

荒（沙）地　全省荒漠化土地3975万亩、沙化土地1835万亩，分别占国土空间的12.9%和6%，主要分布在陕北榆林市。经过数十年防沙治沙，流动沙地基本消除，沙区植被盖度由1.8%恢复到58.4%。

自然保护地　自然保护地是生态空间治理的核心阵地。全省各类自然保护地270处，总面积3172万亩，约占国土面积的10%。重要生态类型、野生动植物重要栖息地全部纳入以国家公园为主体的自然保护地体系。

二、生态空间六条战线

生态空间五大阵地上，可以细分为六个方面工作，也即六条战线。

生态保护　对生态空间实施总体保护、系统保护。生态空间核心即生态空间芯，依法实施严格的保护。划定生态保护红线，本质上就是划定永久生态空间的边线。生态保护红线保护范围即生态空间中生态功能重要、生态环境敏感脆弱的永久生态空间。秦岭拥有原始森林，被誉为中国森林宝岛、中央水塔、生物基因库、自然博物馆。理所当然，秦岭是陕西生态保护的首要阵地，开全国之先河，为一座山脉立法，颁布了《陕西省秦岭生态环境保护条例》。全省建立起以国家公园为主体、自然保护区为基础、自然公园为补充的自然保护地体系。

生态恢复　除秦岭核心保护区外，全省大部分生态空间原有生态系统曾遭受重创，留下残败的天然次生林，生态永动机运转失灵失常。这些以天然次生林为主的生态空间成为生态恢复的主阵地。天然林资源保护工程就是保护天然林、保护天然次生林，就是恢复次生林生产力。封山育林、飞播造林、森林抚育，都是促进生态恢复的重要举措。残败的天然林是浅绿色，恢复后就会转变为深绿色。20多年来，陕西绿色范围内由浅转深的区域集中在秦岭巴山、子午岭黄龙山，这是停止天然林商业性采伐的显著成果。"三年植树，不如一年禁牧"，在陕北森林草原交替地带，封山禁牧是生态恢复的有效路径。

生态重建　原有的绿水青山通过开山垦殖、围湖造田等方式，不少转化为农业空间，加之过度开垦、过度放牧，原有的生态系统彻底崩溃，这部分区域要重归生态空间就需要开展生态重建。包括退耕还林还草还湿、植树造林、绿化国土以及防沙治沙、荒漠化治理，实现沙退绿进。延安是全国退耕还林的一面旗帜，全域退耕带来全域绿色，延安南部"深绿色"是天然林恢复与退耕还林的叠加效应，延安北部"浅绿色"是退耕还林带来的生态重建效应。毛乌素沙地南缘的榆林防沙治沙，推进生态重建，基本架构已经建立，但人工植被向天然植被演替还需要相当长的时间。

生态富民　因为多种原因，一部分人口已经定居在生态空间上。意味着将来仍有一部分人口继续在生态空间谋生存求发展。对于这部分人而言，生态空间既是自然资源、生态财富，又是生活依靠、经济财富。通过发展生态友好型经济，落实生态效益补偿、生态护林员补助等多种方式，让人民群众在保护中发展，分享生态保护红利和经济发展利益。

生态服务　在生态空间听得到鸟鸣，看得见青山，望得见星空，是美丽的殿堂、幸福的天堂。居住在城镇空间、农业空间上的居民向往美丽的生态空间，更希望体验优美的生态环境和优质的生态产品。生态空间上的美丽经济、幸福经济悄然兴起，特别是秦岭巴山生态资源丰富，要优先发展生态旅游、生态康养、生态体验、生态教育等生态服务业，让城乡居民走进美丽的生态空间。

生态安全　生态空间自然资源包括林地、草地、湿地、林木、野生动植物等。它们的损毁或流失，以及林业有害生物、森林草原火灾是生态安全的大敌。林业有害生物防治、森林草原防火、生态空间资源管控皆是维护生态安全职责。

三、生态建设五项保障

实现生态空间高质量、高颜值需要全面推动思想解放和观念更新，加快知识创新和技能提升，营造良好社会舆论氛围，增加资金支持力度，建设高素质生态绿军，形成上下统一、权责清晰、科学高效的支撑保障体系，要统筹做好五项保障。

智能保障　解放思想，更新观念，从一"业"——林业向一个空间——生态空间转变。科学技术不是一"业"之科学技术，而是生态空间五大阵地、六条战线的科学技术。面对生态空间治理，知识恐慌、本领恐慌在所难免，要加快知识创新、技能升级，转换智能模式。要精准把握生态空间规律，精准识别生态空间特征，精准制定生态保护修复方案，建立健全生态空间数据调查、资源共享、互联互通的创新服务平台和生态空间科学技术保障体系，不断提升生态空间治理知识和技能水平。

人文保障　建立起与生态空间高质量、高颜值相适应的生态空间文化，让更多的人了解生态空间，爱护生态空间。陕西生态空间特色鲜明，生态空间文化要走在前列。秦岭、华山、骊山、终南山、太白山、宝塔山，黄河、渭河、汉江、延河、无定河，黄帝陵、炎帝陵、华胥陵以及大熊猫、朱鹮、金丝猴、羚牛，皆是陕西生态空间的重要标识，与之相对应的各种文化构成了陕西生态空间文化的重要板块，要创新发展模式，拓宽传播渠道，全方位、多角度展示美丽生态空间新形象。要结合植树节、爱鸟周等主题活动，普及生态空间文化，培养生态空间意识，形成生态空间精神图谱。

资金保障　在本源上，生态空间厚德载物、生生不息，并不需要人工干预，也不需要多元投入。然而，因三大空间并立，产生了复杂的耦合关系。生态空间五大阵地、六条战线皆需要资金保障，这好比是"树冠对树根的回报"。生态空间高质量、高颜值是最普惠的民生事业、公共服务，必然需要公共财政支撑，特别是中央财政支持保障。这里的资金保障不是保障一"业"，而是为农业空间、城镇空间提供生态保障的国土空间。要进一步完善生态空间保护修复补偿机制、生态空间资源收费基金和有偿使用的征收管理办法。加强与金融组织合作，发挥生态富民、生态服务领域资本吸引力，形成政府引导、市场推进、社会参与的多元化投融资渠道，激发生态空间保护修复内生动力。

制度保障　坚持用最严格制度、最严密法治保护生态空间，特别是永久生态空间。在原有林地、草原、湿地、沙地、自然保护地五大阵地相关法律法规的基础上逐步将生态空间五大阵地、六条战线、五项保障作为一个整体，制定出台相适应的制度安排，形成相对完善的生态空间法律法规体系。"徒法不足以自行"。要建立生态空间联席会议制度，强化生态空间法律监督，组建生态空间综合执法队伍，综合行使生态空间行政执法权。建立健全生态空间全领域、广覆盖的林长制，以及建立生态空间目标考核机制与责任追究机制，用法律制度确保生态空间高质量、高颜值。

组织保障　从一"业"到一个空间的转变是全方位跨越式的重大转型。要立足生态空间本真，将五大阵地、六条战线、五项保障深度融为一体，再造组织结构和组织流程。树立生态空间主人翁意识，发挥生态空间建设主力军作用，打造政治强、业务精、形象好的生态绿军。

阅读链接12　对标"美丽"补"短板"

进入新时代，中国社会的主要矛盾已经转化为人民日益增长的美好生活需要和不平衡不充分的发展之间的矛盾。人与自然是生命共同体，坚持人与自然和谐共生，建设人与自然和谐共生的现代化既要创造更多物质财富和精神财富以满足人民日益增长的美好生活需要，又要提供更多优质生态产品以满足人民日益增长的优美生态环境需要。建设美丽中国是新时代生态空间治理的新路向、新航标。与人民日益增长的美好生活需要相比，与优美生态环境需要相比，与建设美丽中国要求相比，生态永动机不平衡不充分的矛盾尤为突出，集中表现为"不绿、不全、不美、不高、不适"。这"五不"就是五个短板，也是五个"发展板块"，引导未来发展方向。

不绿——生态空间不绿。从整体上看，缺林少绿的矛盾依然突出，恢复与重建森林的任务十分艰巨。陕西是森林大省，森林覆盖率已恢复到45%以上，但与61%的林地面积相比，现有区域不够绿，增绿潜力很大。陕西森林覆盖率应恢复至50%以上，恢复重建森林需要啃硬骨头，下硬功夫。

不全——生态系统不全。现在的森林多是中幼林或是树种较为单一的纯林，单位蓄积量不足世界平均的70%。全国生态系统功能健全的森林只占13%，大部分生态系统功能不完整、不健全，属于残缺的森林。陕西是完整森林面积较大的省份，秦岭是全球生物多样性关键区域之一。但森林碎片化、岛屿化问题依然较为突出，水源涵养、气候调节、维护生物多样性等诸多功能发挥不充分。野生动物种群数量虽在持续性恢复增长，但与种群稳定还有很大距离。

不美——生态环境不美。人民日益增长的美好生活需要，对优质生态产品要求越来越多，对优美生活环境要求越来越高，不仅期待安居、乐业、增收，亦期待天蓝、地绿、水净，美丽中国新时代人们要有美起来的生态环境。美丽中国关键是美丽森林、美丽园林、美丽果林。自国家森林城市创建工作以来，宝鸡、西安等8市相继成为其中一员，城乡居民身边树多了，环境绿起来了。然而，人们期待有更多的树、更多的绿、更多的美，期待生活更加缤纷多彩。

不高——科技水平不高。现在是去材化时代，现有林业发展理论、理念尚难以彻底去材化。与新时代、新使命要求相比，生态空间治理的知识、信息和技能严重短缺。知识恐慌、本领恐慌成为常态，科技水平不够高。美国核桃亩产200公斤，陕西核桃技术标准亩产为200公斤，但实际亩产只有20—30公斤。在生产生态产品、提供生态服务上，我们需要对标强国找差距，追赶超越立潮头。

不适——森林服务不适。让更多城乡居民走进美丽森林，让更多森林为城乡居民提供服务，是新时代应有之举。森林公园、森林小镇、森林社区、森林人家，皆是依托森林资源形成的森林综合体，也是森林服务业的重要载体。但森林"不适游"，多数自然风光优美、森林生态优越的区域，包括已经设立的森林公园，因交通、住宿等基础设施薄弱，很难适应城乡居民旅游观光、休闲度假、保健养生等消费的需要。生态空间加载服务业是新兴产业，也是发展严重滞后的产业。

从进军深绿到深绿战略

从2019年到2023年，在笔者担任陕西省林业局局长期间，始终坚守一个主题：走向深绿。从2020年"向深绿进军"开始，到2021年"挺进深绿"、2022年"阔步深绿"，再到2023年全面实施"深绿战略"。2022年12月中共陕西省委宣传部、陕西省人民政府新闻办公室举办"贯彻党的二十大精神、推动陕西高质量发展"系列主题发布会，由我介绍《实施深绿战略 推动生态空间高质量发展》有关情况。高质量推进深绿战略已列入2023年总林长令，作为全面推行林长制的一项重要任务。

一、三大新变局

2018年国家推行机构改革，新组建的林业部门有了新使命、新担当。我们面临的首要问题就是要深刻认识和准确把握部门职能深度调整带来的新变局以及由此而来的新站位、新定位、新作为。为此，2019年我们进行了长时间的深入思考和大量的调查研究。2020年在全省林业工作会议上，我们提出要主动"迎接三大新变局，把思想和行动统一到生态空间治理上来"。所谓"三大新变局"，即新空间、新归口、新飞跃。

首先是新空间，即生态空间。2012年，党的十八大报告提出："促进生产空间集约高效、生活空间宜居适度、生态空间山清水秀。""生态空间"一词，由此正式进入国家治理话语体系并将生态空间治理目标锁定为山清水秀。2015年，中共中央、国务院印发《生态文明体制改革总体方案》明确指出："对水流、森林、山岭、草原、荒地、滩涂等所有自然生态空间统一进行确权登记。"2017年，中共中央办公厅、国务院办公厅印发《关于划定并严守生态保护红线的若干意见》明确："生态空间是指具有自然属性、以提供生态服务或生态产品为主体功能的国土空间，包括森林、草原、湿地、河流、湖泊、滩涂、岸线、海洋、荒地、荒漠、戈壁、冰川、高山冻原、无居民海岛等。"2019年，《中共中央 国务院关于建立国土空间规划体系并监督实施的若干意见》明确："将主体功能区规划、土地利用规划、城乡规划等空间规划融合为统一的国土空间规划，实现'多规合一'。"

新组建的林业部门在原林业部门管理森林、湿地、荒漠的基础上，增加了管理草原、自然保护区、地质公园、地质遗迹、风景名胜区等职责。至此，地球陆地生态空间主体资源监管职责归集整合在同一个部门。原先条块化、碎片化的生态空间从体制机制上缝合在一起，实现一体化治理。无论部门名称是林业部门还是林草部门，我们都要直面生态空间治理，担起生态空间之治的历史责任。

其次是新归口，即由大农口转轨资源口。过去，农林水通常并称为"大农口"，林业工作目标导向具有明显的"大农业"经营色彩，强调森林蓄积量、草原载畜量。比如，秦岭面积再大、森林覆盖率再高、生态服务功能再强，依然是大农口的一部分。如今，森林、草原、湿地、荒漠以及自然保护地一并归入生态空间，其生态属性、资源属性、环境属性更加突出。在国家层面，林业部门没有并入农业农村部，而是归自然资源部管理，并入了"环资口"。这是一个新归口，由自然资源、生态环境、林业三家组成。自然资源、生态环境两大部门，其职责覆盖了三大国土空间的全部，而林业部门则专注于陆地生态空间，就像农业农村部门专注于农业空间一样。对林业部门来讲，这不是简单的"农转非"，而是一次深度的职能调整。

再次是新飞跃，即由行业管理向空间治理飞跃。新组建的林业部门正在发生两大"化学反应"：一是由一"业"（林业）向一个"空间"（生态空间）飞跃。绿水青山就是金山银山，绿水青山就在生态空间。陕西国土空间72%是生态空间，包括森林、湿地、草原、荒漠、自然保护地，可称为"五大阵地"。其中自然保护地是由多种地貌类型、多种生态系统组合而成的生态特区。二是由林业行业管理向生态空间治理飞跃。党的十九届四中全会将"坚持和完善生态文明制度体系，促进人与自然和谐共生"列入"十三个坚持和完善"之一。推动生态空间治理体系和治理能力现代化已成为坚持和完善生态文明制度体系的必然要求，也是国家治理体系和治理能力现代化的重要内容。我们研究归纳将陕西生态空间治理细分为生态保护、生态恢复、生态重建、生态富民、生态服务、生态安全六个方面，称为"六条战线"。六条战线协同推进，需要着力抓好知识技能、人文教育、资金支持、法治保障、组织队伍。这"五项能力"建设，也是生态空间治理的"五项保障"。

我们要以强烈的责任感和使命感，直面"三大新变局"，为推进生态空间治理体系和治理能力现代化做出应有贡献。

二、六个加快推进——生态空间治理体系建设

第一，加快推进生态保护体系建设。总体上看，生态空间分为生态保护红线范围内的永久生态空间和红线范围外的一般生态空间。按照分级保护制度，永久生态空间保护级别最高，是严格禁止或者限制人类活动的空间。一是严格执行《陕西省秦岭生态环境保护条例》，巩固拓展秦岭生态环境专项整治成果，以秦岭生态空间治理十大行动为抓手，用钉钉子精神把各项治理措施钉在秦岭生态空间上。二是全面落实《关于建立以国家公园为主体的自然保护地体系的指导意见》，开展自然保护

地调查评估，拟定整合优化实施方案，组织勘界立标，稳步推进优化整合工作。三是要自然资源部门协同配合，做好生态保护红线划定工作。加强自然保护地建设管理，依法依规开展自然保护地范围和功能区调整，完善相关标准规范和监督管理机制。四是全面完成大熊猫国家公园陕西秦岭区体制试点任务，加快推进秦岭国家公园前期工作，抓好秦岭国家植物园二期建设项目实施。五是开展野生动物栖息地调查和监测，做好野生动物重要栖息地认定申报，加快推进秦岭大熊猫研究中心"一公园、两基地"建设和陕西朱鹮保护与繁育国家林业和草原局重点实验室申报建设。六是修订《陕西省重点保护野生植物名录》，抓好全省重点古树名木复壮保护，开展林草种质资源普查与收集，加强红豆杉、珙桐等珍稀野生植物就地保护和人工繁育。

第二，加快推进生态修复体系建设。通过封山禁牧、人工抚育等路径，修复遭受破坏或质量不高的生态空间，实施提质增效工程，恢复其生态生产力，加快推动浅绿色向深绿色转变，天然次生林和重度退化草原是生态修复重点。一是编制《陕西省森林经营规划》，制定《全省退化防护林提质增效工作指导意见》《全省"三北"工程退化防护林修复改造实施方案》，加强低质低效防护林林分修复。二是落实《陕西省天然林保护修复制度方案》，加快制定《陕西省〈天然林保护修复制度方案〉实施意见》和《陕西省天然林保护修复规划》。三是因地制宜推进草原禁牧轮牧工作，落实草畜平衡制度，改善草原生态环境。四是落实《陕西省湿地保护修复制度方案》，加强湿地保护修复，做好省级重要湿地认定，推进国家湿地公园试点验收。五是完成国有林场改革"回头看"问题整改落实，指导国有林场编制完善《陕西省森林经营方案》，科学开展森林经营，着力提高森林质量。

第三，加快推进生态重建体系建设。通过退耕还林还草还湿，防沙治沙等路径，让过度开垦、过度放牧区域重归绿水青山。陕北长城沿线风沙区、黄土高原水土流失区和渭北旱腰带、秦岭坡脚地带"两区两带"是生态重建的重点。一是认真实施退耕还林还草、天然林保护、重点防护林建设、京津风沙源治理等生态工程，加大困难立地造林投入，持续推进国土增绿。二是严格落实《陕西省封山禁牧条例》，加强沙化土地封禁保护。三是落实《陕西省乡村绿化美化行动方案》，完成"三化一片林"绿色家园建设，积极推进国家森林乡村创建工作。四是持续抓好国家森林城市和省级森林城市创建工作，加快推动关中森林城市群建设。五是落实《陕西省国家储备林基地建设工作方案》，启动一批国家储备林基地建设项目。六是认真组织开展全省义务植树活动，加快推进"互联网+全民义务植树"基地建设。

第四，加快推进生态富民体系建设。遵循市场规律，落实脱贫政策，发展富民产业，把"绿起来"与"富起来"相结合，让人民群众分享生态保护和经济发展红利，实现不砍树、能致富。一是严格落实生态脱贫各项举措，对标对表脱贫攻坚要求，夯实责任，细化措施，确保高质量完成脱贫攻坚任务。二是开展生态脱贫"回头看"，补齐短板弱项，加强脱贫攻坚数据录入更新，认真总结评估，强化示范引领，巩固提升生态脱贫质量成效。三是完成核桃、红枣、花椒等特色经济林提质增效改造，建设特色经济林标准化示范园。发展中药材、食用菌、中华蜜蜂等林下经济产业，持续推进林下经济示范基地建设，建设省级苗木花卉示范园。加快红仁核桃发展，扩大区域试验范围，加快建设良种繁育基地。四是坚持保护优先、规范管理、严格监管原则，建立健全野生动物保护长效机制，推进野生动物人工繁育管理法制化，加快林麝人工繁育基地化、标准化、产业化进程。五是培优育强涉林龙头企业、合作社，指导完善利益联接机制，提高带贫益贫能力。实行动态管理，开展省级林业龙头企业评选认定，申报推荐一批国家林业重点龙头企业。

第五，加快推进生态服务体系建设。在坚持保护优先的前提下，积极发展生态旅游、森林康养、生态体验等生态服务业，让城乡居民身临其境体验生态空间的优美生态环境和优质生态产品，以满足人民群众日益增长、丰富多样的生态服务需求。一是突出陕西特色，加快推进以森林公园、湿地公园、沙漠公园、风景名胜区等为主体的生态旅游体系建设。二是持续推进森林特色小镇建设试点，建设森林养生基地2处。组织人员编制《全省森林康养基地建设规划》，组织开展森林康养示范基地创建工作。三是推进生态文明教育，建设森林体验基地2处，创新生态文明教育模式，探索生态文明教育长效机制，全年森林体验人数突破5000人次。四是推动生态旅游大数据信息平台建设，积极创建森林旅游示范市（县），打造一批新兴生态旅游品牌。五是组织好2020年中国森林旅游节活动、陕西秦岭生态旅游系列活动，加快推进第四届中国绿化博览会陕西园建设，确保绿博会陕西园顺利运营。

第六，加快推进生态安全体系建设。加快建立"一管三防"责任制度体系，加强资源监管，落实森林草原防火、有害生物防治、生态资源防破坏责任，维护生态安全。一是完成全省森林资源管理"一张图"年度更新并发布年度资源数据，组织启动国有林二类资源调查。二是依法依规审核审批建设项目使用林（草）地，科学制定《全省"十四五"期间年森林采伐限额》。三是严格落实森林草原防火、林业有害生物防治责任制度，加强森林草原防火机构和消防队伍建设，确保不发生重特大森林草原火灾和人员伤亡，坚决遏制松材线虫病、美国白蛾扩散蔓延。四是加强野生动物管控，切实做好野生动物疫源疫病监测防控，坚决打赢野猪非洲猪瘟和新冠疫情防控攻坚战。五是持续推进中央环保督察"回头看"问题整改落实、打击整治破坏秦岭野生动物资源违法犯罪、涉林违建别墅问题清查整治等专项行动，深入开展乱砍滥伐、乱捕乱猎问题整治。六是强化森林督查和涉林违法违规案件查处整改工作，做到案件查处、落实整改、追责问责三到位，严肃查处破坏生态资源违法行为。

三、五个着力提升——生态空间治理能力现代化

第一，着力提升科技服务能力。推动生态空间治理，迫切需要再造知识结构，加快形成适应生态空间治理需要的知识技术体系。一是精准把握生态空间规律，开展陕西省黄河流域生态空间治理十大行动、陕西

省长江流域生态空间治理十大行动、陕西省生态空间治理十大创新行动，建立健全生态空间治理政策体系。二是科学编制《陕西省林业发展"十四五"规划》及相关专项规划，修编"三北"工程建设总体规划和六期工程建设规划。三是加强重大科技创新与成果转化，出台《陕西省林业科技项目管理办法》，实施一批重大科技项目。四是建立健全天然林保护修复技术等标准体系，做好标准示范推广工作。加强草原资源监测，尽快摸清资源本底，为草原生态保护修复奠定基础。五是认真实施林业科技示范工程，完成科技示范县、示范点建设和100万亩示范推广任务。六是加强科技推广体系建设，建设标准化乡镇林业站，持续开展科技下乡与科普宣传工作。七是加快推动生态云体系建设，成立省林业局网络安全和信息化委员会，组建生态空间数据中心，打造"1+N"智慧平台，完善数据标准规范和平台管理机制，在治理能力现代化上迈出新步伐。

第二，着力提升人文教育能力。创新发展模式，拓宽传播渠道，普及生态空间文化，培养生态空间意识，全方位、多角度展示美丽陕西生态空间新形象，让更多人了解生态空间、爱护生态空间，支持并参与生态空间治理。一是全面构建生态空间话语体系。全面走进生态文明建设、生态空间治理新时代，加快与生态文明话语体系对接，着力转换话语体系，升级话语权，决不能在话语权上败下阵来。二是再造生态空间治理目标愿景。围绕"五大阵地"，确定目标愿景，丰富完善生态空间治理目标愿景。三是开展生态文明宣传活动。精心组织大熊猫文化宣传、朱鹮文化展、世界野生动植物日、爱鸟周等宣传活动，推广"秦岭四宝精神"，发挥林学会、野生动植物保护协会、森林文化协会作用，动员更广泛的社会力量参与和支持生态空间治理。四是提升生态文化影响力。持续办好"秦岭讲坛"，打造生态空间理论研究传播高地。提炼和培育特色生态空间文化元素和文化品牌，组织开展采风、摄影、写作等活动，推出一批优秀文创作品，凝聚全社会情感认同和价值认同，不断提升生态文化软实力。五是倡导新时代生态价值观。大力倡导尊重自然、顺应自然、保护自然的生态价值观，引导城乡居民自觉拒食野味、保护野生动物、树立健康文明的生活方式，共建人与自然和谐共生的美丽家园。

第三，着力提升资金支撑能力。生态环境是最普惠的民生福祉，生态空间治理离不开公共财政支撑。要适应林业改革发展资金归口变化的新情况，深入研究，主动应对，把准方向，最大程度争取资金、最大效益使用资金。一是突出重点工作，加大资金争取力度，加快推进秦岭大熊猫研究中心和国家储备林基地等重点项目建设。二是组织开展重点工程项目资金使用管理内部稽查审计专项行动，以严格审计倒逼资金使用效率提升。三是持续深化集体林权制度改革，规范集体林权流转，推进林权抵押贷款，扩大森林保险覆盖范围，盘活生态资源资产。四是及时兑付公益林生态效益补偿，推动《陕西省草原植被恢复费征收管理办法》制定。五是落实《国务院办公厅关于健全生态保护补偿机制的意见》，加快建立市场化、多元化生态补偿机制，充分调动各方积极性。

第四，着力提升法治保障能力。加快建立健全生态空间法律法规体系，以法律制度确保生态空间建设管理高质量。一是加快修订、制定《陕西省实施〈中华人民共和国野生动物保护法〉办法》《陕西省实施〈中华人民共和国种子法〉办法》《陕西省林业有害生物防治检疫条例》等地方性法规。二是做好《陕西省天然林保护修复条例》立法调研、起草工作。积极推动《陕西省自然公园条例》列入立法计划；启动《陕西省森林管理条例》修订调研起草和《陕西省自然生态空间治理条例》前期调研工作。三是抓好《中华人民共和国森林法》贯彻落实，完善相关配套法律制度，贯彻落实《国务院关于全民所有自然资源资产有偿使用制度改革的指导意见》，探索国有林草资源有偿使用制度改革。四是深化"放管服"改革，抓好简政放权、强化监督、优化服务，提高审批效能和监管水平。全面提高依法治理能力，加大普法力度，加强法治培训，做好行政复议受理、答复，行政诉讼应诉。五是制定《陕西省林业局林业行政执法改革方案》，理顺执法体制，建立健全联合执法机制，强化执法监督。六是继续开展林长制试点工作，组织起草《陕西省林长制实施意见》，建立生态空间资源党政领导责任制度。

第五，着力提升生态绿军战力。要以全面从严治党新成效，推动各级党组织战斗力持续提升，善作善成，久久为功。一是坚持把"不忘初心、牢记使命"作为加强党的建设的永恒课题，认真学习贯彻习近平总书记重要讲话精神。二是坚持把党的政治建设摆在首位，把"两个维护"作为根本任务，推进"讲政治、敢担当、改作风"专题教育常态化长效化，严明政治纪律和政治规矩，规范严肃党内政治生活，严格落实《陕西省林业局党组工作规则》。三是坚持把建设高素质专业化干部队伍作为重中之重，落实《中共陕西省林业局党组关于建设生态绿军实施方案》，制定《省林业局干部考察考核办法》《年轻干部选拔培养办法》《干部轮岗交流实施办法》《机关和基层干部双向挂职锻炼实施细则》，建立完善人才评价管理机制，加大干部教育培训力度，大力培养选拔优秀年轻干部。四是树立大抓基层的鲜明导向，以提升基层党组织组织力和政治功能为重点，持续推进党建与业务工作深度融合，着力解决一些基层党组织弱化、虚化、边缘化问题，推动局基层党组织全面过硬、全面进步。五是坚持把纪律和规矩挺在前面，严格落实中央八项规定精神，坚决破除形式主义和官僚主义，加强警示教育和监督执纪问责，持之以恒正风肃纪，营造风清气正的政治生态。六是坚持聚焦重点领域反腐，保持惩治腐败政治定力，深化拓展群众身边的腐败和作风问题专项整治，一体推进不敢腐、不能腐、不想腐。

四、九重空间分类治理

陕西生态空间重要而独特，是全境唯一在黄河、长江干流之间的省份，南北横跨九个纬度、三个气候带、四个干湿区，海拔从168米到3771米，降水量从320毫米到1520毫米，生态空间复杂多样。我们进一步把全省生态空间划分为九种类型。

自然保护地　包括整合优化后的自然保护地以及未纳入整合优化的风景名胜区、水产种质资源保护区、世界地质公园、矿山公园、自然保护点，总面积约4000万亩。这是生态空间芯，也是"生态特区"，具有明确的法律规定、明晰的管控边界、健全的管理机构。要严格落实有关法律法规，夯实管理机构职责，率先实现高效能治理、高质量发展。

红线保护地　自然保护地以外纳入生态保护红线范围的生态空间包括国家一级公益林地、秦岭核心保护区和重点保护区以及生态脆弱区、生态敏感区，约4000万亩。这是强制性保护、针对性修复的生态空间，严格按照生态保护红线管理规定落实管控措施，确保生态功能不降低、面积不减少、性质不改变、生态生产力增长。

低密度森林　全省郁闭度0.4以下的森林约3000万亩。主要分布在白于山区、黄土高原丘陵沟壑区和秦岭巴山浅山区，人工林占73%，多为中幼林。以封为主，因地制宜、因林施策，合理确定封育类型、封育措施，提高郁闭度。靠自然力难以恢复的采取综合抚育措施，封育、管护、补植并举，乔灌草结合，改善林分结构，提高林分质量。

灌木林地　以灌木为主体且覆盖度大于30%的林地，乔木树种稀少，主要分布在长城沿线风沙区、白于山区和秦巴山区坡脚线，约3500万亩。其中2000万亩的一般灌木林实施封山育林，选择适宜乔木树种进行补植补播，促进生态系统正向演替；1500万亩的特灌林以退化林分修复为主，采取平茬复壮、更新改造等措施，增强生态功能。

未成林地　包括未成林造林地、疏林地和适宜造林绿化的区域，约4000万亩，是国土绿化的主战场、生态重建的主阵地，主要分布在毛乌素沙地、白于山区、黄河沿岸、关中北山等区域。对未成林造林地，严格落实封山禁牧制度，加强抚育管护，有效提升成林率；对疏林地，采取人工措施，促进自然恢复，形成乔灌草复合生态系统；对适宜造林绿化地宜林则林、宜灌则灌、宜草则草，加强困难立地植被恢复技术攻关，消除绿色"天窗"。

草地　全省草地约3300万亩，主要分布在陕北长城沿线风沙区和黄土高原沟壑区，关中陕南零星分布。草原沙化、退化、盐碱化严重，要摸清底数，开展监测评价，推行封山禁牧，落实保护监管制度，提高草原综合植被盖度，改善草原生态环境。

湿地　全省湿地约460万亩，以河流湖泊为主。要严格落实《陕西省湿地保护条例》《全省湿地保护修复制度方案》，贯彻全面保护、科学修复、合理利用、持续发展的方针，以自然恢复为主、人工修复为辅，恢复湿地生态环境。加强湿地类型自然保护地建设、监测体系建设，提高湿地生态系统质量。

荒（沙）地　全省沙化土地约1835万亩，99%在榆林。防沙治沙取得了奇迹般的成果，要继续弘扬治沙精神，持续开展沙化土地综合治理，加强退化防护林和退化草原修复，优化沙区植被结构，巩固拓展治沙成果，推动高质量发展。

经济林　全省经济林约2000万亩，主要包括木本粮油、干鲜果品、中药材、香辛料等。要加强标准化建园，主攻低质低产经济林改造，推进集约化经营、产业化发展，延长产业链，提高附加值，加快数量规模型向质量效益型转变，实现"亩产""效益"双增长。

五、"十四五"总体部署

习近平总书记来陕考察重要讲话是我们工作的根本遵循，为"十四五"生态空间治理指明了前进方向，提供了思想武器，注入了强大动力。2021年我们对"十四五"工作进行了全面安排部署，明确提出，要深入学习贯彻习近平生态文明思想，深刻领会习近平总书记重要讲话精神，全面落实党的十九届五中全会精神，结合中国共产党陕西省第十三届委员会第八次全体会议新任务新要求，围绕陕西生态空间治理实际，瞄准生态空间山清水秀总目标，我们确定了"十四五"期间的总体思路、战略愿景、区域布局、指标体系、重大行动和重点工程。

总体思路　以习近平新时代中国特色社会主义思想为指导，以习近平总书记来陕考察重要讲话为根本遵循，以立足新发展阶段、贯彻新发展理念、构建新发展格局为战略指引，以高质量发展、高品质生活、高效能治理为主攻方向，践行绿水青山就是金山银山，推进浅绿色向深绿色迈进，开启生态空间绿色革命新征程，坚持系统观念、问题导向、底线思维，全面推行林长制，科学布局"五大阵地"，统筹推进"六条战线"，不断夯实"五项保障"，加快生态空间治理体系和治理能力现代化建设，奋力谱写陕西新时代生态空间治理新篇章。

战略愿景 以山清水秀为总目标，生态空间治理要走好关键三步。第一步：奋战"十四五"，到2025年实现浅绿向深绿迈进，建成"深绿陕西"；第二步：再经过十年奋战，到2035年初步实现生态空间山清水秀；第三步：再奋战十五年，到2050年建成高质量的山清水秀的陕西。那时的生态空间，美丽颜值达峰、生物体系达优、生态功能达强。全省林业系统要切实把思想和行动统一到生态空间治理三步走战略上来，坚持"五不"政策，即森林不伐、草地不牧、湿地不捕、野味不食、野植不采。在不影响生态生产力的情况下，不失时机、因地制宜发展美丽经济、康养经济、知识经济，让生态空间成为"饱眼福空间""洗肺空间""醒脑空间"。

区域布局 构建"一山、两河、四区、五带"治理新格局。"一山"指秦岭；"两河"指黄河流域和长江流域；"四区"指陕北毛乌素沙地生态修复区、黄土高原水土保持区、关中平原生态协同发展区、秦巴水源涵养区；"五带"指白于山区生态修复带、沿黄防护林提质增效示范带、关中北山绿色重建带、秦岭北麓生态保护带、汉江两岸生态经济走廊带。

指标体系 突出"深绿色""系统化""高质量"导向要求，我们建构出"十四五"指标体系，共有指标41个，其中约束性11个、预期性30个。"山清水秀指数"是衡量生态空间数量、质量和功能的综合指数，精准丈量各行政区的生态生产力发展程度，为促进生态空间治理提供理论支撑。

重大行动　实施"3+1"四个十大行动。陕西居全国生态C位，秦岭之"芯"在陕西，黄河之"芯"在陕西，长江最大支流在陕西。在保护祖脉母亲河上，我们肩负重大使命。坚持"系统保护""以绿治黄""创新驱动""高质量发展"理念，深入开展秦岭生态空间治理十大行动、陕西省黄河流域生态空间治理十大行动、陕西省长江流域生态空间治理十大行动，以及陕西省生态空间治理十大创新行动。

重点工程　按照《全国重要生态系统保护和修复重大工程总体规划（2021—2035年）》要求，从生态空间治理实际出发，计划开展"十大重点工程"建设：秦岭生态保护修复、巴山生物多样性保护与生态修复、黄河流域重点区域生态修复、沿黄防护林提质增效和高质量发展、自然保护地体系建设、湿地草原保护恢复、国家储备林基地建设、乡村振兴和生态富民提升、生态云建设、生态支撑体系建设。实施"十大重点工程"，要用钉钉子精神，一锤接着一锤敲，把各项生态空间治理措施一一落地落实落细。

六、陕西四大林情

我们对陕西省情的认识，有一个逐渐深化的过程。2022年，在全省林业工作会议上进一步明确，坚持解放思想、实事求是、一切从实际出发，用具体历史的、客观全面的、联系发展的视角深刻认识"四大林情"。

陕西是生态绿芯。陕西是唯一全境处在黄河、长江干流之间的省份，秦岭是中华民族的祖脉和中国中央水塔，黄河是中华民族的母亲河。陕西是中国芯，秦岭之芯在陕西，黄河之芯在陕西，黄土高原之芯在陕西，中国大地原点在陕西，北京时间从陕西出发。

陕西是生物多样性大省。生物多样性是人类生存和发展的基础。秦岭是生物基因库，全球生物多样性热点区域。全省南北跨9个纬度、3个气候带、4个干湿区，年均降水量从不足300毫米到1500毫米以上，海拔从168米到3771米，纬向带状和垂直分层明显，涵盖森林、草原、湿地、荒漠4大陆地自然生态系统。陆栖脊椎野生动物792种、种子植物4700余种，分别占全国种类的30%和14%。各类自然保护地270个，以国家公园为主体、自然保护区为基础、自然公园为补充的自然保护地体系健全。秦岭国家植物园面积最大，兼具就地保护和迁地保护双重功能。

陕西是天然林公益林大省。天然林、公益林是森林生态系统保护修复的重点。天然林是自然界中群落稳定、生物多样性丰富的生态系统。公益林是生态区位重要、生态功能突出的森林资源。全省国土3.08亿亩，占全国2.1%；全省公益林1.39亿亩，约占全国3.7%，占全省林地74.3%；全省天然林1.04亿亩，约占全国4.4%，占全省森林68.4%。

陕西是国土增绿大省。中华人民共和国成立以来，全省森林增加1亿多亩，绿色区域向北推进400公里，陕北黄土高原是全国连片增绿幅度最大的地区。2021年，国家下达我省造林绿化任务列全国第一，仍有3000万亩造林绿化潜力，居全国前列。

七、细化的"三步走"战略愿景

第一步：2025年初步建成深绿色陕西。着力增加森林覆盖率，提高森林质量。加强草原湿地保护修复，提高草原综合植被盖度，增加湿地保护率。巩固防沙治沙成果，提高沙化土地治理成效。加快建设国家公园，完善自然保护地体系。打好创建森林城市攻坚战，实现国家森林城市全覆盖。秦岭、黄河、长江生态系统保护修复和生态空间治理体系初步形成。

第二步：2035年初步实现生态空间山清水秀。稳定森林面积，提升森林质量，促进森林健康。全面建成分类科学、布局合理、保护有力、管理有效的自然保护地体系。建成比较成熟的秦岭、黄河、长江生态系统保护修复和生态空间治理体系。森林、草原、湿地、荒漠四大生态系统稳定性增强、质量提升，有效满足人民群众对生态产品和生态环境服务的需求。

第三步：2050 年建成高质量的山清水秀陕西。自然保护地体系日臻完善，生态系统稳定健康高效，生态空间实现高颜值高产能。秦岭、黄河、长江生态保护修复和生态空间治理体系更加成熟。自然保护地、林地、草地、湿地、荒漠"五位一体"，生态空间治理体系和治理能力全面现代化。生态产品更加多样，生态服务更加丰富，充分满足人民群众对优质生态产品、优美生态环境的需要。

八、一以贯之的"五个坚持"

一是始终坚持"五位一体、统筹治理"工作格局。"五位一体"生态空间是林业空间，一定牢牢抓住、守好阵地，不能顾此失彼。要全面布局、系统谋划、统筹推进，精心实施好"双重规划""山水工程"，一体化治理、一体化保护、一体化修复、一体化发展。

二是始终坚持"生态优先、绿色发展"工作导向。切实把以国家公园为主体的自然保护地当作首要阵地，把生态保护修复放在工作首要位置，因地制宜推动生态产业化和产业生态化，在保护中发展，在发展中保护，建设美丽陕西。

三是始终坚持"遵循自然、助力自然"工作机理。生态空间治理中自然法则是最大的规律，各项工作要自觉遵循自然规律，坚持自然恢复为主，人工修复为辅，因地制宜、分类治理，宜林则林、宜灌则灌、宜草则草、宜荒则荒，不断提高生态系统自我修复能力，促进生态系统正向演替，持续提升生态生产力。

四是始终坚持"立美为业、各美其美"工作追求。美是不懈追求，新中国第一任林业部长梁希描绘出"无山不绿，有水皆清，四时花香，万壑鸟鸣，替河山装成锦绣，把国土绘成丹青"的美丽生态画卷。进入新时代，生态美的内涵不断丰富和发展。三副"面相"之美，已经成为新追求，第一副是生态经济丰裕之美，第二副是生态系统健康之美，第三副是生态资源富足之美。全面认识生态美的多样性，以美为业、各美其美、美美与共。注意把握它与自然资源、生态环境、农业农村的深层联系，才能更好发挥其在国土治理、环境保护、乡村振兴中的重要作用。

五是始终坚持"林长之治、党政同责"工作机制。林长制抓住了"关键少数"，夯实了党政主要领导责任，为高质量发展创造了重大历史机遇。以林长制作为总抓手，发挥各级党委政府力量，推动形成各级林长牵头、部门齐抓共管、社会广泛参与的治理机制。与时俱进，深化林长制，探索"林长+"，让林长制始终充满生机活力，实现"林长治"。

九、全面实施深绿战略

按照党的二十大精神，站在人与自然和谐共生的高度，我们清醒地看到陕西家园还不够美，绿水青山还不够多，生态蛋糕还不够大，有效释放生态潜能，提升生态生产力，高质量建设美丽陕西的任务依然艰巨。"路虽远行则将至，事虽难做则必成。"经省政府同意，发布实施深绿战略。2023年，在全省林业工作会议上我们进一步明确全面实施深绿战略，要牢牢把握以下六个方面。

始终坚持生态立本战略定力。坚持以习近平生态文明思想为指导，深入践行绿水青山就是金山银山的理念，把推动形成更多的绿水青山作为安身立命之本。坚持做好生态加法，持续向自然投资，保护修复生态系统，增加生态产品生产、生态服务供给，让生态蛋糕越做越大。坚持推进生态空间治理，不断厚植绿色本底，以生态系统方式解决环境问题、资源问题。在奋进人与自然和谐共生现代化新征程中，确保深绿战略不跑偏，不走样。

始终坚持"三步走"战略步骤。对标美丽中国建设目标要求，立足美丽陕西建设实际，我们提出"三步走"战略步骤。"三步走"是实施深绿战略的时间表、路线图，全省林业系统要坚持一张蓝图绘到底，严格按照既定目标，走好走实走稳每一步。

始终坚持"分区而治"战略遵循。按照国土空间"三区三线"用途管控要求，结合生态空间一体化保护和系统治理实际，我们提出生态空间"分区而治"的方案。一是核心保护区，即以国家公园为主体的自然保护地体系空间范围，原则上禁止或限制人为活动。二是红线管控区，即自然保护地以外的生态保护红线范围，只允许有限的人类活动。三是一般控制区，主要是生态保护红线外依法依规划定的防护林、特种用途林等生态公益林。四是林草经济区，主要包括商品林以及依法依规可放牧、刈割的草地和可开发利用的湿地。目前，各地正在编制国土空间规划，各级林业部门要主动参与、积极作为，对接法规政策、治理逻辑、区域特征等方面，科学规划生态空间，落实分区治理要求。

始终坚持"一山、两河、四区、五带"战略布局。从生态区位、经纬特征、带状分布、经济发展等方面综合考量，我省已确立"一山、两河、四区、五带"规划布局，这是我们实施深绿战略的坐标系、位置图、功能表、任务书。全省林业系统要按照规划布局的功能定位，找准自身位置，明确重点任务，谋划未来工作，确保形成合力，做到一体推进。

始终坚持"与时俱进"战略战术。战略不变，战术在变。战略有定力，战术有活力。实施深绿战略是一个长期过程，在现阶段就是要着力推进六大举措：一是落实森林草原湿地休养生息政策，促进生态系统自然恢复；二是实施重要生态系统保护和修复重大工程，提升生态系统多样性、稳定性、持续性；三是加强生态空间风险管控能力，维护生态产品生产秩序；四是发展生态友好型经济，拓宽生态产品价值转化路径；五是推进改革创新，激发生态产品发展活力；六是深入推行林长制，健全生态空间治理体系。今后，随着深绿战略向纵深推进，各项措施要与时俱进，不断发展完善，确保深绿战略战术始终有用、实用、管用。

始终坚持"自我革命"战略自觉。进入新时代，我国林政发生脱胎换骨的历史变化。生态空间绿色革命永远在路上，兴林草兴生态事业永远在路上，生态绿军是推动生态空间绿色革命的主力军，要加快观念革命、知识革命、技能革命，不断适应新时代新形势下的新变革、新局面、新要求，永葆深绿战略生机活力。

从林长制到林长治

　　全面推行林长制是我国生态文明建设的一项重大制度安排。目标对象是森林草原资源：林地草地，其中林地包括乔木林地、疏林地、灌木林地、林中空地、采伐迹地、火烧迹地、苗圃地和国家规划宜林地；林地草地上的生物体系，即森林草原植物、动物、微生物及与林地草地相关自然生态因子。

　　林长制以森林草原为对象，建构生态空间治理机制，体现了系统观念，突出了系统治理、高质量发展。林长制不是机械的规制而是灵活的机制，不是单项制度而是系统治理。"林长制"亦可谓之"林长治"，其本质就是依法治理生态空间。更多的时候，可以把"林长制"理解为推进生态空间绿色革命的"治理包"，里面装满了新时代生态空间的治理思想、治理规范、治理工具。

　　解读"林长制"的奥妙，首先看"林"字。有人简单地将其理解为林业的林、林木的林、林产的林。其实不然，更精准的含义是森林之林、林地之林、森林生态之林，再进一步说，林长制之林，不是经济产业之林而是生态空间之林，不仅如此，这个"林"字还包含着草，把乔灌草合为一体。不少地方把林长制也作"林（草）长制"，还有些将湿地也纳入林长制。其次看"长"字，可以是地方行政首长的长、部门首长的长，也可以是总林长的长。同时，也要看到这个"长"是森林增长的长、绿色增长的长，囊括了由黄变绿、由浅绿变深绿、由绿而美的生态逻辑。可见，林长制不是简单的监管森林草原资源的首长负责制，而是促进森林草原保护修复、推动生态空间绿色革命的首长负责制。就是这个"长"字，还可以读作"cháng"，长短的长、长期的长。从这个意义上说，林长制不是短期的治理举措，而是具有战略意义的事关长远的治理机制。最后看"制"字，"制"与"治"同音不同字，却相连相通、和合共生。"制"即制度，"治"是治理。"徒善不足以为政，徒法不能以自行。""制"是"治"的依据，"治"是"制"的实现，"制"与"治"共同构成生态空间治理的有机整体。

从林长制到林长治，是推进生态空间治理体系和治理能力现代化的有效路径。全面推行林长制并不是单一的事件，而是一连串的事件。善治国者必治水，我国已经全面推行了河长制，善治水者必治山，善治山者必兴林，兴林治山，盛世之举、强国之道。实行林长制是中国践行"绿水青山就是金山银山"理念和"山水林田湖草是生命共同体"理念，促进人与自然和谐共生的平台载体和重要抓手。

全面推行林长制使生态空间治理迈向规范化、制度化、法治化。从这个意义上说，林长制也是生态空间治理首长负责制，生态空间也就是林长空间，全省面积的70%以上是林长空间。迄今为止，依然有不少人并不真正理解为什么绿水青山就是金山银山，不理解"由黄变绿""由浅绿变深绿""实现生态空间山清水秀"的真正意义。其实，大地的绿色并不简单地只是一种颜色，而是生态服务系统功能和生命支持系统质量好坏的体现。深深浅浅的绿色代表着调节气候、涵养水源、保持水土、防风固沙、固碳释氧、维护生物多样性的能力。这是极为宝贵的自然能力，是生态力、生命力。这种能力增加的过程就是森林覆盖率增加、绿水青山指数增加，生态空间由黄到绿、由浅而深、由绿而美的过程。全面推行林长制是"十四五"期间生态空间治理的大招，必将使迈向深绿之路走得更加坚实，更加富有成效。

"四有"——有名、有实、有责、有效，是省总林长对林长制的明确要求，确保"四有"是林长制工作要长期坚守的原则。

确保"有名"。有名，就是要建章立制，确保名有人担、事有人干、运行有序。具体来讲，就是要做好"三个体系"：一是组织体系。全省五级林长组织体系已全面建立，但从2022年全省组织体系建设"回头看"和实际调研反馈情况看，对标对表中央要求还未做到应建尽建，部分县党政主要负责人是总林长却没有担任林长，部分村未设立或未按要求设立副林长。各级林长制办公室要准确把握政策要求，认真开展全面自查，坚决整改"回头看"和调研反馈问题，完善组织体系，做到应设尽设、科学规范。二是制度体系。2022年，会议、考核、督查、信息公开四项省级林长制制度已经印发实施。2023年，又起草了《陕西省林长巡林制度》《陕西省总林长令发布制度》《陕西省林长制考核方案》，已报请省委审批。据统计，全省已制定相关制度8743项，构建起林长制的"四梁八柱"。但是，仍然存在质量不高、可操作性不强的问题，要坚持有用、实用、管用、可用的原则，立足自身实际需求，进一步完善制度体系，让林长制在制度化、规范化轨道上运行。三是责任体系。划定责任区是林长履行责任的前提。各地结合实际明确了林长责任区，但是个别县部分镇未划定具体责任区，致使林长责任弱化虚化。务必确保将林长责任区写在纸上、画在图上、落在地上，每个网格都有五级林长。

确保"有实"，做好"四个一"。有实，就是要把各项规定动作做标准、做规范、做到位。具体来讲，就是要坚持做好"四个一"：（1）至少召开一次会议。林长制会议制度规定，省市县三级每年至少召开一次总林长会议研究解决问题，安排部署工作。总林长会议就是林长制工作会、部署会、动员会。目前，还有2个市、29个县未召开总林长会议，要抓紧向总林长汇报，尽快召开。（2）至少发布一次总林长令。总林长令发布制度要求省市县总林长根据本行政区域工作需要适时发布总林长令。总林长令是林长制工作要点、任务清单。今年省1号总林长令在内容上涵盖了生态空间治理各大阵地各条战线，省委、省政府主要领导全面部署。当前，各市总林长令已经发布，仍有16个县尚未发布，要督促有关县遵守规定，尽快制定发布。（3）至少开展一次巡林。林长巡林制度明确要求，省级林长每年巡林不少于1次，市级林长不少于2次，县级林长不少于4次，镇村级林长纳入日常工作，常态化巡林。巡林是林长履职尽责的重要方式，是发现问题、解决问题的有效途径。省级林长带头巡林，为各级林长做了表率。各级林长制办公室要靠前服务、主动对接，加强沟通协调，把巡林工作融入林长的日常工作中，做到同安排、同部署。（4）至少进行一次考核。按照分级负责的要求，县级及以上林长负责对下一级林长进行考核，考核结果作为党政领导干部综合考核评价和自然资源资产离任审计的重要依据。

确保"有责"。有责，就是林长知责明责、履责尽责、追责问责，形成责任闭环。一是依法定责。林长权责来源于法。当前，覆盖森林、草原、湿地、荒漠、陆地四大生态系统的法律体系已经全面建立，再加上《陕西省秦岭生态环境保护条例》《陕西省天然林保护修复条例》《陕西省封山禁牧条例》《陕西省林业有害生物防治检疫条例》等地方性法规，具有陕西特色的生态空间治理法律体系基本形成。依法治理生态空间，对各级政府和相关部门有明确规定，各级林长要认真履行好法定职责。二是切实履责。各级林长制办公室要坚持问题导向，结合季节特点开展督导调研，通过明察暗访和交叉检查等方式，组织开展综合督查和专项督查，落实林长制督查制度，推动工作，整改问题，督促林长切实履责尽责。各级林长要主动作为、亲自安排、亲自组织、亲自督导，确保各项任务全面完成，反馈问题整改到位。三是严肃问责。林长制督查考核制度明确规定，对督查发现问题逾期未完成整改的，实行通报约谈；对工作不力、年度考核不合格的，由上一级总林长或副总林长对下一级总林长进行约谈，责成限期整改。今年7月，新出台的《陕西省林业局约谈办法》对生态资源保护发展约谈情形做出明确规定。省林长制办公室要用好约谈这把"利器"，依法依规、客观公正、程序规范，认真组织实施，及时公开约谈信息，严肃追究责任。

确保"有效"。有效，就是既要做好加法，又要做好减法。做好减法，就要紧盯省总林长会议指出的五类问题，主动认领，认真研究，制定方案，持续改进，不断减少生态空间亏损。做好加法，就要持续向自然投资，实现生态产品增产、生态服务增加、生态功能增强。要聚焦林长制方案确定的森林覆盖率、森林蓄积量、草原综合植被盖度、湿地保护率、沙化土地治理率"五项指标"，细化任务，加强督查，让它成为林长制有效的指向标。

要以高效能"林长制"推动高质量"林长治"，镇村是关键所在、紧要一环。要高度重视基层林长制建设，全面夯实基层林长责任。要坚持不懈、持续推动基层林长制体系建设，严格落实"五个到位"，不断提升镇村林长履职能力，贯通"最后一公里"，夯实林长之基。一是组织机构到位。镇级不设立总林长，镇级林长要按照党政同责要求设立双林长。村级副林长应当由村民小组组长担任，镇林长制办公室要专人负责，村要指定一名林长制工作联络人。二是责任划定到位。镇级林长责任区划定要以行政村为单位，村级林长责任区划定要以村民小组为单位。镇林长制办公室要统筹做好护林员管护协议签订，明确管护职责。村级林长要加强护林员监管。三是目标任务到位。要围绕全省林长制方案明确的七项任务，结合当地实际，差异化设置镇级林长目标任务。造林绿化、防沙治沙和封山禁牧重点县，松材线虫病疫区县，森林督查挂牌县，要坚持问题导向，聚焦重点任务，加大考核权重。镇级林长制办公室要把目标任务细化落实到村林长、副林长。四是报告公示到位。要坚持逐级报告原则，建立村级林长周报告、镇级林长月报告的履职情况报告制度。森林草原火灾、病虫害疫情发生、破坏林木资源等突发事件，村级林长要严格按照时限要求向上级林长和相关部门报告，并及时组织做好先期处置工作。镇村林长公示牌要规范，每镇每村至少设立一个公示牌，名称要统一为"**镇（村）林长公示牌"，公示内容要根据人员变化及时更新。五是指导服务到位。国家林草局督查考核方案将夯实基层基础列为加分项，主要包括乡镇林业工作站能力建设，管护人员培训和管理等。各级林长制办公室要切实加强指导服务，支持鼓励镇林长制办公室与林业站一体化运行，配齐配强工作人员，加强人员履职培训，夯实基层基础。

一直以来，基层治理是生态空间治理体系和治理能力现代化的弱项和短板。各级林长制办公室要立足兴林草兴生态事业大局，采取切实有效措施搞好基层林长责任年活动，并以此为契机，持续用力，补短板、强弱项，加快推进生态空间治理体系和治理能力现代化。

阅读链接13　林长五责

按照党中央决策部署，全省各地全面推进林长制体系建设。有不少同志包括担任林长的领导同志不时问我，林长责任是什么？只有林长透彻了解责任是什么，才能积极主动履好职、尽好责、服好务，才能有效发挥出"林长制力量"。

根据国家总体要求，建立省、市、县、镇、村五级林长制体系。其中，省、市、县三级设立总林长、副总林长，党委政府"一把手"担任总林长，有关负责同志担任副总林长。同时，省、市、县三级按照生态区域分别设立林长。比如，陕西省林长制方案规定书记、省长担任总林长，同时分别兼任秦岭、巴山省级林长。镇村设林长、副林长，不设总林长、副总林长。在制度设计上，总林长、副总林长设置在省、市、县三级，副林长设置于镇村两级，林长贯通于省、市、县、镇、村五级。之所以称为"林长制体系"，还在于配套建立林长责任区、林长会议、林长巡查、林长信息、林长考核等制度内容。总林长肩负统筹谋划和全面推行林长制的重要责任，可谓是"谋绿之责"。

林长之责是什么？如果我是林长，我该怎么准确表达呢？在全省推行林长制新闻发布会上，我向大家介绍过建立林长制体系，一体推进"五绿"。这"五绿"即是五级林长五项关键职责。五级林长履职尽责就是在一体推进"五绿"上下功夫有作为。"林长五责"就是"林长五绿"，也是"林长五律"。

守绿。五级林长首先要守卫好核心阵地，守卫自然保护地、生态保护红线，守卫公益林、天然林、基本草原，加快构建以天然林为主体的森林生态系统，以国家公园为主体的自然保护地体系。这是生态安全底线，也是五级林长履职尽责的底线要求。

护绿。预防治理威胁自然生态系统安全的各类风险，织密织牢生态风险防范网络，做好森林草原防灭火、林业有害生物和草原鼠兔害防治，打击各类违法犯罪行为，维护生物多样性，保护野生动植物免受人为伤害，确保人民生命财产安全。

增绿。做好绿色加法，促进生态修复，搞好沙化治理。利用宜林地、灌木林地、疏林地造林绿化，实施重要生态系统保护和修复重大工程，持续退耕还林还草，加大城镇留白增绿空间，着力建设森林城市，提升生态系统碳汇能力，增加森林覆盖率、材积量，加快浅绿色向深绿色迈进。

用绿。利用而不伤害。用绿之益，兴绿之利，探索绿水青山转化为金山银山的价值实践路径。发展"学的经济"，自然教育、科学探秘；"看的经济"，休闲旅游、自然观光；"养的经济"，生态康养、温馨民宿；"双储经济"，既储木材又储碳的投资经营活动；"林草经济"，经济园林、林下种养、生物药材及草产业，并由此建构绿色产业链。

活绿。与时俱进、解放思想、实事求是、开拓创新，释放绿色发展活力，提升生态空间产能。持续深化集体林权制度和国有林场改革，完善草原承包制。立足盘活商业林地，创建多元投资、股份合作、永续经营的储碳储材"双储林场"，构筑"人不负青山，青山定不负人"的高效能治理机制。

构建高效能林长制体系是实现生态空间高效能治理的重大制度安排。五级林长制体系全面覆盖生态空间，包括林地、草地、湿地、荒地、沙地、自然保护地。林长制的本质就是更好发挥生态永动机生产力，生产出数量更多、质量更好的生态产品和生态服务。"林长五绿""林长五律""林长五责"，把复杂问题简单化，好学好记，好理解、好执行、好传播，且不会引起误读误解。在林长责任稳定性上，以守绿、护绿、增绿、用绿、活绿为先后顺序，也是合理的。对于大部分林长，守绿、护绿两责最基础、最重要，也最不能马虎。当然，不同镇村，资源禀赋差异大，在五责排序上略有不同也属正常。

　　"林长五绿"像是花之五瓣，五瓣绽放；"林长五责"如同手之五指，五指用力，握指成拳；"林长五律"犹如奥运五环，五环相扣，音韵铿锵，彰显使命必达。五级林长，汇聚磅礴力量，构建起生态空间治理的天罗地网、钢铁长城。

秦岭保护模式

在全球山脉生态空间治理上，陕西已经探索出"秦岭模式"。

《陕西省秦岭生态环境保护条例》范围内的秦岭总面积为5.82万平方公里，涉及6市、39个县、358个乡镇、4020个行政村，常住人口约489万。保护范围北至华阴市太华路街道，南至安康市紫阳县洞河镇，东至商洛市商南县青山镇，西至汉中市宁强县青木川镇。西高东低，北陡南缓，最高达3771.2米，最低为168米。

图5-1　大爷海（摄影：关克）

在秦岭生态保护上陕西经历了四个阶段，也是秦岭保护的四个版本。

1.0版本——片区保护阶段　在秦岭主峰太白山建立全省第一个自然保护区——太白山国家级自然保护区。开启秦岭生态片区保护模式。

2.0版本——全面修复阶段　从1999年起，实行全面禁伐，实施天然林保护工程和退耕还林工程。开启秦岭生态全面修复模式，让秦岭山林休养生息。

3.0版本——整体保护阶段　2007年《陕西省秦岭生态环境保护条例》颁布实施，开启秦岭生态整体保护模式。这是生态保护秦岭模式的开端，具有山脉生态保护的全球意义。

4.0版本——高质量保护阶段　2018年，省委省政府《关于全面加强秦岭生态环境保护工作的决定》《秦岭生态环境保护行动方案》，省人大常委会修订《陕西省秦岭生态环境保护条例》，开启秦岭生态高质量保护模式。

秦岭是陕西的封面，是陕西最重要的生态空间。陕西保护好秦岭生态环境就是对确保中华民族长盛不衰，实现"两个一百年"奋斗目标贡献力量。经过半个多世纪的艰苦奋斗，在保护绿水青山上陕西探索出"秦岭模式"。秦岭模式有四大支柱：整体立法、分区施策、系统治理、首长负责。

整体立法　率先为一座山脉立法，整座山脉就是一个自然保护区，开启全方位保护秦岭新阶段是践行绿水青山就是金山银山的生动法律实践。

分区施策　《陕西省秦岭生态环境保护条例》把整座山脉划分为三个保护区。以海拔为基准结合各功能分区划，划定核心、重点和一般保护区范围。建立起"海拔+园区+廊道"为特色的秦岭核心保护区，构建了分区保护体系，实行分区保护。

系统治理　省政府出台《秦岭生态环境保护行动方案》，省秦岭生态环境保护委员会编制《陕西省秦岭生态环境保护总体规划》，形成以总体规划为统领、以省级专项规划为依托，以设区市保护规划为支撑的规划体系。省林业局发布秦岭生态空间治理十大行动，在"五大阵地""六条战线"的基础上开展十大行动，对秦岭生态空间进行系统治理。

省长负责　建立起省、市、县、乡、村五级行政负责制。省人民政府对秦岭生态环境保护工作负总责，省人民政府设立省秦岭生态环境保护委员会，由省长担任省秦岭生态环境保护委员会主任，构建了"综合+专业"的秦岭生态大保护格局。

图5-2　秦岭林区（摄影：关克）

秦岭模式是陕西保护绿水青山探索实践的结果，是谱写秦岭生态保护新篇章的重要基石。深入贯彻习近平生态文明思想，秦岭生态保护将进入新时代，我们是这一新时代的见证者、亲历者，也是新征程上的起跑者、奔跑者。

秦岭新时代是秦岭生态保护的第五阶段，即秦岭保护的5.0版本，也是顶格保护模式。每年7月15日召开秦岭生态环境保护大会，全面落实《陕西省秦岭生态环境保护条例》规定，扎实推进各类专项规划，落地落细秦岭生态空间治理十大行动，加快生态卫士体系建设、自然保护地整合优化、秦岭国家公园建设前期工作和"天空地"一体化防护体系建设，创建秦岭北麓生态文明示范带，让秦岭美景永驻、青山常在、绿水长流。

秦岭北麓生态文明示范带

秦岭最美关中弯，秦岭北麓就在关中弯。南至秦岭主梁，北至310国道和107省道，涉及西安、宝鸡、渭南3市15县（市、区）、82个乡镇、601个行政村。

沟峪是秦岭北麓最典型的地貌，是秦岭北麓山水与文化的载体，自古就有秦岭72峪之说。秦岭72峪是72条水道、72条生命线，也是72条交通线、72条风景线。调查数据显示，秦岭北麓范围大小沟峪302条，其中西安市147条、宝鸡市82条、渭南市73条。直接连通秦岭主梁的沟峪42条，在历史上形成了通达东南，连接楚地的蓝关道、库谷道；通达西南，连接蜀地的子午道、傥骆道、陈仓道、褒斜道。穿越秦岭的古代交通道路也是连接南方与北方的国家道路，在促进不同区域文明互通中发挥了重要作用。

秦岭北麓面积97万公顷，占全省面积的4.7%。其中，林地82.7万公顷，占85.2%；公益林71.7万公顷，占73.7%。西安市是关中心脏，居秦岭北麓腹腰，也是秦岭北麓主体。西安秦岭北麓面积56.92万公顷，占北麓总面积的58.6%，占西安市总面积的56.3%。宝鸡、渭南是秦岭北麓的"东西两厢"，"西厢"宝鸡面积25.57万公顷，占北麓总面积的26.3%；"东厢"渭南面积14.59万公顷，占北麓总面积的15.1%。

陕西秦岭是大秦岭的封面，秦岭北麓是陕西秦岭的封面。秦岭北麓呈现不规则带状，犹如一条舞动的绿色飘带，镶嵌在关中平原的南部边缘。秦岭北麓东西长381公里，其中西安市161公里、宝鸡市130公里、渭南市90公里，南北宽10—40公里，海拔从500米直达3771.2米，山势巍峨、雄浑壮丽，沟峪并联阵列，生物分层而居，生态系统完整、自然景观独树一帜、历史文化积淀深厚。

生态资源富集 秦岭北麓林地面积81.51万公顷，占总面积的84%，其中森林69万公顷，森林覆盖率71%。秦岭北麓是黄河流域生物多样性最为丰富的区域。据不完全调查统计，秦岭北麓有种子植物1800余种，脊椎动物470余种，其中国家重点保护植物17种，国家I、II级保护野生动物79种，秦岭四宝齐聚北麓。

北方最美山水 秦岭北麓是最靠近北方的地方，山水相依、风景秀丽。秦岭主峰太白、天下险绝太华、俊秀三皇骊山、道教祖庭楼观，均分布在秦岭北麓，造就黄河流域最美山水景象。秦岭北麓建成国家公园1处、自然保护区8处、自然公园31处、风景名胜区8处，形成以秦岭国

图5-3 太白山（摄影：关克）

家公园为主体的自然保护地体系。根据有关资料推算，秦岭北麓年旅游人数约1.5亿人次，年综合收入1000亿元以上。

中华文化标识 黄河是中华民族的母亲河，秦岭是中华民族的祖脉和中华文化的重要象征。华山是仰韶文化分布中心、华夏族群原生地中心，因此成为中华文明重要的地理标识。秦岭北麓孕育了千年帝都长安，创造了辉煌灿烂的周秦汉唐，积淀了丰厚的历史文化底蕴，在5000年中华文明发展进程中发挥着极为独特的作用。

关中生态根脉 秦岭是关中靠山，为关中可持续发展提供生态保障，在气候调节、水源调控、固碳释氧等方面发挥重要作用。秦岭北麓是关中水塔，水资源总量约40亿立方米，占关中水资源总量的51%，是关中城乡主要水源区。目前，秦岭北麓已建成各类水库114座，总库容量5.48亿立方米，重要饮用水库有黑河金盆水库、石头河水库等，是关中城市群的生态根基。

制度创新高地 陕西省委、省政府高度重视秦岭北麓生态文明建设，率先为保护一座山脉立法，颁布实施《陕西省秦岭生态环境保护条例》，设立秦岭保护专门机构，采取多项保护修复措施。目前，正在推进国家公园建设，形成完整的秦岭自然保护地体系建设，秦岭治理体系和治理能力现代化走在全国前列。

"三生融合"前沿 秦岭北麓已经形成了独具特色的生态建设、生态文化、生态旅游、园林花卉一体发展格局，成为全省生态、生产、生活"三生融合"和林业、文化、旅游"林文旅协同"发展的前沿阵地。发端于楼观台的天人合一思想深入人心，人与自然和谐共生已成为时代自觉。

秦岭北麓是陕西生态空间中的"白菜心"，也是关中城乡居民分享的"香饽饽"。秦岭北麓面积不足全省5%，天然林面积64.13万公顷，占北麓森林面积的92.9%，占全省天然林面积的10.07%。整合优化后各类自然保护地48处（含风景名胜区8处），面积36.72万公顷，占北麓面积的37.8%，占全省自然保护地面积的20.1%。国有林场29个，面积

30.23万公顷，占北麓面积的31.1%，占全省国有林的9.8%。扣除重叠面积后，自然保护地和国有林场面积占北麓面积的49.7%。秦岭北麓依法治理、系统治理、综合治理、科学治理，以促进其绿色力量增长。在加强沟峪管控、推进生态保护修复上进行了有益的实践探索，生态系统功能显著增强。目前，城镇空间、农业空间、生态空间落实"亩产论英雄"理念，全面提升秦岭北麓生态系统产能面临以下问题、短板和弱项。

人与自然和谐难度大。秦岭是关中城乡居民生活的一部分。秦岭北麓沟峪内"原住民"陆续向平原地带迁移，山林休养生息。然而，关中人口众多，特别是西安聚集人口能力仍在增加，2500万级的居民群体向往自然生态佳境美景，以秦岭北麓为理想的短期假日休闲成为首选。加之多条高速、国省道连通南北，进入秦岭北麓的游客持续增多，林业有害生物风险、森林火灾风险增加，还秦岭以宁静和谐难度加大。

生态空间治理机制不完善。秦岭北麓是体量大、功能完整的顶级生态空间。受思想观念、知识能力、政策措施、管理机制、项目资金等因素影响，在生态空间治理中习惯于"一刀切"，缺少柔性韧劲，推动生态保护与高质量发展思路不清晰、举措不精准。亟待转变思想观念，升级治理体系，增强治理能力，实现高效能治理。

生态保护修复能力待提升。多年来，陕西坚持保护优先，多措并举，加强保护修复，促进绿色面积增加，形成较大面积针阔混交林，森林生态系统质量稳步提升，野生动植物纷纷回归故里。但是，在海拔1500米以下仍有陡坡露地，人工林纯林比重较大，森林群落和林分质量不高，生态空间产能并未完全恢复，从浅绿迈向深绿的任务依然艰巨。

发展美丽经济需加力。秦岭北麓是陕西生态文化旅游资源类型最为丰富、分布最为集中的区域，也是陕西发展美丽经济的核心区域。"三生融合""林文旅协同"破题不够，优势特色不突出，且出现同质化、低效化倾向。深度发现和充分挖掘秦岭北麓生态资源价值，探索绿水青山转化为金山银山价值实现机制，已经成为重要的时代课题。

秦岭北麓生态文明示范带建设要坚持统筹规划、分步实施、突出重点、示范引领的原则，推行党委领导、政府主导、社会协同、公众参与、制度保障治理机制，努力建成山清水秀、宜居宜游、经济兴旺、人与自然和谐共生的生态文明样板。

在目标引领上，瞄准"四个区"。一是厚植生态根脉，建设生态保护修复的样板区；二是精准识别空间特征，打造秦岭北麓生态空间系统治理的先行区；三是深入挖掘华山、楼观台、太白山、秦岭栈道等文化内涵，打造秦岭祖脉品牌，构建中华文化标识核心区；四是优化调整产业结构，发展美丽经济，建设绿水青山向金山银山转化的示范区。

在空间布局上，突出"三区、百纵、多点"格局。从秦岭北麓多向空间维度的实际出发，在空间布局上规划"三区"，即秦岭国家公园区、秦岭北麓秦岭保护区（《陕西省秦岭生态环境保护条例》范围）和外沿控制区（S107省道和G310国道以南区域）。"百纵"即秦岭北麓的302条沟峪。切合沟峪现状，坚持问题导向，科学制定生态修复计划，靶向施策。"多点"即重点峪口和社区建设，着力提升峪口社区生态环境，发展美丽经济，对标国家公园建设要求，改造入口社区设施，完善服务功能，提升环境质量。

在推进举措上推进"七个建设"。一是建设"林文旅协同"示范窗口。位于秦岭北麓的楼观台是老子著述《道德经》，讲述天人合一思想的地方。以楼观台森林公园、秦岭国家植物园、秦岭四宝科学公园为依托，建设秦岭北麓生态文明示范窗口。二是建设监测管理体系。落实林长制要求，全面提升资源保护、管控、培育、监测水平，加快实现网格化管理。三是建设生态保护修复体系。坚持一峪一策，根据交通道路、人为活动、生态旅游等情况，以沟峪片区为单位，因地制宜确立保护管控措施，确保生态保护和社会经济融合发展。四是建设精品旅游线路。打造"1+4+N"生态旅游模式（1个智慧网络管理平台、4个游客集散中心、多条精品旅游线路），塑造美丽中国山岳生态文明建设的典范。五是建设特色生态产业带。坚持生态保护优先，谋划"三带"布局，即宝鸡特色种植带、西安多彩花卉带、渭南特色经济林带。六是建设特色村镇社区。以秦岭国家公园入口社区为重点，深入实施乡村振兴战略，加强村镇社区景观绿化提升改造，加快建设宜居宜游的森林乡村、美丽乡村。七是建设特色古道综合体。加强沟峪河道综合治理，依托古道文化资源，实施古道文化复活建设，促进古道人文生态景观高质量发展。

当好秦岭生态卫士，守护中华民族祖脉是首要任务，关键阵地在秦岭北麓。西安、宝鸡、渭南三市构成秦岭北麓"一体两厢"大格局。西安市是有1300万人口的国家中心城市，在秦岭北麓生态文明建设中负有扛鼎之责，它是中流砥柱，率先垂范，走在前列；宝鸡、渭南两市需迎头赶上，你追我赶、追赶超越，奋力走出经典的人与自然和谐共生的现代化之路。

黄河绿，看陕西

陕西是黄河"几"字弯内的省份，肩负推动三次绿色革命、建设绿色黄河重任。黄河之黄源于黄土高原之黄。20世纪80年代，入黄泥沙16亿吨，陕西输送了一半。治黄的核心是增绿。陕西建设绿色黄河的基本支点在于建设绿色渭河、千河、泾河、洛河、延河、无定河、秃尾河、窟野河等，使黄河的每一条支流都成为绿色河流。

生态永动机的产品和服务分为三个层级。基底层是保持水土、涵养水源、防风固沙，支持生产生活基础环境；中间层是调节气候、维护碳氧平衡、维持生物多样性，提供生存发展环境；高端层是生态旅游、生态康养、生态休闲、自然教育、科学探秘，让城乡居民过上绿而美的富裕生活。三个层级的生态产品和生态服务是由低到高，逐层级发展的三次生态空间绿色革命，实现了基底层，才能走向中间层，再走向高级层。

多年来，持续推进"三北"防护林工程、退耕还林还草、天然林保护工程、京津风沙源治理工程建设，已经顺利完成了第一次生态空间绿色革命战略任务，黄河流域"由黄变绿""绿色向北推进了400公里"，林草植被盖度达到60.7%，其中森林覆盖率达到36.8%，较好地发挥了生态永动机在水土保持、水源涵养、防风固沙的功能，年入黄泥沙量减少约2亿吨。目前，陕西省黄河流域正在推进第二次生态空间绿色革命，重点加强生态永动机在调节气候、维护碳氧平衡、维持生物多样性方面的功能。如果说第一次绿色革命的战略任务是"由黄变绿"，第二次绿色革命的战略任务就是"奋进深绿"，第三次绿色革命的战略任务就是实现健康的绿、美丽的绿，形成稳定健康高效的生态系统。再简单点讲，就是把草灌绿升级为乔木绿，这是第二次生态空间绿色革命的主要内容。黄土高原是全省绿色最薄弱的区域，绿色向北推进的400公里范围，以草绿、灌木绿为主，乔木绿不够，绿色生产力水平很低。全省可造林空间、退化森林草原集中分布在黄土高原。

第二次生态空间绿色革命建设了片林，扩大了乔木林，形成了乔木绿，提升了绿色生产力。目前，普遍存在的问题是碎片化、小岛化较为严重，连通性、协同性、系统性、完整性不足。第三次生态空间绿色革命的战略任务就是把碎片化、小岛化的防护林连接贯通，真正形成连通性、协同性、系统性、完整性的生态系统，大幅度增强生态系统生产力，让同样面积的生态空间提供数量更多、质量更好的生态产品和生态服务。同时，在生态系统加载生态旅游、生态康养、生态休闲、自然教育，发展生态友好型经济。

狠抓林长制，推动林长治。林长五责也是林长五绿，即五大绿色使命。首先是增绿，迈向深绿，坚持质量并举，把绿色数量、质量搞上去；其次是守绿，守住绿色阵地，严管绿色空间，不能丢了生态空间，特别是红线空间；第三是护绿，保护绿色资源，保护好森林、草原、湿地、荒漠生态系统；第四是活绿，改革体制机制，向生态空间注入绿色发展活力；第五是用绿，科学使用绿色资源，合理加载生态友好型经济。发挥好三级总林长、四级林长办、五级林长作用，使林长制真正有名有实、有责有效。

狠抓绿色短板修复，补齐生态窟窿。黄河流域生态系统脆弱敏感，黄河沿岸一些重要支流直观坡面植被稀疏、土壤贫瘠、水土流失严重。这是建设防护林体系要修补的生态窟窿，也是硬骨头、硬任务，它们集中在白于山、黄河岸边、关中北山。这些区域要因地制宜、精准施治，宜乔则乔、宜灌则灌、宜草则草、宜荒则荒。

狠抓低产低效改造，提高综合效益。黄河沿岸干杂果经济林发展潜力大，陕北红枣、大荔冬枣、韩城花椒等带动农民增收作用明显。要在经济型防护林规模不减少的前提下，进一步加大新技术、新品种应用力度，加快建设一批效益高、功能强、可示范推广的经济型防护林示范园区，不断提高防护林综合效益，让人民群众拥有更多的获得感。

狠抓重要节点美化，打造生态亮点。黄河文化底蕴深厚、旅游资源丰富，生态友好型经济发展潜力大。要把绿化与美化结合起来，在交通道路、河流岸线重要节点积极营造生态景观林，形成绿色打底、美丽升级、绿浓景美的生态廊道。要系统挖掘绿色资源优势，积极推动各类自然公园建设，让人民群众更便捷地感受到生态空间的自然风光。

狠抓森林乡村建设，留住美丽乡愁。建设森林乡村是沿黄防护林提质增效和高质量发展的重要内容，也是推动乡村振兴的重要举措。要建设生态型森林生态系统，实施多品种、多层次、多形式的绿化美化，不断提升乡村生态宜居水平。要遵循自然规律，传承乡土味道，以营造景观效果好、经济效益高的乔木乡土树种为主，留得住青山绿水，记得住美丽乡愁。

阅读链接14　黄河，不只是一条河

进入新时代，随着黄河流域生态保护与高质量发展晋级国家战略，黄河再次引发全球华人注目。黄河，的确是一条了不起的河，一条排名前五的世界长河，一条为中华民族编织摇篮与梦想的母亲河。

黄河是一条河，却又不只是一条河。

黄河是"大流域"。上下游、左右岸汇聚了无数大大小小的支流，形成了蔚为壮观的河流水系。汾河、渭河、洛河是黄河三大一级支流，各自塑造了汾河谷地、关中平原、洛阳盆地。淮河、海河曾多次涌入黄河怀抱，与黄河联袂塑造出辽阔壮美的华北平原。

黄河是"大空间"。源起于昆仑山支脉巴颜喀拉山，下青藏高原，经黄土高原，越晋陕峡谷，折穿三门峡，奔腾华北平原，再注黄渤海。雪域高原、莽莽昆仑、巍巍秦岭、蓊郁森林、萋萋草原、大漠雄风、峡谷高山、沃野平畴，滋养、锤炼和陶冶着万千黄河生灵，汇聚成奔腾的生命源泉。

黄河是"大文明"。中华文明被称为"黄河文明"。中华民族的始祖母华胥氏及其直系血亲子孙伏羲、女娲、黄帝、炎帝、尧舜禹皆是黄河与黄土高原上的民族先驱。尧舜禹以汾河谷地为中心，周秦汉唐以关中平原和洛阳盆地为中心，汾河谷地、关中平原和洛阳盆地皆是以华山为中心。华山古称"太华"，黄河与秦岭奇遇太华，铸造华夏起源中心。

黄河是"大传承"。华夏文明—黄河文明以华山为中心，一生二，二生三，三生万物，开枝散叶，大化天下。黄河是恒久的精神家园。无论身居何处，华夏儿女都会说自己是"龙的传人"，外表上传承的是黄色皮肤，骨子里传承的是黄河文明血脉，这也是中华文明长盛不衰、无法更改的遗传密码。

以水定绿　科学绿化

　　"绿化"一词，很中国，也很有特色，别开生面。1955年毛泽东同志在《征询对农业十七条的意见》中首先使用"绿化"一词，"即在一切可能的地方，均要按规格种起树来，实行绿化"。1956年毛泽东同志发出"绿化祖国"的号召，"绿化"一词随即被广泛使用。狭义的绿化就是常说的造林种草；广义的绿化，即是推动国土空间由黄变绿、由绿而美的所有生态保护修复措施，包括人工造林、飞播造林、封山育林、退化林修复、防火防虫等。推行科学绿化是中国兴林草兴生态事业迈入新发展阶段、践行新发展理念提出的新要求，是中国绿化事业新的里程碑。推行科学绿化，就是各级绿化部门的高质量发展，就是建立稳定健康高效的生态系统、创建优美的生态环境、增强优质的生态产品和生态环境服务，就是遵循自然原理、经济规律，科学组织开展生态保护修复和生态空间治理。

　　科学绿化是贯彻习近平生态文明思想的实际行动。习近平总书记高度重视国土绿化工作，先后提出"绿水青山就是金山银山""人与自然和谐共生""人的命脉在田，田的命脉在水，水的命脉在山，山的命脉在土，土的命脉在树""人不负青山，青山定不负人"等重要论断。这些重要论述，深刻阐明了科学绿化的重大意义、重要方法，为做好科学绿化工作提供了根本遵循。长期以来，我们以"兴林草兴生态"为己任，着力把森林草原建设成为绿色宝库。在推行科学绿化的过程中，创建高质量绿色宝库。

科学绿化是进入新发展阶段国土绿化的必然要求。我国国土绿化走过了极不平凡的发展历程。新中国成立初期，以群众性造林为主，发动广大农民群众开展大规模造林。改革开放以后，启动实施"三北"防护林体系建设工程和全民义务植树活动。1998年长江特大洪水之后，全面启动天然林资源保护、退耕还林还草、京津风沙源治理等重点生态建设工程，国土绿化事业快速发展。党的十八大以来，国家出台《全国重要生态系统保护和修复重大工程总体规划（2021—2035年）》《国务院办公厅关于科学绿化的指导意见》，进入以生态保护修复为主的科学绿化新阶段。纵观我国绿化发展历程，国土绿化工作的内涵、任务、要求在不断发展。推行科学绿化，就是打造国土绿化的升级版，要准确把握绿化工作历史经纬，坚持目标引领和问题导向，识变求变应变，积势蓄势谋势，解放思想、改革创新，切实做好新时代科学绿化工作。

科学绿化是"挺进深绿"的关键推力。经过多年的大规模国土绿化行动，立地条件好的区域已经初步绿化，剩下的多为裸土地、岩石裸露地或盐碱地，主要分布在毛乌素沙地、白于山区、关中北山、黄河西岸等环境敏感区和生态脆弱区域。同时，全省生态系统质量差、生态环境服务能力不高，从林龄上看，中幼龄林占乔木林面积的71.8%，从林分上看，针阔混交林比例仅为8%，全省尚有2420万亩林地、784万亩草地属于荒漠化土地，治理任务艰巨，都需要科学绿化提供推动力。科学绿化是推动陕西生态空间由浅绿色向深绿色迈进的头部力量。要坚定科学绿化战略定力，严格落实各项措施，持之以恒、久久为功，加快推动全省从浅绿向深绿转变。

今后一个时期，在科学绿化上要着力把控好以下几个方面工作。

规划先行、合理布局，科学安排绿化用地。精准确定造林空间是科学绿化工作的根本前提。科学分析甄别宜林地空间，全面摸清造林绿化潜力。我们已经启动造林绿化空间摸底调查，要加快组织开展适宜性评估，科学确定森林面积、森林覆盖率和林地保有量目标，确保按时形成高质量的规划造林绿化空间工作成果。2022年9月，全国绿化委员会出台《全国国土绿化规划纲要（2022—2030年）》，要严格按照规划纲要，认真抓好工作落实，不得擅自改变绿化用地面积、性质和用途。农业空间、城镇空间也要找准绿化用地，为农田防护林建设、城市绿化、道路绿化、水系绿化打好空间基础。要严格执行造林绿化落地上图制度，要主动与自然资源部门建立会审机制，提高造林种草计划任务和完成任务上图的准确性，确保增绿潜力到小班，精准施策到地块。

以水定绿、适地适绿，科学确定植被种类。科学绿化就是遵循自然原理、生态规律的绿化。坚持以水定绿，依托水资源时空分布特点和承载力才能形成永续利用的绿色成果。要准确把握气候特征，充分考虑全省气温、降水等气候带状分布特点，科学处理林水关系，明确生态空间功能定位和主攻方向，宜乔则乔、宜灌则灌、宜草则草、宜荒则荒；要大力培育乡土树种，把乡土树种草种和良种苗木作为工程绿化的首选，审慎使用外来树种草种。《陕西省主要乡土树种名录》即将发布，各地要认真参照执行，造林项目使用乡土树种比例不得低于80%，良种苗木使用率不得低于75%。要充分考虑群众意愿，在条件允许的地方，鼓励种植有多重效益的树种草种，适度发展特色经济林果、花卉苗木、林下经济等绿色富民产业，充分调动人民群众积极性和主动性，推动国土绿化生态效益、经济效益、社会效益同步提升。

因地制宜、精准施策，科学组织设计施工。要遵循自然规律，坚持人工修复与自然恢复相结合，加大封育和飞播力度，切实把保护优先、自然恢复为主的基本方针落到实处，坚持"封飞造"同步推进。根据空间特性科学编制作业设计，在中幼林占比大的区域要落实封育措施，及时组织抚育；老化退化林集中区域，要加大补植补造和更新改造力度；高山远山、陡坡荒山等绿化地块分散区域，要积极探索推广直升机、无人机等造林种草技术。坚持科学确定造林密度，我省修订了有关造林技术的省级地方标准，综合考虑区域水分平衡因素，大幅度降低了旱区造林最低初植密度。各地要根据实际，合理配置造林密度，科学实施低密度造林。各地要认真实施重点工程。2021年，中央下达陕西"双重"规划项目，投资16.26亿元，居全国第一。国土绿化试点示范项目先后落地渭南、宝鸡，下达资金3.5亿元。各地要按照规划认真组织实施，充分发挥重点工程在科学绿化中的关键作用。

完善养护、管护制度，确保科学绿化成效。造林绿化"三分造七分管"，困难立地更是"一分造九分管"，有的地方年年造林不见林，就是因为造而不管或管而不严。必须把管护摆在突出位置，守护好来之不易的绿化成果。要压紧压实各级林长守绿、护绿、增绿、用绿、活绿责任，推动林长和护林人员入网入格，切实把主体责任落实到山头地块。要加强日常管护，建立完善绿化后期养护管护制度，着力提高造林种草成活率和保存率。严格落实封山禁牧措施，加强森林草原防火和有害生物防控。要加强监测评价，加快构建天空地一体化综合监测评价体系，提高信息化和精准化的管理水平。认真组织开展森林、草原、湿地调查监测工作，及时掌握资源动态变化。

推行科学绿化是一项系统工程，要心往一处想、劲往一处使，以更加坚决的态度、更加有力的举措、更加过硬的作风，不断推动科学绿化工作取得实实在在的成效。推行科学绿化责任与推行林长制责任深入融合，把责任落实到地块选定、规划制定、组织实施、检查验收、后期管护等绿化工作各链条、各环节，做到精准定责、认真履责、深入督责、强化问责，环环相扣，闭环管理。推行科学绿化涉及多部门、多领域，需要多方发力、协同推进。各地也要及时跟进，健全绿委工作制度，落实成员单位职责分工，充分调动社会各界力量，共同推动科学绿化事业。加强科学绿化人员业务技能培训，着力打造高素质专业队伍。加大生态保护修复科技人才引进力度，积极开展困难立地生态修复、重大有害生物灾害防控、乡土珍稀树种扩繁等关键技术攻关，加快科研成果转化和推广应用，不断提升科学绿化的科技水平。要把推行科学绿化任务完成情况纳入林长制考核内容，探索建立科学绿化成效监督评价机制，以压力传导推动责任落实。对急功近利，违背自然规律、经济规律、科学原则和群众意愿搞绿化、行政命令瞎指挥等错误行为，应及时纠正及时制止，造成不良影响和严重后果的依法依规追责。要结合全民义务植树和关注森林的活动，积极弘扬科学绿化理念，倡导节俭务实的绿化风气。

阅读链接15 干湿空间

大家经常听到干旱、半干旱，湿润、半湿润的说法，这就是干湿空间。不少人想知道，干湿空间究竟是如何划分界线的？其实很简单，记住200毫米、400毫米、800毫米这三个年均降水量就可以了。

在我国，降水量在200毫米以下是干旱地区，200—400毫米是半干旱地区，400—800毫米是半湿润地区，800毫米以上是湿润地区。

我国200毫米年等降水量线，从内蒙古自治区西部经河西走廊西部以及藏北高原一线，以北为干旱地区，以荒漠生态系统为主，以南为半干旱地区。

我国400毫米年等降水量线，从大兴安岭向西南，经张家口、兰州、拉萨附近到喜马拉雅山南坡一线，以北是半干旱地区，以草原生态系统为主，以南是半湿润地区，以森林生态系统为主。

我国800毫米等降水量线，从青藏高原的东南边缘向东经过秦岭—淮河一线，以北是半湿润地区，以南是湿润地区。

具体到陕西，没有年降水量200毫米以下的干旱地区；陕北白于山—长城一线是400毫米降水量的分界线，长城以北毛乌素沙地降水量200毫米以上、400毫米以下，属于半干旱地区。秦岭是800毫米降水量分界线，秦岭以南长江流域降水量800毫米以上，属于湿润地区；秦岭至长城岭之间的广大地带，降水量在400—800毫米，属于半湿润地区。

关中自古帝王州，常年平均降水量在600—800毫米，属于半湿润地区里偏湿的一方。同时，关中居北纬35度左右，光热水气土资源丰富，也是人类文明生成的黄金线。

水是生命之源、生态之基。无论是推进农业空间上的绿色革命——农业革命，还是推进生态空间上的绿色革命——生态革命，都需要因地制宜、以水定绿。

防护林之省

森林是绿水青山的主体，防护林是中国森林的主体，也是生态产品、生态服务的主要生产者、供给者。防护林"顶天立地"，其绿色能级、防护能力，对陆地生态系统的稳定性、多样性、持续性具有决定性影响。

顾名思义，防护林是地球陆地表面防风险、避灾害的防护之林，是以防御自然灾害、调节气候环境、维持生态系统功能、促进生态生产力为主要目的的确定的森林类型，包括森林、林木和灌木丛。再进一步说，防护林是防御风雨灾害之林、维持生存发展之林、支持生物多样性之林，为生态安全、粮食安全、城乡安全、发展安全而建设。不同功能的防护林组合在一起，即构成完整的防护林体系，包括水源涵养林、水土保持林、防风固沙林以及生产经营防护林，如农田林网、草场林网、堤岸林带、道路林带等。

陕西是排在全国第一方阵的森林大省，更是特色鲜明的防护林之省。全国林草湿综合监测数据显示，2022年陕西省森林面积为14161.2万亩，占全国森林面积的4.08%，为全国排名第10的森林省。全省森林覆盖率45.91%，排在全国第9位，比全国森林覆盖率高出21.89个百分点。在森林功能结构上，陕西各类防护林面积9780万亩，占全国防护林面积的6.54%，排在全国第6位，防护林面积占全省森林面积的69.1%，比全国防护林面积占比高出20个百分点。陕西五大林种齐全，有特种用途林、防护林、用材林、能源林、经济林，"防护林"面积独占七成，呈现出"一林独大"的格局。再从森林蓄积量构成分析，全省森林蓄积量6.06亿立方米，其中防护林蓄积量4.9亿立方米，为全省森林蓄积量贡献了80.8%的占比，比全国防护林蓄积量贡献量份额高出28个百分点。即全省森林蓄积量的八成支持着防护之林，这一比例远远高于全国平均水平，也充分彰显了以生态林、公益林为主体的陕西森林特色。

图5-4 太白红杉林带（摄影：关克）

以秦岭主梁为界，陕西防护林体系南北分明，黄河流域以水土保持林为主体、长江流域以水源涵养林为主体，二者合计占全省防护林面积的85%以上。全省水土保持林面积4321万亩，占全省森林面积的30.5%，占全省防护林面积的44.2%；水源涵养林面积3986万亩，占全省森林面积的28.1%，占全省防护林面积的40.8%；防风固沙林面积1159万亩，占全省森林面积的8.2%，占全省防护林面积的11.8%；生产经营防护林面积314万亩，占全省森林面积的2.2%，占全省防护林面积的3.2%。

"三北"防护林工程是中国生态文明建设的重要标志性工程。1978年11月25日，国务院批准实施"三北"防护林体系建设工程（简称"三北"工程），规划期从1978年到2050年，规划区总面积65亿亩，它是人类最具雄心壮志的生态工程。经过40多年不懈努力，实现从沙进人退到绿进沙退的历史性转变，保护生态与改善民生步入良性循环，铸就了"三北精神"，树立了生态治理的国际典范。陕西是"三北"工程之省，秦岭以北的黄河流域包括秦岭北麓、关中平原、渭北旱塬、丘陵沟壑、毛乌素沙地，皆是"三北"工程区。陕西"三北"工程区总面积1.83亿亩，占全省总面积的59.29%，占全国"三北"工程区面积的2.8%。

水土保持林是陕西"三北"工程区的森林主体，也是防护林建设的主体。2022年，陕西"三北"工程区内森林面积为6655万亩，占全省森林面积的47%。陕西"三北"工程区的森林覆盖率达到36.3%，比1977年工程实施前的12.9%增加了23.4个百分点，比全国"三北"工程区高22.5个百分点。陕西"三北"工程区内防护林面积5101万亩，占全省防护林面积的52.2%，占陕西"三北"工程区森林面积的76.7%，也就是说，陕西"三北"工程区近八成森林是防护之林。陕西"三北"工程区的防护林以水土保持林为主体，面积达到3396万亩，独占66.6%；其余1/3分别是防风固沙林，面积为1159万亩，占22.7%；水源涵养林，面积为510万亩，占10%；生产经营防护林，面积为36.6万亩，占0.7%。

"三北"工程区以外、秦岭主梁以南，为陕西森林集中分布区（以下简称"秦巴林区"）。秦巴林区占全省40%多的面积，拥有全省53%的森林面积、47.8%的防护林面积。秦巴林区森林面积7440万亩，防护林面积4679万亩，防护林面积占森林面积的62.89%。秦巴林区的防护林以水源涵养林为主体，由此构成中国中央水塔的关键支撑力。秦巴林区水源涵养林面积3476万亩，占防护林面积的74.29%；水土保持林面积925万亩，占防护林面积的19.78%；生产经营防护林面积277.4万亩，占防护林面积的5.93%。

以防风固沙林为主体是榆林的森林特色，全省1159万亩防风固沙林集中分布在榆林市。第六次全国土地荒漠化监测数据显示，陕西省沙化荒漠化土地面积已经大幅收缩，余下的99%集中在榆林市。1999—2019年全省荒漠化土地面积由4671万亩减少到3975万亩，占全省总面积的比例由15.16%减少到12.89%。陕西荒漠化土地面积占全国荒漠化土地面积的1.03%。在全省荒漠化土地中，林地1679.3万亩，占42.2%；草地1313.7万亩，占33.1%；耕地797万亩，占20%；园地162万亩，占4.1%；其他土地23.2万亩，占0.6%。全省沙化土地面积由1999年的2183万亩减少到2019年的1835万亩，占全省土地面积的比例由7.08%减少到5.95%。陕西沙化土地面积占全国沙化土地面积的0.72%。在全省沙化土地中，林地1215.1万亩，占66.2%；草地498.7万亩，占27.2%；耕地90.4万亩，占4.9%；园地14.4万亩，占0.8%；其他土地16.5万亩，占0.9%。陕西沙化荒漠化土地占比不大且不断收缩，但因处在风沙由北向南侵袭过渡地带以及风蚀与水蚀的交互作用、交替危害，成为沙尘、粗砂"双源区"，因而具有重要的战略意义。

"三北"工程区是陕西由黄到绿历史性转折的前沿阵地。陕西"三北"工程区累计实施"三北"工程造林5468万亩，再加上退耕还林、京津风沙源治理工程，推动全省绿色区域向北扩展400公里，延安以北由黄到绿，呈现出绿进沙退、绿肥黄瘦的大地景观。气象卫星资料显示，以陕北为核心的黄土高原成为全国连片增绿幅度最大的地区。实现了沙化土地面积、荒漠化土地面积、沙化荒漠化侵害、输黄泥沙"四下降"。"三北"工程实施以来，较好发挥了防护林作用，全省沙化荒漠化土地面积减少了一半左右。在现存的沙化荒漠化土地面积中，沙化荒漠化程度以轻度为主，极重度、重度、中度面积占比大幅度下降，轻度面积比例大幅度上升。轻度荒漠化面积占比由1999年的7%上升到2019年的71%，上升了64个百分点；轻度沙化面积占比由33.7%上升到

75.1%，上升了41.4个百分点。2021年，陕西向黄河输沙量0.85亿吨，较1950—1979年年均值6.2亿吨减少86.3%。陕北黄土高原由黄变绿，推动黄河之水由浊变清。陕西沙化荒漠化治理成就曾被联合国防治荒漠化公约秘书处誉为"中国乃至世界治沙史上的奇迹"。

"三北"工程区是生态脆弱区，绿色能级低、防护能力差、增长周期长、治理难度大、成果易丢失。同时，"三北"工程区也是陕西绿色增长重点区，生态生产力增长潜力大。全省适宜造林绿化空间3070万亩，其中"三北"工程区2860万亩，占比为93%。毛乌素沙地、白于山区、黄河西岸、渭北旱塬都是防护林建设的关键区位，也是难啃的硬骨头。现有的森林草原植被中，同龄纯林占比较高，生态系统服务能力有待提升。依靠自然力量难以恢复生态生产力的森林草原约2000万亩，其中乔木林地935万亩、灌木林地906万亩、草地153万亩。因煤、油、气开采地面塌陷、地下水渗漏，导致植被枯死、土地退化。森林督查数据显示，榆林、延安违法违规破坏林地面积超过全省80%且集中在毁林开垦、侵占林地。引致二次沙化的风险因素有叠加增强趋势。要珍惜已经形成的"整体好转、加速改善"的有利局面，始终保持战略定力，统筹推进森林、草原、湿地、荒漠四大生态系统保护修复，全面加强治沙、治水、治山协调联动，着力培育健康稳定、功能完备的生态系统。

生态"颜如玉"，经济"黄金屋"。防护林建设是生态林建设、公益林建设，也是推进生态空间治理、提升防护能力的战略任务。防护林体系是高质量发展的绿色长城，一定要让绿色长城牢不可破。在"三北"工程区，生态空间、农业空间、城镇空间联通互动，经济总量不断扩张，一方面说明防护林的防护压力越来越大、防护任务越来越重；另一方面要求防护林的防护能力越来越强、防护质量越来越高。未来一个较长历史时期，全球大气候的周期性变化有利于中国北方绿色植被恢复增长，这是难得的生态机遇期、加速改善期，抢抓巩固拓展防沙治沙成果关键期，奋进"三北"工程高质量发展攻坚期，打好"三北"工程攻坚战，推动防护林体系由量的增长向质的提升转型发展，加快"一提升两缩减"——提升防升防护能力，缩减水蚀风蚀程度，缩减荒漠化沙化面积。

认真践行绿水青山就是金山银山理念，坚持以绿治黄、以水定绿，持之以恒、驰而不息，不畏艰辛、久久为功，着力提升防护林质量和防护能力，将陕西建设成为全国"三北"防护林建设示范省、沙化荒漠化防治示范省。持续推进秦岭、黄河、长江三个生态空间治理十大行动，扎实落实防沙治沙、防护林体系建设、生态系统保护和修复的相关规定，统筹开展封山禁牧、封山育林、森林抚育、人工植树、飞播造林、退化林分修复、退化草原改良，协同搞好毛乌素沙地、白于山区、黄土丘陵区、黄龙山桥山区、渭北黄土高原区、关中平原区、秦岭北麓七大区域一体化保护和系统化治理。力争到2030年，全省荒漠化土地面积缩减至3500万亩以内，沙化土地面积缩减至1500万亩以内，防护林体系更加完善，植被覆盖度显著增加，生态生产力持续发展，生态系统服务迈上新台阶，厚植陕西高质量发展的绿色基准线。

阅读链接16 陕北水塔——白于山

白于山，亦有白玉山、白露山、横山之名，因秦长城沿山岭修筑，也有长城岭称谓。白于山主梁呈东西走向，长约100公里，宽约50公里，梁地向西延伸进入宁夏盐池县境内、向东延伸至榆林市子洲县境内，总长约200公里。大体范围包括陕北延安市与榆林市西部接壤地带以及与宁夏盐池县南部，甘肃环县、华池县的接壤地带。白于山区涉及陕北榆林市的定边县、靖边县、横山区、子洲县，延安市的吴起县、志丹县、安塞区、子长市。先秦时期，白于山动植物的食物都很丰足，曾经是林草丰美、牛羊遍地。

白于山是陕北屋脊。榆林、延安两市的海拔最高点都在白于山。白于山的最高峰是定边县南部的魏梁，海拔1907米，平均海拔1600—1800

米，山体由砂岩、页岩构成，上覆厚层黄土及流水堆积物。白于山南北坡不对称，北坡短多土崖，与毛乌素沙地交接并形成低凹滩地，南坡长且波浪式下降，多斜梁墹及残塬地。白于山相对切割深度300—400米，沟谷底部呈"V"形，上部较阔，状似喇叭。主梁分出次梁，海拔逐渐降到1500米左右。

白于山是陕北水塔。长期以来，几乎没有人把白于山与陕北水塔联系在一起。水往低处流，正因为白于山是陕北屋脊、陕北高地，无可替代地成为陕北重要河流的发源地。其中，白于山主脉是无定河、延河及北洛河的发源地，而次一级的梁地发源了清涧河和泾河。白于山北麓水，几乎全部为无定河收集，无定河是榆林的母亲河；白于山南麓水，分别汇入洛河、延河，延河是延安市的母亲河；白于山南、子午岭（洛河与泾河分水岭）西侧之水汇流进入了泾河；白于山东侧南向汇流进入了清涧河。上述五条河流是陕北乃至陕西黄土高原腹心最重要的水源，担负着为各自流域城乡供水的重要使命。

白于山是陕北之殇。400毫米等降水量线是我国一条重要的地理分界线，区分出我国的半湿润区和半干旱区、森林植被与草原植被分布区。白于山是400毫米降水分界线，其北部降水量低于400毫米，以草原植被系统为主；南部降水量高于400毫米，以森林植被系统为主。白于山年降水量320—500毫米，东南多、西北少且多集中在夏秋两季，夏季占全年降水量的56.7%，秋季占26.7%，春季占14.5%，冬季占2.1%。白于山日照充足，年日照时数2600—2900小时且以春、夏两季为主。先秦时期，白于山北部是辽阔的草原，南部是茂密的森林。秦汉时期，移民实边和屯垦，垦辟森林草原。西汉末年到隋代，弃守边地，林草恢复。自唐以后，人口增长，滥垦滥伐、过垦过牧，沙化和水土流失加剧。及至明代，定边县、靖边县、榆林市横山区部分山区寸草不生。民国年间，林草植被有减无增。至此，白于山原生植被遭遇严重破坏，伐掉的是优质树，啃掉的是优质草，毁掉的是优质林，留下来的是残次林和丛生杂草。这是人为的生态系统的逆向选择，原有的自然生态系统功能已经衰败退化，土壤侵蚀严重，大部分地面黄土裸露，干旱与暴雨交替肆虐，白于山苦甲天下，成为举世公认的"一方水土养不了一方人""不适合人类居住"的地方。

白于山之绿肥黄瘦。进入21世纪以来，迎来了中国兴林治山的盛世。为了让白于山休养生息、恢复生机，陕西投入巨额资金，实施了大规模的移民搬迁行动，国家退耕还林还草、天然林保护、"三北"防护林、京津风沙源治理工程相继实施、先后发力，封山禁牧举措紧紧跟上，林草铺展、黄土收敛，白于山生态保护修复取得重要进展。特别是延安市实施全域退耕、全域封山禁牧，奋力掀起了绿色革命，创造出一个属于延安，也属于世界的白于山绿色奇迹。

白于山之绿色未来。环境就是民生，青山就是美丽，蓝天也是幸福，绿水青山就是金山银山；保护环境就是保护生产力，改善环境就是发展生产力。绿色的白于山是陕北的绿色福祉，更是陕北的绿色未来。今日之白于山尚只是浅绿色，依然是陕西最不绿的区域，是全省绿水青山指数数值最低的区域。我们这一代生态绿军肩负着把白于山绿色革命引向深入的历史使命，延安市要巩固绿色革命成果、主攻提质增效，榆林市要加大植树养草力度、切实迎头赶上，扎实推动浅绿色向深绿色发展，继而实现由绿而美的飞跃。

白于山之山清水秀。建设一个山清水秀的白于山对于实现陕北水塔高质量发展、厚植陕北可持续发展生态根脉具有十分重要而深远的意义。建设一座山清水秀的陕北水塔，是美丽榆林、美丽延安的重要组成部分，也是美丽陕西、美丽中国的重要组成部分。高举黄河流域生态保护和高质量发展旗帜，推动白于山生态保护与发展高质量，其时已至，其势已成，我辈将义无反顾，勇往直前，使命必达。

在不少人的内心深处，白于山似乎就是一个与生俱来的贫瘠和粗鄙之地。然而在我看来，白于山是一个令人肃然起敬的地方。千百年来，人类粗俗而蛮横的开发利用、索取无度，而它却从无抱怨，反而像一位老态龙钟的父亲，竭尽所能，为儿孙奉献着一切。现在，我们有责任有义务也有能力让老父亲休养生息、万古长青。

　　白于山是中国探索退耕还林还草实践路径的策源地。推动白于山绿色革命向纵深发展，实现白于山山清水秀，是深绿陕西建设的硬骨头，也是一场旷日持久的攻坚战。我们已经踏上征程，就不怕路途遥远，往前走，不停步，勿回头。

一个都不能少

野生动植物是生态永动机的关键装置，只能增加，不能减少，一个都不能少，这是我们的职责使命。

野生动植物是大自然馈赠的生态珠宝，也是大自然遗存的生态根脉。之所以要花大力气做好野生动植物保护，是因为野生动植物已成为非常重要的自然资源，是支持人类可持续发展的生态根脉。曾几何时，人类与野生动植物为伍，是大自然的一部分。后来，出现文明，人类与野兽作别，从大自然脱颖而出，并开始驱赶野生动物，清除原始植被。一代又一代人类不断发展繁衍，在采集狩猎的基础上，发展出农业、工业、服务业，在自然生态系统中拓展出农业空间、城市空间。如今，人类已成功繁衍70亿人口。与人类同样成功的，是人工驯养的动物、人工栽培的植物，与人类关系密切的动植物都取得足够的生存和发展空间，比如水稻、小麦、玉米、土豆、家禽等。同时，野生动植物的栖息地越来越小。我们已经意识到，在这个地球上不可能只有人以及人所驯养的动物、栽培的植物，还需要有足够数量的野生动植物。否则，人类文明将面临全面崩溃的危机，也不可能走上可持续发展的道路。大自然遗存的生态珠宝一个也不能少，野生动植物保护的根本意义就在这里。

　　生态空间之治是野生动植物保护的根本举措。生态空间是以提供生态产品和生态服务功能为主的国土空间。包括森林、草原、湿地、荒地、荒漠、戈壁、河流、湖泊、海洋、荒岛等。生态空间是野生动植物自由栖息、自由繁衍的地方。生态空间可划分为两部分：一部分是禁止人类活动的空间，即永久生态空间，也就是生态保护红线划定的范围。永久生态空间是生态空间的核心区域，也可以称之为"生态空间芯"。另一部分，是一般生态空间，即限制人类活动强度的区域。生态空间芯是野生动植物的乐园，禁止人类活动，也是国土空间中的无人空间、无人区。一般生态空间是以野生动植物为主的国土空间，限制人类活动，也就是少人空间、少人区。规划生态空间、治理生态空间，是保护野生动植物的根本举措。

　　保护野生动植物是实现人与自然和谐共生的关键。我们讲坚持人与自然和谐共生，其本质就是人与野生动植物和谐共生。毫无疑问，野生动植物的大本营在生态空间，野生动植物的乐园在永久生态空间。生态空间、农业空间、城镇空间，都是人为划分的结果，是国土用途管制的

图5-5　棕色大熊猫（摄影：蒲志勇）

需要。在洪荒时代，三大国土空间都是野生动植物的家园。如今，人类用智慧划分出三大国土空间，分类治理，善莫大焉。然而，野生动物特别是鸟类，不会满足于生态空间，而是要在三大空间的天空自由翱翔，它不会因为人为划分了不同空间而限制自身活动范围。于是，我们主张野生动物在三大空间能够自由迁徙，应该给野生动物迁徙留出线性通道，最典型的就是鸟类迁徙路线。我们要在生产生活空间的城镇以及农业空间寻觅到野生动物的踪迹，彰显人与自然和谐共生。因此，动物保护有生态空间上的保护问题，也有农业空间和城镇空间的野生动物保护问题，要通过全空间野生动植物保护实现高质量的人与自然和谐共生。

陕西是野生动植物保护任务特别繁重的省份。秦岭是中国森林宝岛、中央水塔、生物基因库、生物多样性富集之地。我们常说秦岭四宝，有人也说秦岭六宝，其实何止这些宝贝。秦岭是生态宝库，蕴藏着无数生物宝藏，不仅有无数野生动物，更有数不尽的野生植物。比如秦岭红豆杉，可以算是顶级的生态珠宝，被称为"生态钻石"。秦岭红豆

图5-6 太白山紫斑牡丹（摄影：关克）

杉是人类健康的重要战略资源，蕴藏的紫杉醇让人类看到治愈癌症的希望。人类不能竭泽而渔，不能破坏红豆杉资源，需要涵养资源、培养资源、储备资源。保护秦岭红豆杉，不是为了我们自己，而是为了子孙后代，为了中华民族可持续发展。储备秦岭红豆杉资源，储备的是木材更是健康，让子子孙孙永享秦岭生态空间之利。

要把野生动植物保护提高到一个国家、一个民族永续发展的高度来认识。加强野生动物保护，本质就是为老百姓做事，就是满足人民群众不断发展的需要，就是以人民为中心的体现，我们做好动植物保护工作就是高点站位的实践。野生动植物保护工作者要在生态空间治理中大有作为，要在秦岭生态空间治理十大行动的实施上有作为，要在黄河流域生态空间治理上有作为，要在长江流域生态空间治理中有作为。各类协会是国家治理体系和治理能力现代化的组成部分。我们要切实增强自身能力建设，完善协会治理结构，吸纳优秀人才进入协会，提升会员质量。我们要了解掌握不同阶层、不同群体、不同社团组织的需要，动员和组织他们加入野生动植物保护工作中来，形成全社会大保护的新格局。突出野生动植物生态功能、经济价值，挖掘与野生动植物有关的生态文化，为野生动植物保护提供社会氛围和文化氛围，为野生动植物保护工作提供持久的动力。

人与自然要和谐共生，不能互相伤害。保护野生动植物，从舌尖做起，从我做起。

阅读链接17 谈虎论生态

在秦岭里，到底还有没有华南虎？不断有人在追问这个问题。的确，这是一个敏感问题，也是尖锐问题。我常常思考一个策略性答案：可能有，也可能没有。显然，对这一策略性答案，大多数人是有意见的。因此，需要接着给予进一步解释：如果说有，可能性接近于零；如果说没有，可能性接近百分之百。

　　生态学家已经能够提供部分理论解释。老虎是森林之王，站在森林生态系统食物链中的顶端。老虎的存续，需要大规模森林生态系统支持。当森林生态系统支离破碎时，必然首先导致老虎生存危机。一只老虎生存，需要有70平方公里的森林。有一只公老虎，至少需要有一只母老虎，老虎生下虎崽，虎崽接续繁殖生育。支持华南虎最小种群持续繁衍，至少需要约500平方公里的完整森林。现在，我们遭遇的困境是在秦岭难以找到这么大规模的完整森林生态系统，日复一日，对野生华南虎的存续发展，失望多于希望。

　　有人反问，秦岭那么大，森林那么多，怎么没有华南虎栖息之地？确实，秦岭横卧在中国心脏地带，挽手黄河长江，连接六省一市，其规模量级足够大。特别是陕西境内的秦岭，堪称是"全国最绿的地方"，可这些如蜘蛛网一般的水系、星罗棋布的村舍，加上连通东西南北的道路体系，使得秦岭森林生态系统严重破碎化。高空俯瞰秦岭，森林郁郁葱葱、绿荫如盖。深入林区内，只见道路交错，完整的森林生态系统被分割为一座座独立的森林岛屿，甚至更小的自然斑块、自然碎片。人类力量所向披靡，伸进秦岭生态系统腹心。原本完整的森林生态系统变成了相邻的若干块状森林。森林边缘大幅增加，森林内芯大量减少，遗传多样性加速流失，生态系统自然纯度急剧下降。生态系统破碎化，栖息环境岛屿化、斑块化，成为无数物种相继灭绝的深层原因。破碎化、岛屿化程度日趋加深，意味着生态系统日益脆弱，生物物种走向简单化。秦岭大熊猫有幸生存下来了，其存续密码是食物链变短，隐居深林，以竹为食，与世无争。只可惜，华南虎没有演化出缩短食物链的基因，从而失去了可能的历史机遇。

　　生态学家们似乎已经达成共识：防止生境破碎化是维护生物多样性的重要路径。大规模向秦岭投资，大尺度推进秦岭生态保护修复，一项重要举措就是设立自然保护地，保护野生动物栖息地；同时，修复动物迁徙通道，构建绿色走廊，使破碎化、岛屿化的森林联结为一体，有效增加物种空间连通性。秦岭腹地的居民大规模向山下迁徙，为山上森林物种空间上的连通提供了越来越多的空间缝隙。当碎片、斑块、岛屿加速融合发展时，生态系统规模量级呈几何式增长。大熊猫、金丝猴、羚牛、林麝等食草动物种群呈现恢复态势，即是对大尺度秦岭生态保护修复的正向回馈。金钱豹是缩小版的华南虎，在存续的秦岭生态国宝中，金钱豹的种群数量最少。秦岭金钱豹的种群也在恢复之中，"豹影频现"看起来不起眼，却是成为与拯救朱鹮等量齐观的了不起的生态史成就。现在回想起来，如果能够更早开展秦岭生态保护修复，也许"华南虎啸"就是今天的铿锵之音。

我们已经错失的太多，无论野生华南虎能否奇迹再现，我们也不能错失大熊猫、金丝猴、金钱豹、羚牛、林麝……它们与秦岭和谐共生数百万年，与我们的祖先共生共荣，与我们共享盛世繁华，与我们的子孙永续繁荣。我们不能错失秦岭生态环境保护修复的重大历史机遇，与自然握手言和、世代交好、道法自然，实施《陕西省秦岭生态环境保护条例》，建设秦岭国家公园、秦岭北麓生态文明示范带，还秦岭以宁静、和谐、美丽。

让野性更野

　　陕西是陆生野生动物大省，已记录在册的陆生脊椎野生动物792种，其中哺乳类149种、鸟类561种、爬行类56种、两栖类26种。国家一级保护动物35种、国家二级保护动物121种，省级重点保护动物55种，"三有动物"（一般指国家保护的有重要生态、科学、社会价值的陆生动物名录）383种。

图5-7　红腹锦鸡（摄影：关克）

进入21世纪，陕西野生动物种群呈现持续恢复的大趋势。2001年以来，全省陆生脊椎野生动物由604种增加到792种，共增加188种，每年增加约9种。其中，鸟类增加最多，年均增加8种以上。珍贵濒危野生动物种群数量明显增长。朱鹮种群由1981年发现时仅存的7只发展到近万只（本省约7000只，其中野外种群约6500只，地点由洋县扩展到22个县），朱鹮涅槃已成为经典一幕。秦岭大熊猫、金丝猴、羚牛、林麝、金钱豹、苍鹭、环颈雉、黑眉锦蛇等种群复壮总体态势向好，主要得益于以下几个方面。

快速建立自然保护地体系。自然保护地是野生动物大本营。自1965年我省建立第一块自然保护地——太白山自然保护区以来，形成秦岭、黄桥两大自然保护地群。近年来，大熊猫国家公园、秦岭国家公园等完整的国家公园体系正在形成。全省70%以上的国家重点保护动物在自然保护地得到有效保护。

全面停止天然林商业性采伐。1998年起，我省启动天然林保护工程，停止天然林商业性采伐。20余年来，天然林面积、蓄积双增长，极大改善了野生动物生境。2021年，颁布实施《陕西省天然林保护修复条例》，对野生动物栖息地保护、避免生境破碎化做了专项规定，推动野生动物家园建设。

脱贫攻坚全面建成小康社会。加快工业化、城镇化步伐，实施脱贫攻坚、乡村振兴战略，陕南秦岭巴山生态移民搬迁、陕北白于山区扶贫移民搬迁，深居生态空间的300万人从山上迁入山下，从乡野迁入城镇，野生动物的家园草木繁茂，恢复了自然本色。

革除滥食野生动物陋习。《全国人民代表大会常务委员会关于全面禁止非法野生动物交易、革除滥食野生动物陋习、切实保障人民群众生命健康安全的决定》的实施，使禁止食用陆生野生动物成为一个时代标志，有效遏制了非法猎捕野生动物的行为，使野生动物得以休养生息。

保持打击违法高压态势。持续开展严厉打击整治破坏野生动物资源违法犯罪行为专项行动，坚决摧毁犯罪团伙、斩断利益链条。2019年以

图5-8　雨蛙（摄影：关克）

图5-9　川金丝猴（摄影：关克）

来，全省立案侦办各类破坏野生动植物资源违法犯罪案件1060件起，以高压态势有效震慑此类违法案件。

培养保护野生动物新风尚。进入新时代，生态文明、美丽中国理念，人与自然是生命共同体等理念，经过广泛宣传、深入普及，已扎根人心并转化为实际行动，使保护野生动物人人有责成为新风尚。

野生动物保护就是处理人与自然的关系。过去，人与自然关系的天平向人类一方严重倾斜，人类无所顾忌的行为导致野生动物纷纷"熄火"。经过多年持续推进，野生动物开始走上复壮之路。今天的好局面来之不易，要珍惜、巩固和发展已经取得的保护成果，坚持已有的保护措施驰而不息。同时，也要看到部分物种，特别是野猪种群扩张与人类发生冲突的概率上升。要站在人与自然和谐共生的高度，及时研究如何平衡处理好人与野生动物的关系。面向未来，当生态系统颜值达峰、产能达峰、野生动物种群达峰时，需要制定一部人与自然和谐共生的法律法规。现阶段性修订主要体现了四个方面的新内容。

在立法目的上，增加了"促进人与自然和谐共生"的内容，体现了推进人与自然和谐共生的现代化、创造人类文明新形态的新要求。从和谐相处到和谐共生，思想内涵升华、理论飞跃、时代变迁。

在责任落实上，新增了"县级以上地方人民政府对本行政区域内野生动物保护工作负责"的规定，明确地方人民政府要健全野生动物及其栖息地保护执法管理体制，建立联合执法工作协调机制，着力夯实地方政府责任。

在利用管理上，对禁食野生动物做出详细规定，全面体现了《全国人民代表大会常务委员会关于全面禁止非法野生动物交易、革除滥食野生动物陋习，切实保障人民群众生命健康安全的决定》和我省的实施意见要求。

在实施举措上，规定每年九月为保护野生动物宣传月、四月第二周为爱鸟周；确定了我省国家重点保护野生动物名录、省重点保护野生动物名录制定发布规则；确定了栖息地保护修复、监测巡护、人工繁育、野化放归等保护措施；明确对种群数量明显超过环境容量的物种采取迁地保护、猎捕等种群调控措施，使陕西地域特色更加鲜明。

野生动物种群生生不息、气象万千，彰显了一个"野"字。野生动物越野，保护工作难度越大，需要解决的问题越多。以下几个方面的问题，应当引起高度重视，并采取切实有效措施予以解决。

机构问题 大部分市、县（区）未设立专门的野生动物保护管理机构，少部分市、县（区）没有配备专职的野生动物保护管理人员。在森林公安转隶后，野生动物行政执法力量整体弱化。另外，全省尚无一家具备资质的野生动植物司法鉴定机构，导致执法成本高、办案效率低。

生境问题 大熊猫、金丝猴、羚牛、林麝、金钱豹等属于森林内部种，因森林碎片化，"森林内部"越来越少，"森林边缘"越来越多。秦岭大熊猫栖息地被公路、铁路、水电、矿产开发分割为6个互不连通的区域，种群数量增加也意味着局域种群内部竞争压力增大。建设生态廊道是修补生境碎片化缺失的有效办法，要加大推进力度。

疫病问题 大量工业"三废"和有毒有害物质，通过空气、水等媒介转移到动物体内，经过食物链放大，严重影响生物系统健康水平。相继发生的非洲猪瘟、嗜水性单细胞菌感染、H5N8型禽流感病毒等疫情疫病，对野生动物种群造成威胁。另外，野生动物种群密度增大，对变异病原体传播具有放大作用，导致变异病原体增加。

调控问题 当前，野猪种群数量大有超出生态空间容量、危害农业空间、城镇空间之势。这是野生动物保护事业发展新阶段的重要标志。在原始的自然生态系统中，野生动物具有自我调控、自我平衡的种群机制。在三大国土空间并立态势下，要从实际出发，大胆探索建立人工干扰、人工调控野生动物种群的有效机制，寻找切实可行的办法。

补偿问题 我省2004年出台的《陕西省重点保护陆生野生动物造成人身财产损害补偿办法》，只限于重点保护野生动物致害补偿，野猪致害日深却不在补偿之列。延安市黄龙县、汉中市略阳县等自主开展了野

图5-10　林麝（摄影：关克）

图5-11　太白山溪鲵（摄影：关克）

生动物致害补偿、保险赔偿试点，其做法值得肯定并总结推广。

经费问题　《中华人民共和国野生动物保护法》第五条规定："县级以上人民政府应当制定野生动物及其栖息地相关保护规划和措施，并将野生动物保护经费纳入预算。"这一规定在不少市县没有得到有效执行，野生动物救护、疫源疫病监测、动物肇事补偿等工作常常因为缺少经费保障延期后滞，甚至虚置。

朱鹮涅槃

朱鹮，被赞誉为东方宝石、吉祥鸟、爱情鸟，诞生于6000万年前，在生存竞争中不断胜出，逐渐演进为东亚和西伯利亚上空翩翩飞舞、极为繁盛的种群。进入20世纪之后，工业革命突飞猛进，古老的朱鹮遭遇空前的生存危机，野外种群处于灭绝的边缘。1981年，在陕西秦岭深处的汉中市洋县姚家沟两棵大树上，科学家惊奇地发现仅存的7只野生朱鹮。一经报道，举世瞩目。在国家和省有关部门的支持帮助下，洋县立即采取了保护行动，谱写了壮丽的、可歌可泣的拯救朱鹮的史诗。40多年来，我们坚持栖息地保护与人工繁育相结合的科学实践，突破了一系列朱鹮保护的技术难题，形成了相对完整的保护繁育和野化放归技术体系，创造了珍稀物种涅槃重生的世界奇迹。

日益复壮的朱鹮种群。截至目前，陕西省内朱鹮种群数量近7000只，占全国的80%，占全球的70%，种群数量稳步增长的态势已经形成。朱鹮种群恢复大体经历了三个重要阶段。第一阶段，极小种群阶段。1981年至1990年，因朱鹮种群基数小，加上缺乏科学技术知识，种群恢复较为缓慢，未能突破20只，始终面临灭绝的风险。第二阶段，缓慢增长阶段。1991年至2000年，我们改进野外保护措施，探索社区参与机制，保护水平迅速提升，朱鹮营巢地增加到18处，种群数量突破100

只。第三阶段，加速复壮阶段。进入21世纪以来，全面实施一系列兴林草兴生态工程，加快生态系统保护修复进程，秦岭生态系统多样性、稳定性、持续性显著增强，朱鹮保护、繁育和野化放飞技术不断取得新突破，营巢地超过700处，朱鹮种群近7000只，全球朱鹮种群数量正在全力冲向万只关口。

逐渐扩展的朱鹮栖息地。随着种群数量增长，朱鹮栖息地持续扩大。1981年发现时不足5平方公里，目前已超过1.6万平方公里，逐步恢复到历史分布水平。第一，由大山深处向丘陵平川扩展。自1993年开始，朱鹮由山上飞往山下，飞向丘陵平川、城镇周边，低海拔地带已经成为朱鹮最重要的繁殖地。目前，87.4%的繁殖地位于海拔600米以下区域。在秦巴之间、汉江两岸已绘制出一幅幅人与朱鹮和谐共生的美丽画卷。第二，由洋县一隅向秦巴全域扩展。朱鹮种群分布以汉中洋县为中心，向东西南北自然扩散。目前，在洋县之外的朱鹮夜宿地数量占到总量的60%以上，栖息地已覆盖省内秦岭巴山六市。第三，由长江流域向黄河流域扩展。实施朱鹮野化放飞行动以来，进一步扩大了朱鹮野外分布地。2013年，在渭北黄土高原铜川市耀州区野化放飞后，朱鹮高飞向北，于2021年顺利抵达延安市富县葫芦河。2019年开始，实施秦岭北麓朱鹮放飞十年行动，以渭河为轴心的朱鹮黄河种群正在加速形成。第四，由陕西向全国扩展。自1985年陕西向北京动物园提供朱鹮幼鸟后，目前已累计向各省提供朱鹮124只，逐步繁衍扩大到1400余只，在陕西之外建立人工繁育基地9个。各地竞相开展野化放归工作，稳步形成区域性种群。第五，由中国向东亚扩展。朱鹮深受东亚各国人民喜爱。从1985年朱鹮华华出使日本以来，已累计向日本、韩国输出种源14只，逐步繁衍达到1000只以上。日本、韩国开展野化放归、恢复朱鹮历史家园，成为东亚各国的共同心愿。

生态保护的秦岭实践。秦岭是朱鹮最后的庇护所，保护修复秦岭生态系统是保护朱鹮的关键一招。不单单是保护营巢地、夜宿地，而是完整保护修复秦岭生态系统，为朱鹮种群繁盛营造舒适的家园。在秦岭生态系统保护上，陕西不断升级换挡，经历四个发展阶段：第一，片区保护阶段。1965年，在主峰太白山建立秦岭第一个自然保护区——太白山国家级自然保护区。2001年，在洋县建立朱鹮自然保护区。目前，已经形成了规模庞大、相对集中连片的秦岭自然保护区群。第二，全面修复阶段。1999年起，全面实施天然林保护工程和退耕还林工程，秦岭进入全面保护修复阶段，生态系统得到休养生息、充盈元气。第三，整体保护阶段。2007年，陕西站立潮头，率先为山脉立法，颁布实施《陕西省秦岭生态环境保护条例》，为保护和修复秦岭生态系统确立了准则。第四，高质量保护阶段。2018年以来，省政府先后出台《中共陕西省委关于全面加强秦岭生态环境保护工作的决定》《秦岭生态环境保护行动方案》，开展秦岭生态空间治理十大行动，开启秦岭国家公园、秦岭国家植物园建设新征程。朱鹮复壮的历程就是秦岭生态系统保护修复的历程，也是还秦岭宁静、和谐、美丽的历程。

朱鹮繁盛的"陕西方案"。从多年的保护实践中，我们探索总结出"就地保护为主、易地保护为辅、野化放归扩群、科技攻关支撑、政府社会协同、人鹮和谐共生"的朱鹮保护"陕西模式"或是"陕西方案"。一是就地保护。通过建立保护管理体系，实施野外种群及栖息地保护等措施，加快推动朱鹮野外种群恢复扩散。二是易地保护。通过救助、人工繁育等措施建立人工种群，探索朱鹮饲养繁育技术，积累疫病防治经验，保护朱鹮遗传资源。三是野化放归。依托朱鹮优质人工种群，开展野化放归实验，将朱鹮重新引入历史分布区，推动建立可自我维持的野生种群。四是科技攻关。加强科学研究，建立信息成果共享、相互促进、协同发展的研究机制，引导各地同步提升保护繁育技术水平。五是协同发展。坚持政府引导、社会广泛参与，以朱鹮分布区为重点，积极构建绿色低碳循环发展经济体系，加快经济社会发展全面绿色转型，推动形成人与朱鹮、人与自然和谐共生的新格局。

实施"陕西方案"，我们确立了"一中心、三基地"的朱鹮保护总布局，全面加强朱鹮自然保护区人工繁育中心和人工种源基地、救护繁

图5-12　朱鹮（摄影：张永平）

育基地、野化放归基地建设。截至目前，全省已成功繁育朱鹮10余代，建立人工繁育种群5个、野化放归种群6个，形成了以在陕野生种群为源种群，各放飞种群为"卫星群"的中国朱鹮种群新样态。

朱鹮兼具和合高远之美、优雅风韵之美，爱朱鹮、保护朱鹮是时代共识。上海舞剧《朱鹮》亮相春晚，受到全国电视观众热捧。以朱鹮为主题的影视、绘画、摄影以及文创产品引起全社会关注，支持和参与朱鹮保护的大势已成。四十余载栉风沐雨，万只朱鹮飞翔东亚，摆脱了濒临灭绝的风险，呈现欣欣向荣的态势，朱鹮幸甚。

阅读链接18　在秦岭北麓飞

20世纪70年代，朱鹮种群危机，秦岭成为朱鹮最后的庇护所，也有人将秦岭称为"朱鹮的诺亚方舟"。21世纪以来，朱鹮飞出这一叶"方舟"，飞向全国，飞舞东亚，创造了令世界称奇的物种保护范例，也被称为"朱鹮涅槃的奇迹"。

20世纪80年代，在洋县筹建陕西朱鹮救护饲养中心（简称"洋县中心"），开展野外救护和人工繁育工作，探索建立人工繁育种群并发展成为人工繁育的种源基地，为朱鹮种群复壮和野化放飞奠定了基础。

进入21世纪，为缓解洋县中心繁育朱鹮的压力、防范自然灾害和疫情风险，在秦岭北麓原陕西省珍稀野生动物抢救饲养研究中心建立朱鹮人工繁育基地（简称"楼观台基地"），有效开展繁育研究工作，形成了秦岭北麓朱鹮人工种群，并成为朱鹮野化放飞的重要种源基地之一。在秦岭北麓放飞朱鹮，就是由楼观台基地和洋县中心共同提供种源。

2020年以来，陕西实施秦岭北麓朱鹮放飞十年行动，已陆续开展了三次放飞活动。这是秦岭北麓生态文明示范带建设的具体行动，也是恢复朱鹮历史栖息地的一部连续剧。

秦岭北麓朱鹮放飞十年行动的第一站选择在秦岭国家植物园。秦岭

1 131 131 1

11 131 1

1 131 1

国家植物园与楼观台朱鹮人工种群一河之隔，这条河便是葆有野性的田峪河。在放飞之前，因雪灾致楼观台朱鹮人工种群外逸，在田峪河畔形成了一个较小的朱鹮种群，也是先期到达秦岭北麓的放飞种群。再组织一次朱鹮放飞主要目的就是接续已有种群，壮大其势力。秦岭国家植物园不是一般的植物园，不仅兼具植物迁地保护与就地保护功能，还拥有田峪河国家湿地公园，完全具备朱鹮放飞的生态条件。2020年9月26日上午，20只朱鹮从秦岭国家植物园起飞，在秦岭北麓生态文明示范带窗口上空翩翩起舞。

第二站选择在华阴市华山脚下长涧河入渭处。长涧河的河源是华山，这里可遥望渭南市黄河湿地保护区。据当地群众中的长者回忆，20世纪50、60年代，华山脚下、渭河之畔朱鹮飞舞的场景历历在目。可以断定，一个甲子之前，这里曾是朱鹮的栖息地。华山之"华"是华夏、华族、华人之"华"，被视为祖脉祖山，华人心中的圣山。陕西秦岭涉及6市，本次放飞前，唯渭南市不见朱鹮踪迹。在华山脚下放飞朱鹮也是在渭南放飞朱鹮，其意义非同凡响。2021年10月21日上午，21只朱鹮从长涧河入渭处起飞，飞向渭河、飞向黄河、飞向母亲河，飞向华山、飞向秦岭、飞向祖脉祖山。

第三站选择在渭南市临渭区沋河入渭处。有人把沋河视作渭南市的母亲河，设有沋河国家湿地公园。沋河与长涧河河源皆在秦岭，同为渭河一级支流，两河入渭口相距不足50公里。有观察者反映，曾有先年在华阴市放飞的朱鹮到访过沋河入渭口。2022年9月22日上午，22只朱鹮从沋河入渭口起飞，华山脚下飞舞的朱鹮迎来了亲人，沋河湿地公园的白鹭黑鹳迎来了新玩伴。

2023年的金秋时节，秦岭北麓朱鹮放飞十年行动来到第四站——西安市蓝田县。这里是华胥古国所在，200万年前这里就有人类先祖活动的踪迹，他们曾与老虎、大象、大熊猫一起，共为生态伙伴。也许，老虎、大象、大熊猫永远无法重返故里，但朱鹮一定能，我们期待朱鹮重回古国故园的那一刻。

在秦岭北麓与渭河之间放飞朱鹮，如同一部越看越有味、越来越精彩的"连续剧"。按照十年放飞计划，明年、后年、大后年……每年国庆节前夕，我们都会在秦岭北麓举行朱鹮放飞活动。放眼展望2030年，必定会显现出朱鹮飞舞三秦的盛景。

"天不言而四时行，地不语而百物生。"朱鹮对觅食地、夜宿地、营巢地有较高要求，能够放飞朱鹮的地方一定是朱鹮历史栖息地，也是生态环境质量恢复较好的地方。合理利用、友好保护自然之时，自然必定予以慷慨回馈，让吉祥之鸟——中华朱鹮成为人与自然和谐共生的形象大使，从秦岭北麓振翅高飞，飞向汉唐长安城，重现汉唐盛世生态景象！

红豆杉的"银杏梦"

红豆杉与大熊猫一样是秦岭生态宝贝。

秦岭红豆杉集中分布于汉江、嘉陵江流域。一般在海拔3000米以下，以海拔1200米左右居多。秦岭红豆杉分布的植被类型以落叶阔叶林为主，乔木优势种不明显。汉中市略阳县金家河、郭镇分布尤为集中，2014年被中国野生植物保护协会授予"中国红豆杉之乡"。在商洛市柞水县凤凰镇、小岭镇，发现大片天然红豆杉林。商洛市镇安县茅坪回族镇有极为罕见的红豆杉纯林；商洛市山阳县葛条十里铺镇，红豆杉资源量达数万株，其中一棵古树高26米、胸径1.6米、树冠28米，树龄约2300年。秦岭关中弯内均有红豆杉分布，在黑河上游，太白山保护区内有3处红豆杉野生群落，平均树高7.15米，平均胸径0.13米，最大植株高16米，胸径0.62米。

红豆杉原本有一个厚重而大气的名称：紫杉。紫杉是珍贵的用材树种，其材质纹理均匀、结构致密，韧性强、弹性大，具光泽，防腐性强，常用于雕刻、乐器、箱板、文玩、船桨等细加工制品。紫杉还是重要药材，《中国药用植物志》中记载：紫杉通经、利尿，有治疗糖尿病及心脏病之效用，主治肾炎浮肿、小便不利、糖尿病。20世纪60年代，化学家成功提取出紫杉醇。临床研究表明，紫杉醇适用于卵巢癌和乳腺

图5-13　红豆杉（摄影：关克）

癌，对肺癌、大肠癌、黑色素瘤、头颈部癌、淋巴瘤、脑瘤也都有一定疗效。自从树皮可以提取出紫杉醇以来，红豆杉的身价倍增。在不少人心中，红豆杉就是攻克癌症的神树。加之，红豆杉原本就有观音杉之名，一时间传的神乎其神。有人做过简单测算，全球癌症患者年需求紫杉醇约200千克，年需要红豆杉树皮200万千克，就是将全球红豆杉资源消耗殆尽也不能满足需要。也正是提取紫杉醇的需求使人们疯狂攫取红豆杉资源，导致红豆杉资源锐减，陷入了濒危之境。

红豆杉有植物净化器、健康树、天然氧吧等美誉。有关研究指出，红豆杉释放植物精气可以净化空气、杀菌、防癌、预防感冒及预防老年心血管疾病等作用。在各类红豆杉中，秦岭红豆杉的生态价值、药用价值、景观价值、木材价值皆是一流。正是从这种意义上说，保护和发展秦岭红豆杉是保护秦岭生态的需要，也是促进人类健康的需要。发展和保护秦岭红豆杉就是进行秦岭生态战略储备，就是进行人类健康战略储备。要像保护秦岭大熊猫一样保护秦岭红豆杉，为子孙后代的永续发展留下珍贵的生态资源。

秦岭红豆杉保护和高质量发展，必须要处理好保护和发展的关系，不是只保护不发展，也不是光考虑发展不考虑保护。秦岭红豆杉有一个"银杏梦"。银杏是国家一级保护植物，经过几代人的努力，银杏成为园林主角，成就了一个大产业。秦岭红豆杉拥有这样的潜力，相信经过几代人努力，秦岭红豆杉也会像银杏一样形式产业。

要把秦岭红豆杉保护和高质量发展拿在手里、放在心上，做实做细，具体方法如下。

守宝在山　秦岭野生红豆杉是秦岭山中珍贵资源，要组织秦岭红豆杉资源调查，摸清秦岭红豆杉资源底数，为保护和发展秦岭红豆杉提供科学依据。我们要切实保护好秦岭山中的野生红豆杉资源，要认真学习法律和国家有关规定，严格依法依规保护秦岭红豆杉资源，严厉打击各类破坏种质资源的行为，确保种质资源实现恢复性增长。

育宝在圃　繁育选育红豆杉要做好苗圃里面的工作。依靠市场、依靠企业、科研院所的力量，在资源分布相对集中的区域开辟秦岭红豆杉保护场、保护点或保护地，建立秦岭红豆杉种质资源库、基因库。

亮宝在园　秦岭红豆杉在哪儿展示？园林、社区、庭院，甚至成为行道树，要在这些老百姓生活的地方展示出来。在秦岭红豆杉密集区域，可以探索建设一批秦岭红豆杉小镇，创建红豆杉资源保护、红豆杉科学研究、红豆杉苗木繁育、红豆杉生态文化、红豆杉康养旅游为一体的"红豆杉综合体"。

藏宝在林　秦岭红豆杉作为木材储备，关键是在造林环节，应该因地制宜多栽秦岭红豆杉苗，将其归还山林。一个重点方向是营造红豆杉战略储备林，在原分布区补植补种，改善林分质量。秦岭巴山国有林场要把红豆杉作为营造林的目标树种，主要伴生树种可以选择国家二级珍稀保护植物连香树、水曲柳、水青树等阔叶树种，形成针阔叶复层混交林，作为储备。

养宝于技　科学技术是第一生产力，要充分联合有关高校、科研院所，开展秦岭红豆杉科学研究，选育优良品种、强化繁育栽培研究，在育种、养护、管理等方面开展技术攻关。

尊宝于文　做好宣传的同时，要大力挖掘特色的红豆杉文化、秦岭文化。祖脉秦岭的树种代表就是秦岭红豆杉，它是秦岭里的植物精华，我们要形成保护秦岭、保护秦岭生态环境的文化。

秦岭红豆杉保护和高质量发展是跨代工程。因为周期很长，要做好长期规划，实施过程中每个环节都要把好关，为子孙后代留下宝贵的财富。秦岭红豆杉是秦岭生态钻石，是一面生态旗帜，也是一面健康旗帜。在生态与健康两面旗帜的引领下，秦岭红豆杉必将释放出巨大的生态潜能、健康潜质和市场潜力。各级政府要面向未来，着眼美丽中国、健康中国，给力操盘；企业和社会组织要面向市场，着力打造红豆杉产业链，在美丽经济、健康经济和产业经济相结合上大有作为。

风险管控的关键

森林草原防火暨松材线虫病疫情防控是生态空间管控的两大关键。

防范生态风险、维护生态安全永远在路上。近十年全省森林草原火灾成因中，祭祀用火、农事用火、野外吸烟等人为因素占火灾总数的96.6%，防止人为失火纵火、防人管人是重中之重。松材线虫病疫区、疫点数量依然较大，疫情如同尚未熄灭之火，若稍有懈怠，必定复燃反扑，美国白蛾二次成灾就是前车之鉴。同时，加拿大一枝黄花，也有成灾的趋势。

"双防"是生态风险控制、生态安全管理的必修课、基本功，要既防"黑天鹅"，又防"灰犀牛"。形势越好越容易出漏洞，越不可麻痹大意，越要拧螺丝、上发条、补漏洞。我们要清醒地看到，推动生态系统保护修复的重要成果就是增强生态系统功能、增加生态产品产能，必然意味着生态空间的生命体增加、积累的有机物增加、可燃物增加，也意味着有害生物、火患火灾带来的危险增加，对生态系统多样性、稳定性、持续性的伤害也在增加。在森林草原防火、有害生物防控上，一定要有危机意识、战略定力，要有恒心、耐心与决心，打持久之战，年年出手、毫不犹豫、一抓到底。

森林草原防火、有害生物防治，重在"防"。要适应生态安全治理新形势和公共安全治理新要求，主动作为、积极作为、扎实作为。

突出三个"预"字。"防胜于救"绝不是一句口号。要践行常态防火减灾、非常态灭火救灾理念，不断增强防火工作预见性，提高"治未火"的能力水平。一是强化预警监测。高质量运行"互联网+森林草原防火督查""防火码"等系统平台，落实分区包片防火责任，强化进山入林人员和车辆管理，持续提升森林草原防火精细化管理水平。坚持科技创新驱动，充分运用远程监控、无人机、大数据等技术手段，加快构建天空地一体化森林草原防火预警监控体系，推动"被动防火、汗水防火"向"主动防火、智慧防火"转变。二是抓实预防措施。在火源管控上再严格，紧盯重点时段、重点区域、重点人群，加大巡护巡查力度，防止火源进山入林，严厉打击各类违法违规用火行为。在隐患排查上再加劲，及时开展隐患大排查、大整治活动，确保隐患排查无死角、全覆盖，对发现问题建立清单台账，限期整改销号。三是完善应急预案。要系统总结分析火灾时空规律，摸清火情火灾多发地区、频发时段，认真研究成因、找准问题根源、做实做细防火措施。要对照《国家森林草原火灾应急预案》要求，及时细化完善应急预案。

严格三个"防"字。在做好清疫木、清疫情的同时，推动防控关口前移，强化有害生物监测，落实落细防输入、防扩散、防反弹各项措施，全面筑牢生态安全防线。一是提高警惕严防输入。加强和完善监测普查、检疫封锁体系，健全预报预警机制，努力使各项防控措施更具体、更管用、更有效。各预防区要切实提高警惕，认真开展日常监测普查，充分发挥检疫检查站疫情阻截作用，严防疫情输入。重点预防区要积极开展传播媒介松褐天牛防治，最大限度降低疫情传入风险。经过三年不懈努力，全省再次清除美国白蛾威胁，但防输入、防反弹的压力依然很大，措施要跟上且紧抓不放。秋冬季是加拿大一枝黄花最易发现和最佳除治期，舆情显示西安、咸阳、商洛等地已有发生，务必按照防控要求尽快处置，严防造成灾害。防止外来物种入侵和防控有害生物高度相关，各级检疫检查站要把两项工作结合起来，把牢"外防输入"关口。二是清治结合严防扩散。坚持清疫木、清疫情与日常防治相结合，扩大疫木除治绩效承包机制覆盖面，创新防治质量管理机制。坚持做好预防性防治，扩大松褐天牛防治范围、增加树干注药数量，加强易感松树和古松名松保护措施，以预防促除治，不断提升防治综合效果。森林草原鼠兔害年度防治任务主要在榆林、延安，要落实绿色无公害除治措施，严防危害扩散蔓延。三是确保成效严防反弹。紧盯五年攻坚行动确定的各项目标任务，认真组织年度疫木除治并开展疫木除治"回头看"和疫情防控成效检查，不断提升松材线虫病疫木除治和疫情防控工作成效。加强防控过程管理，坚持明察与暗访相结合，推动防控责任闭环管理，发现问题限期整改。问题突出或造成严重影响的将按照《中华人民共和国森林法》规定约谈相关市县政府。

重点生态空间"双防"走在前、做表率。以国家公园为主体的自然保护地体系和以国有林业局为主体的生态林场体系构成了全省生态产品生产供给的两大关键组织体系，也是"双防"关键部位和重要阵地。两大组织体系有条件有能力在"双防"上走在前、做表率。国家公园、国家植物园、自然保护区、自然公园、国有林场要切实严防死守，始终做到无火灾、无疫情。集体森林、集体草原在乡村振兴中担负生态振兴使命，也是开展"双防"的前沿阵地和热点地带，坚持多措并举，盯住人、看住火，确保前沿不失火、热点无灾害。

打好风险管控持久战、生态安全保卫战，离不开强有力的支撑保障体系，要加快推动各项保障措施常态化、规范化、制度化。全面推动森林草原防火责任制、林业重大有害生物防治责任制与林长制深度融合，以党政领导负责制为核心的生态安全责任体系初步建立。要以推动林长制走深走实为抓手，充分调动"关键少数"的关键作用，以机制提效能、以效能促落实，巩固发展齐抓共管的"双防"工作格局。在制度层面，"双防"资金保障已有明确规则，各地要主动作为，积极争取本级财政支持，有效支持"双防"工作。要立足区域实际，统筹安排生态保护修复工程，多渠道争取项目资金。严格规范专项资金使用管理，确保专款专用、专人管理、账目清晰，不断提升资金使用效益。《国家林业和草原局关于进一步加强林草系统森林草原专业消防队伍建设的意见》明确要求，县级以上林业部门要根据实际建立专业消防队伍，管护森林3万公顷或草原6万公顷以上的，消防队伍不少于50人；管护森林1—3万公顷或草原2—6万公顷的，消防队伍不少于25人。进社区、进企业、进学校、进农村、进家庭，开展森林草原防火宣传，普及防火知识，增强防火意识，营造防火氛围。持续组织开展防控林业有害生物宣传，加强专题培训，不断提升各级政府部门、涉林涉木单位和生产经营者防治意识。发挥森林草原防灭火指挥部和重大林业有害生物防控指挥部作用，压实指挥部成员单位职责任务，完善联动机制，强化协作配合，凝聚工作合力。特别是防火紧要期和松材线虫病疫木集中处置期双期叠加时，要加强工作联动，同步安排部署。"双防"在目标上是一致的，在具体实施举措上却有相克之处，要统筹兼备，做好万全之策，切忌顾此失彼，确保"双防""双赢"。

储林储碳储生态

建设国家储备林是一项国家战略举措。建设储林储碳的"双储林场"是国储林体系建设的实践创新，是进一步释放商品林地发展活力的经营制度创新。双储林场就是国储林场，它是国家储备林体系的核心。建设国储林场，为百姓造福，为企业营利，为国家储材，为地球降碳。

双储林场建设在实现"双碳"目标中的重要作用。森林是重要而独特的自然资源，也是陆地上最大的碳储库。陕西以森林、草原、湿地、荒漠为主体的生态空间——"绿色碳库"达到2.2亿亩，加快生态空间治理是实现"碳中和"最经济、最便捷的方式和关键举措。建设以"双储林场"为主体的国储林体系，就是推动绿色碳库扩容提质增效，实现绿色碳库高质量发展。

国储林体系建设在生态安全中的重要作用。生态安全是国家安全体系的重要内容，木材安全与生态安全密切相关。20世纪末，国家全面停止天然林商品性采伐，实施天然林、公益林保护，有效推动了生态环境持续好转。与此同时，木材供给依赖国际市场，木材安全问题越来越突出。人们日益深刻地认识到，没有大树没有木材和有树有木材而不砍伐完全是两回事。缺少木材供给能力，势必增加永续保护天然林、公益林的压力，自然生态安全潜存隐忧。建设以"双储林场"为主体的国储林体系，就是有效提升森林综合生产能力，特别是增加木材供给潜能，确保森林资源"保得住、可持续"，牢牢握住自然生态空间资源安全的主动权。

国储林体系建设在"挺进深绿"中的重要作用。整体上看，全省森林生态系统结构不好、质量不高、功能不强，森林生态服务能力提升潜力巨大。从林龄上看，中幼龄林占71.8%；从林分上看，针阔混交林仅占8%，改善森林结构，提升森林质量，增强森林功能，必须科学开展森林经营。建设以双储林场为主体的国储林体系，就是通过科学经营，培育珍稀和大径级森林资源，不断改善森林结构，提升森林质量，增强森林功能，加快挺进深绿色步伐。

国储林体系建设在乡村振兴中的重要作用。实施乡村振兴战略是党的十九大做出的重大部署，是解决新时代农业农村农民问题、焕发社区林业生机活力的重大举措。国储林体系建设是一项集生产木材、生态修复、生态经济为一体的制度安排。全省有4800万亩商品林地、2000万亩待造林地，推进以"双储林场"为主体的国储林体系建设，不仅储林储碳，还储备了绿色，储备了美丽和幸福，把生产林业与生活林业、商品林业与公益林业、乡村林业与生态林业完美结合起来。依托优美的森林生态环境，持续推进森林旅游、生态康养、休闲民宿、林下经济发展，必将为乡村振兴创造广阔天地和巨大价值。

在总结前期经验基础上，陕西确定以储林、储碳为主要目标，以国有企业为建设主体，以公司化林场为经营单元，按照现代企业制度、现代林场理念进行经营管理的陕西国储林体系建设模式。各地各单位要遵循这一建设模式要求，立足实际、科学谋划、创新路径、精准发力、做好示范。

在科学绿化上做示范。提高林地生产力是国储林体系建设的根本要求，而科学绿化是提高林地生产力的重要路径。布局建设国储林的基地县是自然条件优越、资源增长潜力大、支撑能力强的县区，要严格落实科学绿化要求，切实把国储林建设成经得起历史和人民检验的金牌项目。在项目选址上要按照造林绿化空间调查评估确定范围，统筹考虑林地资源、人文景观资源和区域经济社会发展重大项目，统筹布局、科学选址、整体推进。在树种选择上，要充分考虑水资源条件，大力培育乡土树种、珍稀树种、特色经济林和大径级用材林；在配套建设上，要以种苗基地、生产道路、防火防虫等设施为重点，着力提升机械化、自动化、智能化管护水平。

在森林经营上做示范。建设国储林体系要综合运用现代理念、科学手段、先进装备系统推进森林经营，这是发展可持续林业的"试验田"。要牢固树立可持续发展理念，把科学开展森林经营贯穿到国储林建设始终；要科学编制森林经营方案，积极探索精细化、系统化的营造林工程管理模式；要严格落实建设规划和实施方案，建立健全森林经营技术规程和操作规范，实行项目立项、执行评估和验收评价的全过程管理，着力培育健康森林生态系统，不断提高林地生产力；要按照统一规范和分类指导原则，推动多功能目标经营，积极营造优质高效多功能森林，可持续提供数量更多、质量更优的生态产品和生态服务，让人民群众在国储林体系建设中拥有更多获得感、幸福感。

在治理机制上做示范。国储林体系建设是多元一体共同推动林业发展的创新实践。在融资机制上，要发挥好财政资金引导作用，用足用活用好开发性和政策性金融资源优势，着力破解融资难、融资贵、融资短等问题；在建设模式上，要探索多元投资主体，鼓励有条件、能力强、信用好的各类国有企业参与建设，大力推广"县级政府+国有企业""县级政府+国有企业+国有林场""县级政府+国有企业+合作社+农户"等多种建设模式；在权益分配上，要健全以合同契约管理、分级管理和代储代管的运行管理制度，落实谁承储、谁经营、谁收益的收益分配制度，不断凝聚国储林体系建设力量。

在融合发展上做示范。国储林体系建设是长周期的"慢产业"。国储林贷款是优惠的金融产品，贷款期限长、利率低。金融产品有借贷必有还款，要立足于有借有还，好借好还。结合乡村振兴规划，坚持林文旅融合发展，注重设计投资回收期长短结合、以短养长的经营项目，因地制宜发展林下经济、生态旅游、生态体验、森林康养等特色产业，提高短期经营收入，确保项目贷款融资与经营收益平衡。坚持走绿色发展之路，发挥森林生态、经济和社会多种功能和效益，完善碳汇计量监测体系建设，积极推进森林生态效益评价，探索建立森林碳汇交易机制，加快完善森林碳汇实现路径，推动国储林体系建设行稳致远。

立足大局、直面问题，树立责任意识，多找自身原因，增强协作意识，既保证工作质量又加快工作进度，高标准高效率抓好每一个环节。

抓好前期工作。国储林体系建设是一系列连成串的林文旅融合项目，涉及生态环境、自然资源、经济产业有效链接和第一、二、三产业融合发展，需要多部门协同推进。前期工作就是"装台""搭架子"，搭一个好的工作架子十分重要，国储林基地县主要领导同志要亲力亲为，为国储林体系建设"装台"。要坚持从实际出发，超前谋划、靠前指挥、统筹协调、系统推进；要合理确定或是重新组建项目实施主体；要着力解决项目资本金筹集、林地流转和林木收储等难题；要主动作为，勇于担当，协调项目单位顺利完成规划、国土、环保、消防等各个环节手续办理。

抓好方案编制。高质量的可行性研究报告是国储林体系建设项目立项备案和编制实施方案的重要依据，也是高质量实施项目的重要基础。在可研报告编制阶段，要严格执行技术要求，认真开展外业调查和现地复核，深入到山头地块、林班小班实地勘查。要提前谋划项目施工、产业配套等内容，合理确定项目规模，严防脱离实际、盲目贪大。要优先考虑国有、集体林场和具备流转条件的林地，先易后难、循序渐进。

抓好项目审批。要坚持"谁审查、谁批复、谁负责"原则，优化流程，最大程度缩短审批期限，加快项目落地。县级林业主管部门要按照规定时限完成现地评定、外业审查、文本审查。市林业局对基地县报送的"本子"要及时审查上报。省林业局对市报送的"本子"在规定时限完成合规性审查、现地核查、文本评审、行业批复，合规性审查未通过的不组织后续环节工作。

抓好项目实施。所有的成果都是苦干实干干出来的。可行性研究报告通过评审批复，就是拿到了项目通行证。要快马加鞭，加快立项备案，积极对接银行授信支持，细化优化可研报告，编制实施方案和投资概算。在项目实施中，要严格执行工程管理制度，实行招投标管理，坚持保护优先、绿色发展，严防建设不当造成资源破坏。

高质量建设以双储林场为主体的国储林体系，就是做大做强绿色宝库，就是兴林草兴生态，要下定决心，百尺竿头，更进一步。国储林体系建设是政府引导下的市场化行为，发挥政府"有形之手"作用，加强组织领导，强化统筹协调，抓好推进落实。要研究制定推进国储林体系建设的政策、措施，统筹协调建设过程中遇到的堵点、难点问题。要把国储林体系建设纳入林长制工作考核范围，统筹协调解决国储林体系建设在项目规划、土地流转、林权抵押等方面遇到的问题，把林长责任落实到国储林体系建设各链条、各环节。严格按照市场化思路和运作模式，充分与国家开发银行协商，严格审核参与建设的经营主体，实事求是确定贷款额度和期限，坚决杜绝"带病上岗"。严格落实资金管理规定，规范资金使用，做到专款专用，严禁截留、挤占、套用、挪用项目资金。抓紧制定国储林项目检查验收办法，强化日常监督检查，确保项目建设标准化、规范化、高质量。要加强国储林体系建设人员队伍的教育培训和日常指导，及时总结宣传建设中的鲜活经验。运用各类媒体平台，广泛宣传相关优惠政策，努力营造国储林体系建设良好氛围。

古树，钻石绿

在绿色世界，有一个特别的族群，这就是古树。

古树不古，生命长青。古树是植物中的长者、生命中的尊者、生态中的王者，是穿古透今、经历千百年洗礼的绿色钻石，不知疲倦地展示沧桑巨变的生命之美，传输生态系统演替的基因编码。千百年来，年复一年，结种生子，青春依旧。千百岁的年纪，其依然是合格的父母，这是一种神奇的生命力，必将在应对极端气候中具有卓越的表现。

古树名木既是自然遗产又是文化遗产，兼具自然生态与历史文化双重价值。古树关系一个世纪，甚至数十个世纪的生态与文化记忆。当历史人文与古树名木共生时，彼此借力、相互赋能，人文变名胜，古树变名木，古树与故事、生态产品与文化产品合二为一，深度融合为你中有我、我中有你的生态文化共生体，完美结合成风景名胜综合体，转化为高质量的旅游景观。古树往往不是一棵，而是与人文故事共生千百年的古树群，因其文化含量、生态含量高，成为高文化载量、高生态载量的古树或古树群。黄帝陵轩辕庙内的黄帝手植柏被誉为"柏树之王"，与其共生的古树群合为一体，承载着中华民族的共同记忆，具有极高的生态价值和文化价值。黄帝手植柏与伏羲庙古柏、仓颉庙古柏有着高度的遗传关联。全国仅存5棵树龄5000年以上的古树，全是侧柏且全在陕西，分别是黄帝手植柏、保生柏、老君柏、仓颉手植柏、页山古柏。

图5-14　黄帝手植柏（摄影：裴竟德）

　　植根于人口聚居区的古树，与当地居民世代共生，同呼吸、共命运，承载着无数过往的乡愁记忆，有着经久流传的生态与人文故事。因失去了传播定植的生态空间，这类古树多呈散生独居状态。大树之冠恰似一个大绿盖，是大自然制造的优质生态产品，像一把绿色的伞，遮阳避暑抑或遮风避雨。一代又一代在村庄生活过的人，都是发生在大树下故事的参与者。大树是村庄集体生活的场域，记录着乡村往事。陕西省散生古树名录中记载的槐树3260棵，排名第一且遥遥领先；侧柏1411棵，排名第二；皂荚1237棵，排名第三。

　　植根于自然荒野的古树缺少文化记忆，却具有极高的生态载量。这就是天然落子、自然生长于生态空间核心的古树、古树群。高文化载量的古树或与历史人物关联，或与历史事件关联，如黄帝手植柏、老子手植银杏、老君柏、张飞槐等等。高生态载量的古树，不与历史文化争名，只在野性天堂做栋梁，默默地支撑着生态系统健康运行。大树亦有领地，风、雨、鸟带着大树的种子，帮助它们扩张领地、繁衍子孙，形成了大树生态景观，也造就了大树生态系统。大树如高楼，由低向高、由少到多、四向伸展，制造出多样化分层而居的空间结构。大树下有小树，小树下有草丛，多种植物带来多种动物，皆依大树而居，受大树庇佑，与大树和谐共生、各取所需。遮天蔽日的绿色树冠是森林生态系统的动力装置，源源不断把太阳能转化为生物能、无机物转化为有机物，推动生态系统物质循环、信息传输和能量流动。当疾风骤雨来临，茂密的树冠又庇护着林下动物、稳定着林内生境。百年古树群、千年古树群意味着百年千年协同演化、和谐共生的生态系统，成为生态系统稳定性、多样性和持续性的重要标识。保护古树群就是保护生物多样性，就是保护成熟健康的自然生态系统。陕西省有古树72.73万棵，其中71.59万棵分布在271个古树群里。陕西最大的古树群落是柞水牛背梁冷杉及其伴生杜鹃古树群，数量接近40万棵。

图5-15　仓颉手植柏（摄影：裴竟德）

5-16 保生柏（摄影：裴竟德）

还有一类古树，植根于世代相守、精心经营的果园、园林之中，表现为优良的生产性或优美的观赏性。如核桃、板栗、石榴、玉兰、紫薇、海棠、枣、桃、杏、梅、文冠果等等，要么是生产果实的高手，持续带来物质产品，经济实惠；要么是绽放美丽的高手，持续释放精神情怀、愉悦身心，人们对其世代珍惜、呵护培育，永葆"高手效应"，永享"高手红利"。于是，人类保留下了成百上千年的核桃树、枣树、石榴树、玉兰树以及成群的板栗园、梅园、杏园等，洛南千年核桃树人称"核桃王"，年年果实盈枝，为数十代人提供生活福祉。周至千年"玉兰王"，年年繁花似锦、花盖如云。

经历数千年连续不断开发利用，曾经古木参天的莽莽深林，被开辟为城镇和田园村舍，有幸保留的森林也已经历了数度采伐。新中国成立以来，植树造林、绿化祖国，特别是进入21世纪以来，全面实施天然林保护，停止天然林商业采伐，大规模推进国土绿化。国土绿起来了，森林多起来了，但多是萌生幼树、新植之绿，尽皆"小树当家"。百年古树不多见，千年古树更罕见。古树名木是有生命的"双遗产"，是具有棱镜效应的"钻石绿"。保护古树名木，就是保护古树名木所承载的生态价值、文化价值以及所能转化的预期的经济价值、社会价值。保护古树名木，关键是保护与其长期共存的独特生境，人人有责，需从心出发，从我做起。

古树保护　陕西先行

陕西得天独厚的古树名木资源具有五大显著特点：（1）古树名木数量巨大。第二次全国古树名木资源普查结果显示，全省现存古树名木72.73万棵，居全国第二位。其中散生1.14万棵，古树群271个、71.59万棵。（2）拥有全国最"古"的古树，全国5棵树龄5000年以上古树名木全在陕西，分别是黄帝手植柏、保生柏、老君柏、仓颉手植柏、页山古柏。（3）具有全国最大人工古树群，黄帝陵人工栽植古树群数量超过8万棵，其中树龄超过千年的古树名木3万棵以上。黄帝陵古树群是世界独树一帜的数量大、年代久、保存完整的古树群。（4）拥有全国最大天然古树群，柞水牛背梁冷杉及其伴生杜鹃古树群数量超过39万棵，构建起祖脉秦岭最本真最完整的生态系统。（5）古树名木分布全覆盖，每一个县区都有古树名木，所有设区市和一半以上县区拥有古树群。

陕西在古树名木保护上有"四个率先"：（1）在全国率先颁布实施古树名木保护的地方性法规——1996年西安市制定实施《西安市古树名木保护管理办法》、2010年制定实施《陕西省古树名木保护条例》；（2）率先全面摸清古树名木家底并建立古树名木信息管理平台；（3）率先实行挂牌保护和动态监管，落实保护责任和保护措施，组织开展濒危衰弱古树名木的抢救复壮；（4）率先实施古树名木扩繁保护工程，成功获得黄帝手植柏实生苗和克隆组培苗，并于2016年搭载天宫二号进行太空育种，探索建立古树遗传基因保存延续新模式。2020年，我省将古树名木保护纳入林长制体系，实行五级林长齐抓共管、党政同责。黄帝手植柏、玄奘手植娑罗树、贵妃石榴、武侯祠旱莲等4棵古树名木专题片在央视国际频道《中国古树》栏目播出。黄帝手植柏图腾已是深入人心的"陕西林业"标识。

举世无双的古树名木资源决定了陕西在古树名木保护工作上只能当第一，不能做第二，只有走在全国最前列这一条路。要有勇立潮头、争当时代弄潮儿的志向和气魄，奋力追赶、勇于超越，全面提升古树名木资源保护和文化传承水平，努力建设全国古树名木保护示范省。

古树名木是植物界的"三皇五帝"，兼具自然生态与历史文化双重价值。从过去到现在，历经千百年岁月洗礼，古树已被磨砺为"绿色钻石"。保护好传承好古树名木，是我们肩负的生态与文化双重保护责任。

古树名木是记录生态变迁的活化石，是具有生命的活文物。以黄帝手植柏为代表的5棵5000年以上的古树名木，是中华民族精神的重要标识。从黄帝手植柏、老子手植银杏、汉武帝挂甲柏、李世民手植银杏到毛泽东手植丁香，再到中国—中亚五国元首手植石榴，陕西古树名木传承着上下五千年的中华文明，熔铸着厚德载物、自强不息的民族意识，凝结着海内外中华儿女的情感认同。保护好古树名木就是保护好上下五千年的中华史书，就是保护中华民族永续发展的文化基因和生态根脉，就是增强和提升文化自信、生态自信。

古树具有超级的生存智慧、神奇的适应能力，必定拥有独特的遗传密码，保护古树就是保护独特的遗传资源。当前的"绿色陕西"是浅绿色，中幼林占乔木林的71.8%，整体是"小树当家、灌草当家"，绿色本底不深、生态功能不强、生态环境不美、生态生产力不高、生态产品不多。古树名木冠幅宽广、枝干粗壮、根系发达、风姿多彩，是无价的"深绿色不动产"，保护古树名木就是保护遗传多样性，厚植"深绿"根基。

5000年古树是古树中的长者、尊者，自然要实行特殊的保护措施。陕西已成立"5000年以上古树名木保护工作专班"，明确了工作任务和责任分工。实行"一树一策"保护方案，要细化实化责任落实、科学监测、系统建档、技术支撑、生境优化、安全保护、科学决策、持续投入、文化传承等9方面内容。黄帝手植柏、保生柏、仓颉手植柏的保护方案要将周边古树群一并纳入保护范围，做到整体保护。实施"一树一档"保护机制，建立包括本体情况、日常养护情况、生长动态、周边环境、诊断评估情况等信息的"一树一档"保护档案，在信息安全的基础上实现省市县三级共享。为科学研判古树长势和健康状况、合理确定保护措施提供依据。落实"一树一队伍"建设，建立由古树名木保护领域相关专家为技术指导、养护责任单位为依托的专业化"一树一队伍"，选聘专业功底扎实、实践经验丰富、责任心强的日常养护人员，配齐专门的"古树管家"。

按照"分级、分类、全面、系统、可持续"原则，陕西编制实施《高质量推进全省古树名木保护工作方案》，明确了"六个示范"：（1）在加强动态监管上做示范。建立完善古树名木图文数字档案系统，开展定期检查和补充调查，实行动态监管，将所有古树名木资源纳入保护范围。散生古树名木实行"一树一档"，建立二维码保护牌；群生古树名木实行"一群一档"，建立二维码保护标识。（2）在加强分类保护上做示范。对散生古树名木，加强日常巡护，发现病虫灾害、自然损害、人为破坏等异常情况要及时科学抢救、有效治理、促进复壮。对古树名木群实施"一群一策"保护方案，严格落实管护措施，不断提升古树名木群落生态系统多样性、稳定性、持续性。（3）在加强分级保护上做示范。古树保护分为4个等级，即特级、一级、二级、三级，对名木实行一级保护。按照分级保护要求，因地制宜精准施策，日常养护和定期检查中发现古树名木生长异常的要科学制定实施救护方案。（4）在加强生境优化上做示范。统筹地上与地下、本体与周边，组织开展古树名木生境优化综合治理。妥善处置影响古树名木生长的建筑物、构筑物、设施及植物等不利因素，科学确定保护范围，合理设立保护围栏，尽可能减少人为干扰。在古树群和特级保护古树周围划定建设控制地带，为古树生长留足空间。（5）在加强科技支撑上做示范。分级建立专家库，实行古树名木保护专家会商会诊制度。加强管护队伍技术培训，推广应用先进技术，提升专业化水平。（6）在加强保护模式创新上做示范。秦岭国家植物园要建立中华古树名木园、中华古树名木种质资源库，收集、保存和扩繁优良遗传资源，形成中华古树名木完整谱系，加强古树遗传规律研究，破解古树遗传密码。

古树名木保护是一项长期性系统性工作。各级各部门要齐心协力、共同发力。一是强化组织领导。要落实属地责任、落实林长责任，及时研究解决古树名木保护工作中的重大问题。各级绿化委员会要发挥牵头抓总作用，加强组织协调，推进整体保护。二是强化协作配合。落实《陕西省古树名木保护条例》规定，将古树名木保护所需经费列入本级财政预算。林业部门负责城市规划区以外的古树名木保护管理工作，城市园林绿化部门负责城市规划区以内的古树名木保护管理工作。财政、自然资源、生态环境、文物、市政等部门按照各自职责做好古树名木保护管理工作。三是强化检查督导。定期组织开展古树名木保护工作检查，督促相关部门和责任单位落实管护责任，及时更新图文数据档案，科学评估古树名木生长状况，发现问题及时上报上级主管部门。加大古树名木保护工作在林长制考核中的分值权重，对工作不力、问题突出或造成古树名木资源破坏的，依法依规问责。四是强化宣传引导。总结古树名木保护工作中的好经验、好做法，及时发布古树名木保护信息，妥善回应社会热点舆情，广泛组织开展"互联网+全民义务植树"古树名木认建认养等活动。挖掘古树名木文化，讲好古树名木故事，推动形成全社会关心、支持、参与古树名木保护的良好氛围。

加强古树名木保护是奋进深绿之路、建设深绿陕西的必然要求。朝着"古树名木保护示范省"新目标接续奋斗，为人与自然和谐共生的中国式现代化贡献古树名木保护力量。

奋进深绿之军

不能胜本心，何以胜苍穹？

我们要顺应生态文明新态势，深刻领会生态空间新理念，围绕生态空间之治，主动进行一场自我革命。要站在人与自然和谐共生的高度，纵观生态空间治理大局，系统谋划生态空间之治；要牢固树立生态空间主人翁意识，发挥生态空间治理先锋队、专业队和主力军作用。

第一，坚持政治强。生态绿军具有鲜明的政治属性，增强"四个意识"、坚定"四个自信"、做到"两个维护"，是生态绿军的政治本色。要把"不忘初心、牢记使命"作为生态绿军的终身修炼，加强党性修养、坚定理想信念，保持生态空间治理战略定力，把思想和行动统一到党中央决策部署上，凝聚到工作高质量、生态高颜值目标上。务必牢记五条要则：一是勤于学、敏于思，坚持学习、善于学习；二是忠于实践，努力工作，定计划、抓重点、梳条理；三是保持斗志，坚决与一切不符合习近平生态文明思想的言行做斗争；四是解放思想，实事求是，联系实际，知行合一；五是坚持健康工作生活方式，坚决抵制消极腐败行为。

第二，坚持业务精。我们原有的知识甚至是思维，主要产生并服务于农业空间、城镇空间。现在，要把着眼点放在生态空间上，加快生态空间知识创新，构建生态空间知识体系。比如，原有的森林草原理论主要突出了蓄积量、载畜量，现在要从生态系统功能上来深入认识森林草原，构建新的理论框架和知识体系。生态绿军要有优势战力、精准战力，实现稳准狠，就必须加快自我升级改造，加快掌握生态空间理论和治理实践规律，加快新旧动能转换步伐，尽快形成"生态空间+"知识体系。人与人的差别大部分来自学习差别，不只是学生时代的学习差别，更多是工作中的学习差别。不少人已经到了被淘汰的边缘，有的人已经被淘汰自己却浑然不知。每一名生态绿军要有战力有战绩，成长为生态空间治理的有用之才、栋梁之材。首先要爱岗敬业，干一行爱一行钻一行，始终不渝，果敢前行。岗位是安身立命之根本，不爱岗位何以爱人生？每一名合格的生态绿军，要时刻审视自己，看自己的能力是否与岗位职责相匹配，要善于学习、善于总结。

第三，坚持形象好。形象好就是要有引起人思想或感情共鸣的好形象、好姿态，不仅是外在形象，也是内在形象。生态绿军既要有"形"又要有"象"，衣着打扮、一言一行都是形象。从"不忘初心、牢记使命"主题教育检视查找问题来看，庸懒散浮拖的积弊陋习依旧存在。一些人占着岗位却心中无事、手中无活，不学习不研究不担当，遇事磨叽、工作拖沓、推诿扯皮、得过且过。这些糟糕的习性、作风要不得。生态绿军建设要坚持"内强素质、外塑形象"，以刮骨疗伤的勇气、坚忍不拔的韧劲，坚决清除顽瘴痼疾。要强化担当意识，把自己摆进生态空间治理事业中来，不做旁观客、老好人，不当糊涂虫、墙头草。在其位谋其政、干其事、求实效，不要老盯着别人的问题，要敬畏岗位、热爱岗位、无愧岗位。要坚持以人民为中心，走好群众路线，坚决破除形式主义、官僚主义，扎实践行吃苦耐劳、艰苦奋斗传统，努力成为风清气正的塑造者、干事创业的正能量。

我们已经制定实施了秦岭生态空间治理十大行动、陕西省黄河流域生态空间治理十大行动、陕西省长江流域生态空间治理十大行动、陕西

图5-17 森林防火演练（摄影：陕西省林业局）

省生态空间治理十大创新行动。生态绿军要在生态空间治理行动中大显身手、大有作为。要用钉钉子精神，一锤接着一锤敲，把生态空间治理行动一条一条钉在生态空间上去。

必须牢牢抓住各级党组织主体责任这个"牛鼻子"。要切实履行第一责任人职责，坚持党政"一把手"亲自抓、负总责，分管领导要具体抓、抓具体，细化工作方案，明确责任分工，一项一项抓落实，做到事事有人管、件件有着落。

领导班子是生态绿军建设的火车头、风向标，更要高标准严要求。要结合干部队伍实际和生态绿军建设需要，强化培养考察，研究制定《干部轮岗交流实施办法》《机关和基层干部双向挂职锻炼实施细则》《年轻干部选拔培养办法》，把靠得住、品行好、有本事的优秀干部选出来，特别是要让那些下苦功、有实绩的年轻干部担重任、挑大梁，要形成靠实干成才、靠实干立足的导向，树立实事求是、开拓创新、担当尽责的好风气。

树立大抓基层的鲜明导向，以提升组织力为重点，以建设有战斗力的党组织为目标，按照"增加先进支部、提升中间支部、整顿后进支部"的思路，着力解决一些基层党组织弱化、虚化、边缘化问题，推动基层党组织全面进步、全面过硬。

建设生态绿军涉及思想政治、工作作风、基层组织、业务能力等方方面面。牢固树立"一盘棋"思想，密切上下联系，强化协调配合，既要各司其职、各负其责，也要协同作战、合力攻坚，形成合作合力之势，不断推进生态绿军建设迈向新阶段，登上新台阶。

把生态绿军建设纳入平时考核和年度考核，突出问题导向、目标导向和结果导向要求，建立完善的考核指标体系。加大考核督查，加强典型宣传，强化结果运用，确保生态绿军建设有力有序。发现不作为、慢作为的，要及时通报批评、严肃追责、不遮不掩。

绿色是生态本色、生命活力的象征。生态绿军是奔跑在绿色空间上的人，只有奋力奔跑才能不辱时代使命，只有笃定前行，才能赢得未来。我们要举起生态空间治理大旗，争做合格的生态绿军，奋力奔跑，为中国生态空间之治贡献陕西力量。

阅读链接19　绿色愚公

愚公，中国妇孺皆知的传奇人物，吃苦耐劳、坚忍不拔、不畏艰难的精神象征。

在春秋战国时，列御寇所著《列子·汤问》中讲述了一则愚公移山的寓言故事。大意是愚公家居深山，出入迂回，山路盘旋，晴通雨阻，生活多艰。于是，愚公下定决心要把山挖平，让道路畅通无阻，生活便利通达。在聪明的人看来，以愚公之力不可能把山挖平，也没有必要把山挖平。智叟的心里认为愚公是笨人、傻人。而愚公以为，自己死了有儿子，儿子死了还有孙子，子子孙孙无穷无尽，不必担心山挖不平。愚公生命不息、挖山不止的精神感天地泣鬼神。愚公移山的寓言故事流传了2000多年，一直在激励着中华民族与自然抗争，用艰苦奋斗的精神奋勇向前。

过去，人们坚信一方水土养一方人。现在，人们越来越觉得天地造化、自然规律、方寸国土皆有妙用。人与自然是生命共同体，坚持人与自然和谐共生，需尊重自然，顺应自然，保护自然。于是，在国土空间中，明确了城镇空间、农业空间和自然生态空间。绿水青山就是自然生态空间，绿水青山保卫战就是生态空间保卫战。当人与山的矛盾不可调和之时，不再是下决心移山，而是下决心"移人"，下决心还自然以宁静和谐美丽。

长期以来，人们用山而不养山，用林草而不养林草，导致森林草原生态残缺退化、系统功能流失，莽莽森林、郁郁草原成为秃岭荒山、荒沟荒沙、穷山恶水、不毛之地……

"盛世兴林草，永续兴生态。"林草的命脉与人的命脉紧密相连，人之命脉是林草命脉的子命脉，而林草命脉是人之命脉的根命脉。森林是陆地生态系统中群落结构最复杂、生物量最大、生物多样性最丰富、生态功能最齐全的自然生态系统，在维护地球生物圈平衡中发挥着主体性、关键性作用。森林和草原是绿色宝库，既是自然资源又是经济财富，在国家生态安全、食物安全中具有基础性、战略性作用。

"林草兴则生态兴，生态兴则文明兴。"新中国成立以来，我们坚持以水定绿、以绿治黄、以绿壮美，大规模推进国土绿化美化，掀起生态空间绿色革命浪潮。数十年时间，数代人耕耘，持之以恒、久久为功，以青丝换青山，以点滴之力托举起绿色海洋，创造出令世人瞩目的绿色奇迹，2000—2020年间，全球新增绿化面积约1/4来自中国，中国增绿成为支撑地球生物圈健康的重要力量。

"红雨随心翻作浪，青山着意化为桥。"生态空间是国土空间的根空间，绿水青山是永续发展的靠山。进入新时代，中国增绿也进入了科学推进森林经营、科学推进国土绿化、全面提升生态系统生产力的新阶段——由黄变绿、浅绿向深绿、由绿而美，生态空间山清水秀将更有成色、更有质感。山中常有千年树，世间鲜见百岁人。生态保护修复是跨代工程，要形成稳定高效的生态系统，往往需要上百年、数代人。

"青山不曾乘云去，怕有愚公惊著汝。"建设美丽中国，"无山不绿，有水皆清，四时花香，万壑鸟鸣，替河山装成锦绣，把国土绘成丹青"——这是新中国第一任林业部长梁希的绿色追求，也是无数中国人的绿色梦想。将绿色追求与绿色梦想转化为实际行动，就是推进植树造林、绿化祖国。实现绿色追求与绿色梦想不需要愚公移山，而需要愚公绿山——把移山的精神和劲头用在国土绿化上，用在兴林草兴生态事业上。

绿色是生命的本色，也是地球生物圈最美丽、最富有生机的颜色。人不负林草，林草定不负人。荒山、荒坡、荒沙就在那儿，我们要去绿化它；绿水青山就在那儿，我们要去保护她。从我做起，向绿向美，朝夕逐梦，锲而不舍，驰而不息……绿色愚公最可爱！

以红带绿　以绿映红

作风建设是攻坚战，也是持久战。转变作风关键在人、关键在干部队伍。

一要务必不忘初心、牢记使命。中国共产党人的初心和使命，就是为中国人民谋幸福，为中华民族谋复兴。生态绿军的初心和使命就是要替河山装成锦绣，把国土绘成丹青。坚守初心使命，必须增强责任担当，落实到生态空间治理实践中，就是要牢固树立和践行绿水青山就是金山银山的理念，尊重自然、顺应自然、保护自然，提升生态系统多样性、稳定性、持续性，不断增强优质生态产品、优质生态服务供给能力。

二要务必谦虚谨慎、艰苦奋斗。谦虚谨慎、艰苦奋斗，是我们党的优良传统，也是每一个党员干部应有的品质。在推动绿色发展，促进人与自然和谐共生的进程中，正是艰苦奋斗、默默奉献才实现了"由黄到绿"的历史性转变。推进生态空间绿色革命，必须保持谦虚谨慎的态度，按照自然规律办事，也必须发扬艰苦奋斗的作风，再接再厉，接续奋斗。

三要务必敢于斗争、善于斗争。治理生态空间和维护生态安全中，我们要有斗争精神，敢于斗争善于斗争，用习近平生态文明思想的立场观点和方法武装头脑、分析问题、推动工作，态度坚决地与各类破坏生态资源违法犯罪行为做斗争，当好生态卫士。

把作风建设体现在生态空间治理实践上，同步推动政治生态与自然生态"山清水秀"。

坚持问题导向，有的放矢抓整改。按照作风建设专项行动要求，要把发现问题、剖析问题、整改问题贯穿始终，坚持自己找、相互提、组织查、领导点、群众评相结合，在工作实践中深入剖析、精准定位、有的放矢、一事一策、立行立改、真改实改。要同步推进机关效能、基层负担问题、营商环境、民生领域专项治理，重点解决不作为、慢作为、乱作为问题，让"立刻办、马上办"成为常态。要着力转变职能，坚持简政放权、放管结合、优化服务相结合，不断提高生态空间项目审批和行政审批服务质量效能。

坚持目标导向，聚焦中心谋发展。全面对标对表党的二十大部署，准确把握、系统梳理党的二十大报告提出的新目标、新任务、新要求，并以此重新审视省情林情，进一步找准结合点、发力点，细化实化生态空间山清水秀总目标的措施、路径，着力推动高质量发展。围绕生态空间主阵地，扛实抓牢林长制，统筹推进三次绿色革命进程，持续实施秦岭、黄河流域、长江流域三个生态空间治理十大行动和黄河、秦岭、大巴山三大重要生态区域生态保护和修复重大工程，加快以国家公园为主体的自然保护地体系建设，不断提升生态系统综合服务能力。

坚持结果导向，常态长效办实事。通过作风建设专项行动，教育引导党员干部树立和践行正确政绩观，强化宗旨意识，贯彻群众路线，时刻把群众的安危冷暖、急难愁盼放在心上，以过硬作风回应群众关切。在乡村振兴中保持生态效益补偿、退耕还林还草等生态脱贫政策措施稳定持续，切实把利民惠民富民实事办到人民群众心坎上。要深入践行以人民为中心的发展思想，统筹推动自然资源、生态环境、绿色经济三位一体协同发展，不断壮大自然教育经济、美丽经济、林草产业经济，让人民群众在严实作风中真切感受到生态建设带来的实在好处。

"政治强、业务精、形象好"互相联系、互为补充、缺一不可。时刻保持本领不够的恐慌感和能力不足的危机感，注重加强政治理论和业务知识学习。要善于向书本学、向实践学、向群众学、向先进学，坚持与时俱进、开拓创新，在生态空间治理实践中不断发现新问题，研究新问题，解决新问题，进而再造知识结构、目标愿景、治理体系，加快推动生态空间治理体系和治理能力现代化。紧盯生态保护修复重大工程、重点领域、关键岗位，持续完善监管制度，不断提升监管效能，当好政治生态、自然生态护林员。

阅读链接20　生态哨兵

进入新时代，在生态空间治理前沿阵地活跃着一支重要的力量，这就是护林员，包括生态护林员、天保护林员，以及在一线担负巡护检查任务的职工。护林员就是生态绿军的一线队伍，因其处在生态前沿阵地，可以称得上是生态绿军中的"生态哨兵"。在生态空间治理中，特别是在生态安全风险防范上，生态哨兵具有不可替代的作用。

生态哨兵的职责可以归纳为以下六个方面：（1）制止乱砍滥伐、乱采滥挖和毁坏林木、非法收购和无证经营加工木材、乱占林地、毁林开垦、毁坏珍贵树木等行为。（2）在森林防火期内，着装上岗，开展巡查，制止野外非法用火，及时消除火灾隐患；发现火情及时报告并协助搞好扑救；火灾扑灭后，积极提供线索，协助火灾案件查处。（3）负责巡查并报告管护区内森林病虫发生发展情况和防治工作。（4）制止乱捕滥猎野生动物，协助查处破坏野生动植物案件。（5）负责封山育林区域巡查，制止封山禁牧区的放牧行为。（6）宣传生态文明法律法规，普及生态科学常识、知识技术等。

护林员的职责集结在一起就是生态风险预警任务。护林员就是值守在生态哨所的生态哨兵，就是最先知晓生态风险的人、就是预警生态风险的人、就是第一个向生态违法行为说"不"的人。作为生态哨兵，护林员在生态空间治理中所具有的重要作用不言而喻，特别是在防控新冠疫情的这段时间，不少地方护林员创造性开展工作，宣传野生动物封控隔离措施，倡议拒食野味，把生态哨兵作用提升到一个新高度。居安思危，防患于未然，所有安享生态福利的人们，都应该向生态哨兵致以崇高的敬意。

推进生态空间治理体系和治理能力现代化过程中，要高度重视和充分发挥好护林员的作用。要加强生态哨兵队伍建设，加大护林员知识技能培训力度，提高护林员收入保障水平，让生态哨兵在森林草原防火、有害生物防治、野生动植物保护等方面有更大作为。相信有数万生态哨兵在生态前哨忠于职守，他们必将筑起生态风险防范的钢铁长城，必将筑牢全省生态空间安全的坚固屏障。

"装台"深绿

　　70年前，陕西省成立第一支森林调查队伍：陕西省林业勘察队。伴随着共和国成长的脚步，这支队伍走过了艰难起步、接续奋斗、努力探索、积极创新的非凡之路，成就了今天的陕西省林业调查规划院。70年栉风沐雨，规划院紧跟时代、逐梦前行，始终不忘"替河山装成锦绣，把国土绘成丹青"的初心使命，不断淬炼"诚朴勤勉 笃行致新"的院训精神，一代又一代用青丝换青山，实现了由森林资源调查到生态空间数据中心、由目测手量到天空地一体化、由技术服务到综合业务支撑的历史跨越，在全省由"黄"变"绿"的历史进程中提供了数据支撑，发挥了智库作用，做出了巨大贡献。

　　进入新发展阶段，我国生态文明建设进入以降碳为重点战略方向的关键期，以奋进深绿为阶段目标的爬坡期，要立足"五大阵地"、围绕"六条战线"，系统、精准、高效推进生态保护修复和生态空间治理，既要"精绘画卷"，绘就生态空间高质量数据底图，规划生态空间山清水秀宏伟蓝图，也要"精修装台"，打造生态空间高效能治理平台。

　　致广大而尽精微。要对生态空间进行细微识别，走精准治理、高效治理之路。首先要端好调查监测"盘子"。在自然资源调查监测体系下，林业部门的职责是开展"五大阵地"专项调查监测，将调查与监测全面融合，统一部署、统一标准、统一底图、统一发布，查清数量、质量、结构及生态功能等多维度信息，为决策管理提供专业化、精细化服务。其次要扩大调查监测"面子"。新一轮机构改革，草原、风景名胜区、自然遗产、地质公园调查监测是新职责，目前也是数据空白区，需要加强协调沟通，充分收集历史档案，统筹划入调查监测范围。再次要充实调查监测"里子"。要从森林面积、木材蓄积为主的资源调查向生态空间资源综合性调查监测转变，依据国土三调成果"统一底版"，解决地类交叉重叠问题，融合林地、草地、湿地等资源信息，做好"数据对接、空间对接、观念对接和政策对接"，拿出精准"一张图"，做到"表里如一"。最后要丰富调查监测"法子"。充分利用卫星遥感、无人机、激光雷达、红外摄像等先进技术手段，辅以人工地面采集，汇聚生态定位观测网络、铁塔基站等资源优势，形成天空地一体化调查监测体系。

以规划引领发展，是生态空间治理体系的重要组成部分。调查规划院承担着林业发展、资源保护管理、重点项目和重大工程的规划编制工作，应该在调查基础上提出发展策略与实践路径，擘画出山清水秀的生态空间。（1）要加强规划的融合度。以国家发展规划为统领，以空间规划为基础，把林业发展放进国民经济发展的大战略，把生态空间放进国土空间的大盘子，全面对接"十四五"规划、国土空间规划、"双重"规划等上位规划，同时衔接好城镇、农业、水利、交通等平行规划，做好省、市、县各级林业战略性发展规划，确保林业发展规划与其他相关规划相互融合、相互支撑。（2）要提升规划的战略性。全省2.2亿亩的生态空间不能再简单划分为陕北、陕南、关中，也不能完全按传统的10个立地类型划分法或林业发展三级区划11个分区法来谋篇布局，不能再把"治山治水护林草"机械地划分成不同的条线，要打破传统林业思维，敢于革新、敢于创新，坚持山水林田湖草沙是生命共同体理念，构建"一山两河，四区五带"生态空间治理新格局，聚焦生态系统稳定健康、产能高效，围绕"九重生态空间"，融入生态空间治理先进理论和实践技术，形成一系列全新理念的科学规划。（3）要提高规划设计的精准度。战略规划是宏观规划，要靠精细设计安排来层层落实。要抓大局更要抓细节，坚持"挂图作战"，以国土三调成果为基准、以融合后的"一张图"为底版，科学准确地将项目区、作业区落到图上、落到地块，持续推进落地上图管理，提高生态空间治理精细管理水平，使规划设计内容更科学、措施更合理、目标更精准、可操作性更强。

实现生态空间山清水秀，需要有只争朝夕、埋头苦干的拼搏精神，丰富成熟、系统全面的理论知识体系和高超精湛的业务水平和解决问题、推动改革的实践能力。云计算、大数据、物联网、人工智能等技术正在推动新变革、引领新潮流。目前，这些信息化技术应用还不充分，存在信息"孤岛"、数据"烟囱"，远远不适应新时代生态空间系统治理需求，亟须改革传统治理模式，依靠现代化技术手段，按照"一体两翼"框架，推动生态空间治理能力现代化。一体，指生态空间"数字驾驶舱"；两翼，指"1+N"云平台和"1+N"数据中心。要搭建"1+N"云平台，整合各类应用，加快综合平台建设进度，先行先试开展生态卫士、视频会议平台建设，不断丰富和拓展各类子平台建设，成为高效化、现代化的业务枢纽港。要建设"1+N"数据中心，依托调查规划院成立省级数据中心，不断整合、完善生态空间数据，全面收集、整理各类数据，制定数据标准规范，逐步建设多个市级数据分中心和县级数据终端站，实现省市县互联互通，形成精准化、动态化的数字储存库。要构建融合共享机制，积极对接国家林草生态网络感知系统，加强与自然资源、气象等部门和大数据集团等科研院所的平台交互、技术共享，重点在调查监测技术方法、人工智能、区块链技术、大数据分析等方面进行优化创新，助力生态空间高质量发展。

要登高望远，走在生态空间理论创新、政策创新和实践创新前列，成为活跃在生态空间上的生态绿军先锋队。生态空间治理需要生态空间知识体系。生态空间调查监测、规划设计，必须随之更新知识和技术体系，创建立体时空调查监测知识和技术体系，而不是单纯获取种类、数量的知识和技术体系。大家要立足岗位，把握正确的学习方向，再造知识结构，加快自我升级改造，把握生态空间规律，尽快形成"生态空间+"知识体系，增强优势战力、精准战力。要坚持以创新发展为动力。生态空间治理实践向广度和深度进军，日新月异、一日千里。面对生态空间治理新领域，有"盲区"也有"难区"，形势逼人、时不我待。我们要尽快融入创新大格局，加入多学科多领域的创新团队，进行跨学科协同创新、科学攻关，在森林资源"一张图"、生态空间云平台等重点难点问题上全力突破，力争取得有用管用的高质量研究成果，成为生态空间治理领域的领跑者。

生态空间未来篇

第六章

人类圈镶嵌在生物圈中，绿色未来是人类圈的绿色未来。生态空间是生物圈的主体空间，也是绿色未来的主体空间。生态空间的绿色未来决定着生物圈的命运，也决定着人类圈的命运。生态空间的未来呈现十大趋势：内涵式发展大趋势、一体化治理大趋势、生态元气恢复大趋势、绿色加速成长大趋势、绿色碳库增容大趋势、防护功能提升大趋势、生物多样性丰富大趋势、生态产品价值实现大趋势、大径材高标林发展大趋势、绿色国土美丽人居大趋势。绿色是人与自然和谐共生、人类圈与生物圈协同共享的『和谐色』。面向绿色未来，人类应主动向生态空间伸出『和谐之手』，迈出『和谐之足』，应当成为人类世普遍的价值观和人类圈共同的行为准则。

绿色大趋势

　　人绿和谐是新形态文明的鲜亮旗帜。从国家制度层面，全面建立国土空间治理体系和国土用途管控机制，是 21 世纪人类最重要最伟大的制度发明。规划、保护、修复生态空间，促进生态绿色健康，是人与自然和谐共生的空间根基，也是中国式现代化建设的必由之路。

　　绿色是陆地自然生态系统的基本特征。"生态绿"与"生产绿""生活绿"有着本质不同。生态绿色是健康、缤纷的生物世界，是超级有机体，也是生态永动机。绿色植物的光合作用为生态系统提供了驱动力，推动了生物世界，成就了超级有机体，支持了生态永动机。绿色既是生态永动机的面子，也是生态永动机的里子。绿色的质量与效能，决定着生态永动机提供生态产品、生态服务的质量与效能。

　　世界是绿色的，守绿色就是护根本。绿色养育了我们，我们负有回馈绿色的责任。绿色是环境变化的响应者，也是环境变化的影响者、塑造者。深入研究生态绿色发展规律，精准辨识绿色演变轨迹，统筹考虑绿色发展内在逻辑、当前社会价值取向、未来生态政策走向，才能科学预判生态空间绿色大趋势。

　　绿色永恒，生态永动。绿色永动机每时每刻都在生产消费，从不偷懒、永不停歇。地球陆地表面原本覆盖着天然的薄厚不一、青翠欲滴的植被，植物、动物、微生物，万物共生其中，形成了错综复杂、机巧微妙的生物互联网。人类从中脱颖而出，是必然也是例外。人类行动颠覆了基于自然的生物规则、生态秩序，长期盘踞在生物互联网的关键位置，长久饕餮绿色之利，长久侵蚀绿色之地，不断改造出新的地理空间景观，成为无数物种灭绝的重要推手。农业化、工业化、城镇化为人的全面发展带来极大好处，但人口增长、人进绿退、绿色缺失、栖息地数量与质量双下降是进入人类世以来地球表面地理格局变化的主旋律、总态势。绿色是生态之基。原生的、健康的绿色发生了蜕变，形成了病态的、残缺的绿色，引发了生态金字塔根基震荡，生态永动机运转失灵，导致生态系统性灾难，进而成为人类文明发展无法逾越的绿色天堑或是无法通过的绿色瓶颈。目前，人口出生率持续下降，经济发展模式向绿色低碳加速转型，无度占用生态、损害环境的行为日渐改变，出现了避免人类过早被自然选择所淘汰的宝贵的机会窗口。生态危机曾被认为是公地悲剧，中国实行社会主义公有制，却有效应对了公地悲剧。中国的远见卓识正在发挥作用，遵行绿色新政，突破绿色瓶颈，与自然结盟，向绿色伸出和谐之手，迈出和谐之足，加固生态金字塔之基，提升生态永动机效能，走出人退绿进新态势。

走向深绿，大势所趋。持续千年的绿色流失，是人类发展带来的生态硬伤。绿色回归、深绿未来是人类永续发展的必由之路。陕西是中华家园的内园、核心园，陕西绿色经验必将成为中国绿色经典。陕西绿色图景实例，全息映射出中国绿色发展之路的大趋势。

一、内涵式发展大趋势

建立健全国土空间规划与治理体系，与国土进行空间约定、行为规范，是人类文明向生态文明迈出了一大步的重要标志。生态空间是新概念，国土空间专门规划出生态空间是新时代中国制度创新，并由此形成了生态空间制度体系。林地、草地、湿地支撑着森林、草原、湿地三大生态系统。过去30年，林地、草地、湿地各有消长，但总规模呈扩张的大趋势。1996年第一次土地资源调查时，陕西省林地1.37亿亩、草地0.46亿亩，合计1.83亿亩，约占国土空间的60%。2009年第二次土地资源调查时，全省林地1.68亿亩、草地0.43亿亩，合计2.11亿亩，约占国土空间的70%。2019年第三次国土资源调查时，全省林地1.87亿亩、草地0.33亿亩、自然湿地不足0.01亿亩、自然荒野不足0.01亿亩，合计2.22亿亩，约占国土空间的72%。1996年至2019年是实施退耕还林还草、天然林资源保护工程的重要时期，全省林地增加了0.5亿亩，草地减少0.13亿亩，增减相抵后新增0.37亿亩，自然湿地变化缺少调查数据，但湿地减少也是不争的事实。地球表面凹凸不平，陕西地表尤为如此，这也是陕西生态空间占比高达72%的原因所在。国土空间的给定性和有限性以及国际国内新形势新变化，需要我们稳妥处理三大国土空间关系。

今后一个时期，生态空间规模量级已经失去了进一步恢复增长的空间。尽管人们还不能确定人与自然和谐共生的三大空间均衡值，但在一定意义上已经能够确定，我们这一代人历史性地完成了三大国土空间"装台"工作。进入新阶段、迈上新征程，实行生态空间、农业空间和城镇空间规划约束，严把总量管控和用途管制，总体格局保持稳定，局部空间优化微调，全面开启三大国土空间唯"亩产论英雄"的模式，三大国土空间分别提升生产绿、生活绿、生态绿。通过提高科技含量，分空间挖潜改造、内部整合优化，走出内涵式集约型高质量发展新路径、大趋势。农业空间、城镇空间"亩产"增加，生产绿、生活绿提升，有利于减轻生态压力，促进生态绿复兴，实现三绿良性互动。目前，生态绿色复兴尚在初期阶段，生态位还没有补起来，生态永动机低位低水平运行中，释放环境容纳量和物种增长潜力较大，生态空间高质量发展迎来黄金时期。

二、一体化治理大趋势

2018 年国家机构改革后，陆地生态空间一体化治理大趋势已经成形。森林、草原、湿地、荒漠是具有不同含绿量、含水量、含碳量的四大生态系统，也是陆地生态空间四大主体。四大生态系统中生物栖息地完整、生境原真、物种保护价值高的空间区位已经设立了不同类型的自然保护地。2018 年国家机构改革之前，陆地四大生态系统按照《中华人民共和国森林法》《中华人民共和国草原法》《中华人民共和国湿地保护法》《中华人民共和国防沙治沙法》《中华人民共和国水法》进行管理；自然保护地是按照《中华人民共和国自然保护区条例》和部门规章，分别由林业、农业、水利、住建、环保、资源等分部门、分条线管理。在实施国土空间规划之后，按照山水林田湖草沙是生命共同体理念，推行生态空间一体化保护和系统治理。同一类型生态系统布局在不同的生态空间，并具有不同的生态生产力。同一生态空间承载着不同类型的生态系统，承载着生物进化的基本单位——种群，耦合连通，俨然是生命共同体。2018 年之后，新组建的林业部门成为推动生态空间治理、发展生态绿色的主体力量。中国新林业部门是全球管理幅度最大的林业部门，其使命担当远远超越林业本义。在国土空间中规划生态空间，建设以国家公园为主体的自然保护地体系，划定生态保护红线范围，结合条线治理中的公益林、天然林、水源保护区以及商品林、人工草、水库、鱼塘，形成生态空间"一线四区"大格局——生态保护红线范围内的生态核心区、生态管控区以及生态保护红线外的生态控制区、生态产业区。在分系统管理、分条线治理基础上，实行"一线四区"一体化治理已是大趋势。这是人与自然和谐共生的空间约定，也是全面建立的生态空间秩序。目前，已经完成生态保护红线范围——生态核心区和生态管控区划定工作。生态保护红线外生态空间划定，由下而上，正在有序推进。管理者要详细标记每一生态空间小斑的自然属性、管理属性、权利属性，做到监管措施落地上图。立足生态空间一体化治理，生态空间生态学、生态空间经济学、生态空间治理学以及新的组织体系、制度体系正在形成，带动观念更新、知识更新、技能更新，由"林长制"到"林长治"，奠定绿色未来的治理基础。

三、生态元气恢复大趋势

工业革命以来的历史，已被称为"人类世"。工业化、城镇化滚滚向前，人与自然关系发生了重大变化，人类成为地球生物圈发展的关键变量。人类进位，自然退位。反之，人类退位，自然进位。这是地球表面生态绿色消长的深层逻辑。生态空间是国土空间中的母体空间，生产供给元产品——地道的生态产品。人类文明孕育、成长、发展于自然生态系统，受惠于地道的生态产品。同时，人类文明发展也让生态系统受尽磨难、元气大伤。陕西是中华家园之内园，持续索取地道生态产品，已有数千年之久。长期以来，"绿色账户"只有支出缺少收入，世代累积形成了超大规模的"绿色赤字"，形成了难以逾越的"绿色天堑"。直到 20 世纪末期，才停止了侵占绿色空间、侵蚀绿色资源的脚步，向绿色迈出了和谐之足，开启了人与自然结盟、人与自然关系再平衡的新历程。人与自然和谐共生，关键取决于人的行为选择。21 世纪以来，中国已生产出足够的地道的生态产品的替代品，主动实行森林草原湿地江河休养生息政策，依靠自然的力量，恢复生态系统元气。国家制定实施了《中华人民共和国黄河保护法》《中华人民共和国长江保护法》《中华人民共和国野生动物保护法》《天然林保护修复制度方案》《国务院办公厅关于加强草原保护修复的若干意见》《湿地保护修复制度方案》《全国重要生态系统保护和修复重大工程总体规划（2021—2035 年）》，正在制定荒漠化防治和"三北"工程六期规划编制工作。陕西省颁布了国家法律、方案、法规、办法、措施。其中，"四禁"规定至关重要。禁止天然林商业性采伐，促进森林生态系统休养生息；

禁牧休牧，促进草原生态系统休养生息；禁渔休渔，促进湿地生态系统休养生息；禁食陆生野生动物和重点保护水生野生动物，全面促进陆地生态系统休养生息。施行"四禁"政策，切断了伸向生态空间的食物链、产业链，人的行为大幅度退出生态空间，绿色账户收支关系发生重大变化，实现了由人进绿退到人退绿进的历史巨变，走出了绿色盈余的长期趋势。全面推行生态系统休养生息政策，仍将是今后一个时期生态空间治理大趋势。

四、绿色加速成长大趋势

乱世进山，盛世兴林。100余年积贫积弱，不断向山地深林拓殖，生态系统超负荷运行，形成严重的森林赤字、生态窟窿。在新中国成立之时，已是中国历史上"最缺绿"的时期。绿色植物在生态金字塔的底部，恢复重建生态金字塔，必须首先投资森林、重建森林。造林绿化是投资森林、重建森林的首要环节。植树造林、绿化祖国是中国人向绿色伸出的和谐之手。植树造林就是人工促进植物拓殖定植，人工促进绿色成长。它不只是简单的挖坑栽树，而是建立在恢复生态学基础上的技术活。科学推进绿色加速成长是生态保护修复的攻坚之战。陕西生态系统以森林生态系统为主体，森林总量增长、森林边界北移是大势所趋。全省森林覆盖率已从20世纪50年代初期的13%恢复到2022年的45.91%。绿色增长将会加速生态改善，反过来又会推动绿色增长。秦岭是中华民族祖脉，也是中国绿色发展大趋势的引领者。因海拔高、山体大、褶皱多，自然保护能力强，秦巴山区是陕西的绿色老区，也是深绿色集中区。秦岭森林覆盖率已恢复至76.4%，成为中国最绿、生物多样性最丰富的区域之一。森林覆盖率超过90%的4个县——安康市宁陕县，汉中市佛坪县、留坝县，宝鸡市太白县，全部集中在秦岭。其中，宁陕县森林覆盖率高达96%，排名全国第一。从植被演替角度看，已经发展起来的绿色是绿色先驱，为绿色后来者走向深绿铺平了道路。现存的绿色是发展中的绿色，深绿面积不大、绿色结构不优、绿色产能不高、绿色功能不强。现有的森林多为次生林、新生林、幼龄林，功能完整、性能良好的健康森林只占 45.6%，远低于全国的 74.5%。特别是黄土高原森林曾遭受严重破坏，现在的森林多是恢复重建的绿色新区，也是浅绿色集中区，结构、产能、功能差距大，只能算是"半拉子"工程，走向深绿任重道远。科学增加生态绿，不仅要适地适树，还要为形成健康的生态系统提供关键植物物种，构建高质量的植物体系、植被系统，全面提升绿色能级，厚植生态金字塔基底。全省适宜造林绿化的生态空间 3070 万亩，其中有林地 850 万亩、灌木林地 670 万亩、草地 1550 万亩，集中分布在延安北部、榆林南部，可逐步恢复重建为森林。要落实《国务院办公厅关于科学绿化的指导意见》，推行造林绿化落地上图制度、精细化管理，实施"双重规划"项目、国土增绿试点示范项目、荒漠化防治与"三北"工程项目，做到"精准确定造林空间，科学安排绿化用地""以水定绿适地适绿，科学确定植被种类""因地制宜精准施策，科学组织设计施工""完善养护管护制度，确保科学绿化成效"，深化森林城市、森林乡村创建，实现城乡绿色全面振兴。到 2050 年，全省森林覆盖率可恢复至 50% 以上，那时有山皆绿、有水皆清，山披锦绣、水墨丹青，创造出新的绿色奇迹。

五、绿色碳库增容大趋势

碳，在地球上有"四库"——绿库、蓝库、灰库、黑库。四大碳库，彼此独立，又相互联通，形成"四库四碳"大循环。目前，"四库四碳"面临的总体形势，可以简单概括为：黑碳超排、灰碳超载、绿碳未满、蓝碳未知。生态空间是绿色空间，也是绿色碳库。绿色衰败的过程，其实也是绿色碳库衰败的过程。长期以来，人们并没有关注生态系统在维持碳—氧平衡中的重要作用，不知道绿色碳库储存了多少碳，还能增储多少碳，只知道黑碳是由古老的绿色植物的绿碳转化而来。与人口爆炸一起汹涌而来的还有污染物爆炸——水污染、空气污染、土壤污染、海洋污染等。特别是工业革命以来，人类大量开采黑色碳库，广泛使用化石能源，大规模排放二氧化碳等温室气体，引发全球气候变暖，影响极为深远。气候是地球生物圈普惠的公共产品。捕捉碳、收集碳、碳调控，实现碳达峰、碳中和，维护全球气候稳定，已成为全人类面对的共同课题。由此，生态系统所具有的碳汇功能受到重视。碳元素构成了所有生物的基本架构，生物量的增长亦是碳基增长。生态系统保护修复，必然提升生态系统碳汇能力，生态空间治理必然促进绿色碳库储碳增容。

2012年至2022年，陕西省森林、草原、湿地、荒漠年碳汇量由4100万吨增至4900万吨。2022年，全省2.2亿亩绿色碳库碳储量达到34亿吨。目前，陕西绿色碳库只存有半库碳，即半库满、半库空。从发展阶段分析，全省中幼龄林占乔木林的71.8%，单位面积森林蓄积量达到全国平均的64%。随着幼树成长、小树变大，森林碳库碳汇量处在加速增长期。植被净初级生产力分析研究表明，2012年到2022年全省县域生态生产力全部处于增长态势，渭河以北黄土高原绿色新区引领了全省绿色碳库增长。今后一个时期，全省绿色碳库碳汇能力将会全面增长，而绿色新区依然是绿色碳库增长极。2023年，自然资源部、国家发改委、财政部、国家林草局印发《生态系统碳汇能力巩固提升实施方案》，以"双碳"战略为引领，以维持碳氧平衡为主攻方向，以生态系统碳汇能力巩固和提升两个关键、科技和政策两个支撑为主线，描绘了2025年、2030年时间任务表和行动路线图。陕西省先行探索绿色碳库建设实践，启动百万亩绿色碳库试点示范基地建设、双储林场国家储备林体系建设，率先创新绿色碳库理论体系和政策框架，建立健全绿色碳库扩容增汇、产能升级的示范模式和激励机制，形成了多元化绿色碳库碳汇价值转化路径。应对气候变化，推动碳达峰碳中和，已经成为生态空间治理的使命担当。促进绿色碳库增容，已是绿色未来的大趋势。

六、防护功能提升大趋势

森林具有生态防护功能，也就是绿色屏障、生态屏障功能。防护林与特种用途林一起构成生态公益林。很长一个历史时期，人们简单地认为森林是可以再生的资源。长期以来，森林向人们提供了食材药材、木材薪材。同时，也因难以承受过度索取而出现森林衰败。当森林退却后，其生态屏障功能、生态防护作用也随之消退，水土流失、旱涝交替、风沙四起，不仅使经济社会发展环境风险增加，自然生态系统也深受其害。双重风险叠加，迫使人们重新认识森林，重新认识生态系统的多重功能。人们越来越深刻地认识到，森林提供的食材药材、木材薪材资源具有缓慢的可再生性，而森林生态系统的多种功能性具有不可替代性。人们需要立足发展可持续性，权衡森林资源可再生性与森林生态不可替代性，特别是生态永动机散架、崩盘后难以复制、还原的严重后果。天然的森林、草原、湿地资源并非人类独享，而是万物共生共享。森林是绿色水库，对淡水缺乏地区尤其重要。森林、草原、湿地把降水而来的淡水蓄滞留下来，而不是让其直接产流入河入海。地球不缺水，人类缺淡水。蓄滞留淡水对人与自然好处多多。森林、草原、湿地减少带来的问题由来已久。森林是陆地生态系统的主体，森林绿色是生态绿色的主体。恢复重建森林绿色的重点是恢复重建防护林体系——水源涵养林、水土保持林、防风固沙林以及生产防护林、道路防护林、堤岸防护林等等。长江流域坡垆山峭、土层较薄，以水源涵养林为主体；黄河流域水土流失、风沙较重，以水土保持林、防风固沙林为主。目前，虽然人们尚没有发明评价防护能力、防护潜力、防护价值的有效工具，但并不影响其在水源涵养、保持水土、防风固沙以及促进农业生产、维护道路堤防安全上发挥重要作用。多年来，陕西坚持以绿治黄、以水定绿，创造了黄土高原绿色复归的奇迹。黄河水流泥沙含量大幅度减少，就是水土保持林发挥的显著效果。目前，全省防护林面积9780万亩，占森林面积的69.1%；防护林蓄积量4.9亿立方米，占森林蓄积量的80.8%。恢复重建的防护林，80%以上还是中幼林，小树防护林向大树防护林发展是必然趋势。陕北黄土高原是绿色新区，也是防护林建设的重点区、优先区。要加快推进黄河流域生态保护和"三北"工程建设，站位创造新奇迹，定位创建示范省。坚持新造林以防护林为主体，同时，推进退化防护林升级改造，形成健康的防护林生态系统。前人栽树，后人乘凉。未来一个时期，各类防护林陆续进入成熟期，防护林的防护能力、屏障能力加速提升，森林生态系统功能也将同步提升，森林多功能性将得以充分显现，将会呈现更多山清水秀的生态空间。

七、生物多样性丰富大趋势

生态永动机由无数物种共生而成，是无数物种共生的生物池，进而形成生物多样性的大本营。如同组成生态永动机的零部件，万千物种各有其特定的生态位，一体共生共建共享生态永动机。一个零部件损伤缺位，另一个替补，生态永动机才能健康运作。一些零部件属于关键零部件，即关键物种，在生态永动机运作中发挥关键作用。还有一些物种是关键中的关键，能够阻止生态系统彻底崩溃。物种之间彼此连接、相互依存，结成食物链、生物网，俨然是生产与消费、竞争与合作的生命共同体。每一物种都是生态永动机工程师、生态系统程序员、山清水秀保洁工、美丽风景塑造者。昆虫帮助植物授粉，植物以花蜜回报；动物食用植物叶子，帮助植物传播种子。生态永动机的稳定性、持续性源于生物多样性，它是地球生物圈生机盎然的根本。从某种意义上说，生命有"稀稠"。生物多样性丰富，就是较多的生命以较复杂的形式聚集在一起，就是生命稠密现象；反之，生命稀疏，也就是较少的生命以简单的形式聚集在一起。每一物种的形成与发展，都会驱动生态系统向更高阶段进化，但人类文明的高速发展却是个例外。人类文明发展过程中过多侵蚀生态系统，不断分割、剥离生态空间，致使栖息地岛屿化、碎片化，生态承载力降低、生物多样性减少。较大的哺乳动物不可能在较小的栖息地生存。保护修复留存栖息地、维护生物多样性，已经成为人与自然和谐共生的重要尺度。绿色植物是生态系统初级生产者，处在生态金字塔的底部。绿色植物生产力不足，必然引发生态金字塔摇晃动荡直至坍塌。因人进林退、绿色缺失，曾经完整的栖息地变得支离破碎，生态金字塔底松动致使物种灭绝。华南虎杳无音信、顶端生态位出缺，如今野猪坐大，成为一大生态隐患。

到目前为止，人们尚无力绘制具有全息性的生物多样性地图，但这并不影响推进生物多样性保护事业发展。我国颁布实施了有关森林、草原、湿地、野生动物保护的相关法律以及加入《生物多样性公约》，奠定了我国生物种多样性保护的制度基础。中共中央办公厅、国务院办公厅《关于进一步加强生物多样性保护的意见》明确提出"扎实推进生物多样性保护重大工程""共建万物和谐的美丽家园"。基因是带密码的遗传物质，基因多样性是生物多样性的根本，物种多样性是基因多样性的载体。陕西是生物多样性大省，也是生物多样性恢复增长的热点省份。全省种子植物、陆生脊椎野生动物分别占全国的14%和30%。2000年以来，全省有记录的种子植物由4377种增加到4889种，年均增加20种以上；陆生脊椎野生动物由604种增加到792种，年均增加8种以上。特别是鸟类，被食物和环境吸引，成功迁入陕西。"朱鹮涅槃"创造了一个时代的经典，"野生再现"成为一个时期的常态。物种更替，生生不息。生态空间绿色复兴夯实生态金字塔底，必将支持物种数量和种群规模继续保持较快恢复增长态势。专家推断，还有物种等待发现或是等待迁入，2050年前陕西有录入信息的种子植物将达到6000种以上，陆生脊椎野生动物将达到900种以上。栖息地缩水是物种存续最大威胁，栖息地扩张必定是物种发展的福祉。建设以国家公园为主体的自然保护地体系，构筑生态空间连通廊道，增加生态系统性、连通性，消除生物多样性发展空间障碍，增强野生动植物栖息地拓植能力，让自然选择推动生物进化。秦岭是我国动物地理古北界与东洋界和合之地、全球生物多样性热点之地，也是生态高产区、生态保护关键区。建设大熊猫国家公园、秦岭国家公园、秦岭国家植物园，三园并进大势已成。以秦岭四宝、秦岭三园为主体，要全面深化野生动植物保护事业和自然保护地体系建设；实施好生物多样性保护重大工程，突出红豆杉、珙桐、朱鹮、大熊猫、羚牛、金丝猴等明星物种保护，构筑本土特色的生物多样性保护体系和保护网络，加强重点保护野生动植物常态化监测；建立健全生物技术环境安全评估与监管技术支撑体系，构筑生物多样性保护网络，巩固生物多样性丰富发展的大趋势。

八、生态产品价值实现大趋势

生态产品是中国式生态文明的新概念。2021 年中共中央办公厅、国务院办公厅《关于建立健全生态产品价值实现机制的意见》明确提出"两个全面"，"到 2035 年，完善的生态产品价值实现机制全面建立，具有中国特色的生态文明建设新模式全面形成"。其实，生态产品古已有之，我们要有联系地、全面地看待生态产品价值转化。仔细想想，人类发展本来就是生态产品价值转化的最大成果。农业空间、城镇空间是从元空间转化来的次生空间，第一、二、三产业是从元产业转化来的次生产业。很久以前，生态产品价值利用的一种重要方式就是"风景"。人类是生态系统边缘生物。亲水亲绿亲自然是人类的天性，河边、湖边、海边、林边、草边都是好风景。人们竞相在风景好的地方聚集，逐步聚拢成为群落，进而演进为村庄、城镇空间。农田、城镇多沿海、沿江、沿河发展，由点及面、由低向高，或"摊饼式"或"藤蔓式"，渐次剥离、侵蚀、挤压湿地、森林、草原空间。空间具有唯一性，农业空间、城镇空间是表层空间，其底层空间曾是生态空间。因人口增长，过度占用生态空间，生态永动机空间载体缩水，生态生产力下滑，引发生态产品稀缺、生态环境危机。与此同时，人类又创造出了新的边缘地带。于是，人们再出发，在郊野寻找新的好风景，选择边缘地带建造别苑。之前，曾简单以为森林是林业空间、草原是牧业空间、湿地是渔业空间，生态资源产业化是历史潮流。如今，建立三大国土空间规划体系后，森林、草原、湿地是生态空间，以提供生态产品为主体功能是大趋势，生态保护补偿、生态产品价值转化需要探索新路径。森林、草原、湿地好比是树木，生态产品好比是树荫，只卖树荫不卖树木。无树无荫，树大荫大。既要做足功夫，促进树木茁壮成长，又要千方百计，让树荫有个好价钱。

树荫是地道的生态产品，也是多样化生态产品，包括固碳释氧、调节气候、涵养水源、保持水土、蓄滞洪水、防风固沙、降噪纳尘以及提供适宜的气候、优美的风景。在科学保护前提下，依托独特的自然禀赋，发展人放天养、自繁自养等原生态种养模式，实施精深加工，拓展延伸生态产品产业链和价值链；依托洁净水源、清洁空气、适宜气候等自然本底，适度发展数字经济、洁净医药、电子元器件等环境敏感型产业，推动生态优势转化为产业优势；依托优美自然风光、历史文化遗存，盘活废弃矿山、工业遗址、古旧村落，融合生态文化，高质量发展多样态旅游。

九、大径材高标林发展大趋势

这里是本源的林业、地道的林业，也是林地中商品林地上的林业，林业也是在元产业基础上衍生的次生产业。古老的中华家园，繁茂的参天大树，早已被采伐清空。人进林退是长历史过程，以千年为计时单元；人退林进的时间并不长，以十年为计时周期。目前，各类林地上的林木，总体上"小树当家"。所见大树，皆为曾拥有"免伐金牌"的特种用途林，集中在自然保护区、风景名胜区或文物保护单位。现存的大树支持着完整的生态系统、风景资源，与木材生产无关。在专门用材林地上，多次采伐过后，有树无材，树不成材。

国内缺乏大径材、栋梁材，已是中国林业的硬伤。树木成材周期长，大径材、贵重材生产尤其如此。建设国家储备林基地是关系国家木材安全的战略举措，也是保护生态公益林的必然要求。坚持政府主导、国企主体、林场主营，长期与短期项目结合、产业振兴与生态振兴结合、林业产业与文化旅游结合，因地制林、因林造材，新建和改培用材林，推动密树变稀、弯树变直、小树变大，形成一批大径级木材生产基地。在经济林地，面积大而单产低，亦是中国林业的硬伤。特别是核桃，面积超过千万亩，亩产不足 100 斤，只有核桃生产标准亩产量的 1/4，若有 1/3 改建为标准园，其产能将超过现在全部核桃园。条件不好、建园粗放、改造难度大的经济林，要及时调整生产经营方向，加快"腾园转型"，切勿守株待兔、坐享其成。核桃、花椒、冬枣是陕西林产三宝，要坚持高质量建设高产高效标准化的核桃园、椒园、枣园，优先发展市场竞争能力强、带动种植农户多的龙头企业，形成集约节约产业化的林产经济体系已经是形势所迫、大势所趋。

林麝分泌如金子一般珍贵的麝香。林麝是一级保护动物，由猎到养是一大转型，也是一大进步。全国麝业看陕西，陕西麝业领跑全国。产业体系和资源优势决定陕西麝业独大的业态格局将会持续很长时间。目前，人们难以增加麝香产量，也无法改善麝香品质，但积极作为、科学经营可以降低灾害风险，避免资源浪费。麝业是新兴产业，麝业链就是创新链，要推进全产业链创新，持续增强陕西麝业竞争力。

十、绿色国土美丽人居大趋势

绿色是金，绿色为民。在万物和谐共生的中华家园里，陕西家园是内园、核心园。恢复古老家园的生机活力，要精心细致、一丝不苟、久久为功。在推动生态空间绿色革命，提高森林覆盖率、草原植被盖度，全面恢复地道的生态产品供给能力的同时，推进农业空间、城镇空间规范植绿、见空插绿，提高城镇绿化率、绿地率，全力营造"森林拥城、车在林中、人行树下、开门见绿"的生态胜景。绿色生命系统从生态空间向农业空间、城镇空间延伸扩展，构成山清水秀、风景如画的美丽长卷。生态绿与生产绿、生活绿深度耦合，相得益彰。绿色全面复兴就是生态永动机全面复兴，是奠定中华民族长盛不衰的生态基础。各地城市新区也是绿色新区，自 2009 年宝鸡市率先成功创建国家森林城市以来，西安、延安、安康、商洛、汉中、榆林、咸阳 7 市也先后被评为国家森林城市，48 个县（市、区）创建为省级森林城市，300 个行政村被认定为"国家森林乡村"。"十四五"期间，陕西将实现国家森林城市全覆盖，未来陕西将全面建成森林省。森林城市实行动态管理，每三年一轮复查复检。建设森林城市永远在路上，年复一年，年年都是新版本。从不是森林城市到创建为森林城市，从低版本森林城市到高版本森林城市，绿水青山就是金山银山理念走进生活，人与自然和谐共生的现代化照进现实。中国人正在古老的中华家园创造返璞归真的现代化，创造 21 世纪人类文明新形态。

美丽的地球是人与万物共生的生态家园，自然选择是生态家园永恒不变的家规。人类文明可持续发展必然建立在可持续生物圈、可持续生态家园的基础上。绿色是地球生态家园的基底，人绿和谐是人与自然和谐的基底，是实现可持续发展的必由之路、光明之路。绿色趋势向深绿，绿色未来是深绿。走向深绿是中国式现代化的一盘大棋，也是人类可持续发展的一盘大棋。绿色投资是形成永续发展的自然资本，是最具有世代共享价值的不朽投资。与自然结盟，向绿色伸出和谐之手，迈出和谐之足，关键是实现与自然的空间约定：把一定数量的国土空间留给生态，留给绿色，推动生态永动机高效运转，让自然更好地生产。来吧，开始一场与自然的空间约定，达成一项关系人类前途命运的全球共识，站在迈向深绿未来的新潮头。

未来已来，行将必至。绿色是中国的，也是世界的。绿色是万物共享的和谐色。全球"人口爆炸"正在退潮，"污染物爆炸"终将受到遏制、治理生态空间、管理生态系统、推动绿色发展已进入关键时期。要讲好绿色故事，编织好通往深绿未来的精神护栏，构筑持续经略绿色的社会基础。要顺应绿色未来之势，奉行人绿和谐之策，走实迈向深绿之路，让生态绿色账户长期盈余，让绿色天堑变为绿色通途，让人类文明永续发展的前景更加广阔。

舌尖与马桶

人是生物，与生态系统中的其他生物组成生命共同体。人无法独自生存，无法脱离大自然织造的生物体系、生态系统。每一个家庭，都有与大自然互通的门窗，与生态空间、农业空间联通的厨房与厕所。

生态空间是国土空间中的母体空间，承载着生态系统，提供着丰富的生态产品，包括固碳释氧、调节气候、涵养水源、保持水土、蓄滞洪荒、防风固沙以及食材药材、木材薪材和自然景观。绿水青山就是金山银山，也是地道的生态产品。

人口数量和消费能力增长，意味着生态产品需求增长。同时，也表现为"舌尖"的增长、"餐桌"的增长。这时，从生态系统中获得的地道的生态产品已难以满足人的发展需要，或是生态永动机生产生态产品的能力已不能满足人的需要。于是，在生态空间基础上，人类开辟了农业空间，以生产生态产品的替代品——农产品。农业空间的底层是生态空间，是森林、草原、湿地，在清除天然植被、改变地表面貌后，转化为农田、菜地、果园、草场。满足人类全面发展的多样化需求，人类又在国土空间中相继开辟了城镇空间、线性空间，制造出生态永动机所不能提供的产品。

纵观人类的发展历史，舌尖上的需求呈现持续增长的大趋势。这一大趋势，带动食物链产业链供应链持续延展，一方面不断侵蚀、掏挖生态系统以获得更多地道的生态产品；另一方面扩大农业空间以生产更多农产品，导致挤压生态空间，导致森林减少、草原退化、湿地萎缩……

随着农业科技进步，农业生产经营方式与时俱进，农户不断整理土地、改善物理条件，不断增加化肥、农药、薄膜、机械投入，不断更换新的作物和畜禽品种。由此获得了稳定的农业生产力，从而减轻了舌尖上的需求所造成的生态空间压力。全面建设高标准基本农田，必将为稳定国土空间大格局打下坚实基础。

中国与美国国土空间规模相当，而中国人口规模远大于美国，中国国土空间承受了更大的来自舌尖上的压力。中国诸多生态问题、经济问题、发展问题，皆与此有关。正因为如此，我国应当珍惜每一寸国土空间，科学配置、高效利用每一寸国土空间。

威廉·配第在《政治算术》中指出："劳动是财富之父，土地是财富之母。"[1]财富有父亦有母。正是在这个意义上，所有地道的生态产品及其替代品——农产品，不仅对应连接着农民的辛勤劳作——财富之父，而且对应连接着农业空间——财富之母。餐桌上的每一个馒头、每一粒米饭、每一片蔬菜、每一块肉蛋、每一勺汤水、每一颗水果等等，都来自特定的农田、菜地、果园、草场。每一顿饭所消费或者浪费的食物，都对应着一定农业空间上的产出。我国饮食消费巨大，餐桌浪费也十分惊人。据有关资料介绍，全国每年浪费的食物1700多万吨，相当于4000万人口全年消费量，这比陕西食物消费总数还多。

民以食为天，舌尖连空间。舌尖上有美食，亦有生态、有经济、有文化、有底线。推进餐桌上的绿色革命、舌尖上的绿色革命，直接关系农业空间上的绿色革命、生态空间上的绿色革命，这三大绿色革命发生在不同场景、不同空间，却相互连接在一起。表面上挥霍浪费的是粮食，本质上挥霍浪费了农业空间、生态空间，挥霍浪费了极为稀缺的国土资源；

---

[1]［英］威廉·配第：《政治算术》，商务印书馆1999年版。

表面上挥霍浪费是个人消费问题、私德小事，本质上是国土空间利用问题、公德大事。在某种意义上，倡导"一顿饭的改革"，推进"餐桌上的绿色革命"，就是人与自然关系的再调整、再平衡。弘扬节俭朴实风尚，养成用餐文明习性，有利于减轻农业空间、生态空间压力，有利于推动美丽中国建设。

舌尖饮食有来处，必有去处。厨房服从舌尖，舌尖万物尽入马桶。马桶是厕所的核心装置，厕所的前身是茅房，其核心装置是茅坑。茅坑之前是荒天野地，来自自然回归自然。茅坑收集了有形的粪便，来自生态系统中的养分又回归了生态系统，支持着生态永动机年复一年、循环往复。传统农业社会，曾经"十里不贩菜、百里不贩粮"，如今逐渐走向都市化、国际化、全球化，供给天南海北的城镇丰富多样的美食，皆是国内外农田、菜地、果园、渔场、牧场、草原、森林的产物，其归途尽是马桶，一冲了之。

不用再费心思想象马桶冲走的各类物质都去了哪里，也不用再讨论令人生厌的河流、湖泊、海洋富营养化问题。它们将随波逐流，过黄河、跨长江、入海洋。在神不知鬼不觉中，农田、菜地、果园、渔场、牧场、草原、森林，出现了"营养不良"，并由此导致生态系统功能和生产力衰退。

人类进入了马桶文明时代。马桶在持续地冲冲冲，冲走了海量的营养生命物质，冲走了生态可持续能力。显然，马桶是人类文明的生态漏洞。人类经济社会活动，总是发生在特定国土空间，必然带来国土空间的关联效应。农田、菜地、果园的营养物质流失后，其经营者从市场交易中得到了价值回报，购买营养物质（化肥）回报土地，投入工业制造的物品，维持年年岁岁的农业生产经营活动。这种现代的农业生产经营方式，增加了农田土壤污染、农村面源污染，很难称之为"绿色发展"。三大空间、水、食物、能源的使用，存在极强的空间关联效应。从生态物质转化视野观察，现代农业就是水利农业、石油农业、煤炭农业、天然气农业等等，马桶冲走来自农业的物质，也是水、石油、煤炭、天然气。

与农业空间不同，生态空间陷入了公地悲剧。经过放牧活动，生态财富转化为经济财富，公共资产转化为个人资产，并再度转化为市场交易品。这是一个草原生态系统失去养分的过程，也是草原生态功能衰退的过程。无序放牧导致草原生态退化以及沙化荒漠化。森林、湿地陷入了与草原同样的命运，只是方式方法不同，而机制原理如出一辙。

不仅有公地悲剧，还有比公地悲剧更大的公气悲剧、公水悲剧。空气和水，原本只是所有生命须臾不离的自然物质。工业化、城镇化以来，空气和水也是工业制造业、商业服务业的必需品。工商业既使用了来自自然界的空气和水，又排放了改变成分的空气和水。空气和水是"自然公地"，人们无序利用、过度利用空气和水，威胁生态安全、生命安全。因此，在产权制度上设计出地权、林权、水权、排污权、排碳权……

人类有人类的算法，自然有自然的算法。人类算法源于大脑的运算，而自然算法则源于千万年生态演化形成的生命基因密码。人类的算法是社会生产力，自然的算法是自然生产力、生态生产力。在地球生物圈中，人类是单一物种。人类以一己之力，在数千年时间里，特别是近200年，让地球生物圈面貌发生了重大变化。这足以说明人类的算法和算力非常卓越。除了人类，地球生物圈还有数以百万计的物种，它们的算法远不及人类出色。但是，它们一刻也没有停止，一直在沿着祖先设定的方向和路径运算。因为挡不住人类算力的锋芒，选择了避让、沉默抑或是隐迹、逃遁。然而，地球生物圈不可能只有人类一个物种。相信人类的超级算法和超级算力一定能够算出人与自然和谐共生的关系。

人类根据自身的算法，把地球表层分为森林、草原、湿地、沙漠、戈壁、滩涂、荒地、海洋等。这些自然景观，原本是自然运算的结果。按照人类的算法，人类从大自然中选择了能够利用的植物、动物栽培饲养。厚此薄彼，人类只能清除天然的森林草原植被，开辟农田草场。人类也在不断改善算法，从种养业到加工业，从乡村到城市，从农业算法到工业算法、商业算法，再到信息算法，直至大数据算法，势不可挡。

然而，大自然只有一种算法，这就是生态算法。这是一种天荒地老、生生不息、持续千年万年的古算法。古老的生态算法，由自然编辑密码。直到今天，人类仍未完全破解生态算法的密码，以至于人类算法与生态算法不兼容，这也是生态灾难降临的一个客观原因。生态算法可以不理会人类算法，而人类算法无法忽视生态算法。人类不应该为目前已掌握的超级算法而沾沾自喜，应该躬身自问：当代人类的超级算法能敌得过古老的生态算法吗？

　　21世纪人类面临的一个共同课题，就是以超级算法破解生态算法，实现人类算法与生态算法的深度耦合，从而实现生态产品、生态过程、生态系统的高效利用。从无序到有序、从过度到适度、从粗放到集约、从舌尖到马桶，实现生态中和、人与自然和谐共生，进而建立人类文明发展新秩序、新路径。

绿色未来：绿色发展与发展绿色

生态环境中的绿色，其核心承载物是叶绿素。叶绿素是生态永动机的芯片。绿色未来，代表着大自然未来的样子，代表着优质的生态产品、优美的生态环境，代表着高质量的生态系统、山清水秀的生态空间。

可以这样简单理解绿色发展的含义，经济发展过程是生态友好型的、绿色的，而不是生态不利型的、黄色的，更不是生态危害型的、血色的。可见，绿色发展中的"绿色"二字，非具象之意而是抽象之意，本义为发展生态产品消费少、生态过程干预少、生态空间占用少的经济，从此衍生出经济发展的"绿色含量"问题。生态产品消费少、生态过程干预少、生态空间占用少，即发展的绿色含量高；反之，则为发展的绿色含量低。有的经济活动，排放量低，看似清洁，实则直接侵占生态空间、干预生态过程、损伤生态产品生产能力。全球生态系统面临的最大问题，就是经济发展过程留下了巨大的生态足迹，过度消费生态产品、过度占用生态空间、过度干预生态过程，生态消费需要远远超过生态生产供给，导致严重的生态透支、生态赤字。我们如果用绿色含量代表绿色发展水平，一定存在浅绿、深绿之别。血色、黄色、浅绿、深绿，代表着不同的绿色含量。应该有的放矢地实施不同力度的约束与激励政策，形成完备的绿色发展政策体系。

发展绿色是指具象的绿色，发展绿色就是恢复生态生产秩序，恢复生态系统元气，恢复生态空间含绿量，建构生态生产力，它主要是指新林业部门在国土空间上所做的事。绿色植物是生态系统的初级生产者，决定着生态生产力。森林、草原、荒漠具有不同的绿色含量，森林最高，草原次之，荒漠再次之。在森林、草原、荒漠生态系统内部，也有不同绿色含量。在一定意义上，含绿量代表着生态空间的绿色生产力，代表着生态产品、生态服务供给能力。湿地生态系统连接着陆地与海洋，连接着森林、草原、荒漠。湿地绿色含量，也是湿地生产力与其连接的生态系统所具有的极为密切的联系。森林、草原、湿地、荒漠四大生态系统耦合而生、无缝衔接、连续布展在国土空间上，四位一体和合为生态空间。所谓生态保护与修复，就是保护与修复本真的生态永动机，保护与修复生态空间本来的样子。2023年6月22日，发表在《自然》杂志上的一项新研究发出警告，在多种因素的驱动下，地球生态系统崩溃的速度可能比科学家所想象的要快得多。可见，保护修复生态永动机刻不容缓，生态空间治理已是人类共同面对的全球事务。

绿色发展主要是次生产业发展、次生空间治理的那些事儿。在次生产业发展过程中生态消费、生态干预、生态占用过多，生态足迹过大，这是地球生态危机的总根源。严格控制次生产业发展带来的生态消费、生态干预、生态占用，必定是解决地球生态危机的总策略。一次次生产业——种植业、养殖业集中发生在农业空间，二次、三次次生产业——制造业、服务业集中发生在城镇空间。因而，农业空间、城镇空间也是实施绿色发展政策体系的主体空间。要实现GDP可持续增长且不侵害GEP增长，促进GDP与GEP协同增长，既要实现碳达峰、碳中和，又要实现"水达峰""水中和"，实现"用地达峰""地中和"……最终实现"生态中和"。

发展绿色就是生态保护修复，在生态空间上恢复生态永动机性能，发展元产业、治理元空间的那些事儿。实行封山禁捕、封林禁伐、封草禁牧、封河禁渔，治理沙化荒漠化土地，健全森林、草原、湿地休养生息政策体系。建设自然保护地体系，划定生态保护红线，建立生态保护补偿机制，应保尽保、应补尽补。植树种草，为生态空间定植生物坝，构筑生物池，建设高质量的防护林体系——水源涵养林、水土保持林、防风固沙林、生产保障林，让更多的山水成为青山绿水。发展生态旅游、生态康养、自然教育、自然体验、民宿经济、林下经济，探索多种形式生态产品价值实现路径，建设生态空间加载生态友好型经济体系。加强生态空间安全治理，建立健全有害生物防控、森林草原防火、猎伐野生动植物和侵占生态用地的风险管控体系。

大自然缔造的国土空间，原本是连为一体、相互贯通的，一体性、贯通性也是国土空间的本质属性。农业空间、城镇空间使用空气，吸入并消费了自然纯净的空气，经过生产过程排出并改变了气体的成分。改变了成分的空气受到污染，飘移进入生态空间后，生态永动机稀释、净化空气，生产出自然纯净的空气会再度供给农业空间、城镇空间。气体流动力学告诉我们，空气流动是有规律的，生态空间中生态永动机的性能是有限的，农业空间、城镇空间向空气排污是应该设限的。

水很特别，固态、液态、气态三态循环。人们最常利用的是液态水，包括地表水和地下水。迅速发展的农业化、城镇化并不能显著改变降水规律，却因地表水、地下水跨时空利用而大大改变了水循环。城镇是人口活动中心，也是水消费中心，而增加的水消费主要来自生态空间。由此，出现了大规模的引水工程、输水管线，还有电力、石油、天然气、食物……在人力作用下，实现三大国土空间联通，人类建构了形态多样的线性工程，形成了国土空间中的线性空间。在自然联通的基础上，出现了人工联通。在风雨雷电之外，人类也进行物质能量的空间大挪移。人类世的挪移规模量级，超过了以往任何地质年代。人类世空间大挪移深刻地改变了空间关系、生态机制、景观格局、地理面貌。

人类活动总是发生在特定国土空间上，必然带来空间关联效应。空间、水、食物、能源的使用，都有极强的空间关联效应。城镇空间扩张必然压缩农业空间，农业空间扩张又挤压生态空间。城镇空间具有极高的经济价值，也具有很强的私人产品属性；生态空间具有极高的生态价值，却具有很强的公共产品属性。生态空间是国土空间的母体空间，生态永动机是人类文明的母机。生态空间永动机提供的生态产品、生态服务具有生态溢出效应，农业空间、城镇空间都从生态溢出效应中获益。生态溢出效应超出了生态空间主体的实际控制，农业空间、城镇空间完全可以"不劳而获"。这也是长期以来生态空间向农业空间、城镇空间单向输出、贡献馈赠的深层原因。一再挤压、一再掏挖，生态永动机性能一再降等降级，再也无法维持单向输出。于是，人类利用农业空间、城镇空间发展成果回馈生态空间，推动生态保护修复，恢复生态永动机性能。从自然到人的单向馈赠再到人与自然的双向互馈，这是人类文明新形态的重要标志。

拥抱绿色就是拥抱未来。要推动农业空间、城镇空间绿色发展，用绿色发展成果反过来回馈生态空间，促进生态空间发展绿色，推动生态永动机生产更多的生态产品，提供更好的生态服务。绿色发展的着力点在人、在产业、在经济社会，发展绿色的着力点在自然、在生态、在永动机。绿色发展与发展绿色，如同人与自然和谐共生之两翼。实现生态空间颜值、产能双达峰，实现生态生产与生态消费均衡发展，实现人与自然生态中和，必将是人类文明新形态，也是人类文明发展的最高形态、最美梦想。

参考文献

［1］艾尔弗雷德·W.克罗斯比.哥伦布大交换：1492年以后的生物影响和文化冲击［M］.郑明萱，译.北京：中信出版集团，2018.

［2］唐纳德·沃斯特.自然的经济体系：生态思想史［M］.侯文蕙，译.北京：商务印书馆，1999.

［3］S.E.约恩森.生态系统生态学［M］.曹建军，赵斌，张剑，等，译.北京：科学出版社，2017.

［4］杰拉尔德·G.马尔滕.人类生态学：可持续发展的基本概念［M］.顾朝林，袁晓辉，等，译.北京：商务印书馆，2012.

［5］王天仕.人类生物学［M］.北京：科学出版社，2010.

［6］赫尔曼·E.达利，小约翰·B.柯布.21世纪生态经济学［M］.王俊，韩冬筠，译.北京：中央编译出版社，2015.

［7］丹·帕尔曼，杰弗里·米尔德.实践生态学［M］.李雄，孙漪南,译.北京：中国建筑工业出版社，2017.

［8］张雪萍.生态学原理［M］.北京：科学出版社，2011.

［9］彭少麟，周婷，廖慧璇，等.恢复生态学［M］.北京：科学出版社，2020.

［10］Eddy vander Maarel，Janet Franklin.植被生态学［M］.杨明玉，欧晓昆，译.北京：科学出版社，2017.

［11］段昌群，苏文华，杨树华，等.植物生态学［M］.3版.北

京：高等教育出版社，2020.

［12］伊懋可.大象的退却：一部中国环境史［M］.梅雪芹，毛利霞，王玉山，译.南京：江苏人民出版社，2014.

［13］濮德培.万物并作：中西方环境史的起源与展望［M］.韩昭庆，译.北京：生活·读书·新知三联书店，2018.

［14］比尔·盖茨.气候经济与人类未来［M］.陈召强，译.北京：中信出版集团，2020.

［15］托马斯·贝里.伟大的事业：人类未来之路［M］.曹静，译.北京：生活·读书·新知三联书店，2005.

［16］科林·塔奇.树的秘密生活［M］.姚玉枝，彭文，张海云，译.北京：商务印书馆，2015.

［17］戴维·塞德拉克.人类用水简史：城市供水的过去、现在和未来［M］.徐向荣，等，译.上海：上海科学技术出版社，2018.

［18］弗雷德·皮尔斯.全球水危机：节约用水从我做起［M］.张新明，译.北京：知识产权出版社，2010.

［19］布雷恩·里克特.水危机：从短缺到可持续之路［M］.陈晓宏，唐国平，译.上海：上海科学技术出版社，2017.

［20］比尔·金.投资自然［M］.刘炳艳，张薇，译.北京：中国环境科学出版社，2009.

［21］党双忍.林政之变：21世纪中国林政大趋势［M］.西安：陕西人民出版社，2023.

［22］温宗国，王毅，王学军，等.新时代生态文明建设探索示范［M］.北京：中国环境出版集团，2021.

［23］周淑贞，张如一，张超.气象学与气候学［M］.3版.北京：高等教育出版社，1997.

［24］贺庆棠.森林环境学［M］.北京：高等教育出版社，1999.

［25］邱道持，邱继勤，杨庆媛，等.国土空间治理学导论［M］.重庆：西南师范大学出版社，2020.

［26］杰里米·里夫金.零碳社会：生态文明的崛起和全球绿色新政［M］.赛迪研究院专家组，译.北京：中信出版集团，2020.

［27］吕植.中国森林碳汇实践与低碳发展［M］.北京：北京大学出版社，2014.

［28］王金南.生态产品第四产业理论与实践［M］.北京：中国环境出版集团，2022.

［29］西尔维娅·S.马德，迈克尔·温德尔斯普希特.读懂自己：我们的身体，我们的由来［M］.北京：北京大学出版社，2022.

［30］英国DK出版社.生态学百科［M］.刘利民，罗新兰，刘玥，等，译.北京：电子工业出版社，2021.

［31］爱德华·威尔逊.生命的未来［M］.杨玉龄，译.北京：中信出版集团，2021.

［32］艾伦·韦斯曼.没有我们的世界［M］.王璞，译.上海：上海三联书店，2022.

［33］史钧.其实你不懂进化论［M］.北京：世界图书出版公司，2020.

后　记

　　无数高尚的人，心怀绿色愚公之志，凝心聚力结成生态绿军，昂扬奋进在深绿之路上。

　　在我 60 岁生日来临之际，省林业局办公室诸位同志主动请缨，将多年来我所创作的且具有一定价值的文论作品——收集整理、分类编辑，形成了这本《绿色未来——生态空间理论与实践》。这令我深受感动，顿觉生命厚重。这是我迈入花甲之年后收到的最厚重、最珍贵的礼物，也是标注我人生 60 个年轮节点的重要纪念册。

　　我担任省林业局局长的几年，正值加快国家治理体系和治理能力现代化建设，持续深化国家机构改革的重要时期。适应新时代生态文明建设需要，林业部门进入了实质性再造阶段。2018 年国家机构改革，把草原治理划归新组建的林业部门（简称"新林业部门"），与森林、湿地、荒漠一起，将陆地四大生态系统整合在一个部门，可谓是"四位一体"。原来分散在不同部门的各类自然保护地、风景名胜区，亦统一划归新林业部门集中管理。至此，中国构建起新林业部门"4+1"治理新格局。站在人与自然和谐共生的高度，我们清醒地意识到这是 21 世纪人类最为深刻的"林政之变"。绿水青山就是金山银山，21 世纪中国新林业部门肩负着建设绿水青山，保护修复生态永动机的神圣使命。我们要走好深绿之路、奋进深绿之路，让万千物种生生不息、世代永续，让万千物种与人类共享绿水青山、和谐共生。

这一时期，国家启动国土空间规划，将国土空间划分为生态空间、农业空间、城镇空间以及其他空间。新林业部门负责治理的自然保护地、陆地四大生态系统概念性划入生态空间。同时，将生态空间内重要生态位划入生态保护红线范围，执行生态红线管控政策。陕西省生态保护红线范围约99%的空间是新林业部门负责治理的林地、草地、湿地、荒（沙）地和自然保护地。国土空间规划中的生态空间是新林业部门治理的国土空间，亦可称为"林业空间"。在国土空间中，生态空间是"元空间""根空间"，新林业部门履职"元空间"，履行"根使命"。生态永动机是人类文明的母机，新林业部门负有保育母机的重任。我们旗帜鲜明地提出"奉绿水青山之命、举生态空间之治"，提出"五大阵地、六条战线、五项保障"生态空间治理的陕西方案并逐步把建设深绿陕西目标愿景、"三步走"战略步骤、"一山两河，四区五带"战略布局、"分区而治"战略遵循，一一细化，一一落地。"实施深绿战略，奋进深绿之路"，不是口号，而是笃行。

这一时期，我们"举生态空间之治"，牢记祖脉秦岭、长江黄河"一山两河"生态治理的"国之大者"，扎实贯彻落实《中华人民共和国长江保护法》《中华人民共和国黄河保护法》《陕西省秦岭生态环境保护条例》，制定实施秦岭生态空间治理十大行动、陕西省黄河流域生态空间治理十大行动、陕西省长江流域生态空间治理十大行动，并与三个十大行动配套，制定实施陕西省生态空间治理十大创新行动，形成了"3+1"四个十大行动的生态空间治理新格局，构建起全域覆盖的生态空间治理体系。其中，"3"是生态空间全覆盖的治理实践行动，"1"是为"3"的实践行动提供创新驱动力。

这一时期，我们"举生态空间之治"，全面推行林长制，力促林长治，全面落实天然林、草原、湿地保护修复方案和防沙治沙、封山禁牧、封山育林法令，推动森林草原湿地休养生息。切实强化中央绿化委员会和森林委员会工作机制，科学推进国土绿化事业，大力实施国家生态保护修复"双重规划"、中央财政国土绿化示范试点项目，开启陕西沿黄